Métodos predictivos
de aprendizaje estadístico

Universidade da Coruña
Servizo de Publicacións
Edificio Xoana Capdevielle, 1.er piso, Campus de Elviña
Rúa As Carballeiras 1, 15008 A Coruña
Tfno. (+34) 981 167 000, Ext. 5680 | 5685 | 5686
Correo electrónico: publica@udc.gal
Web: www.udc.gal/publicacions

Rubén Fernández Casal
Julián Costa Bouzas
Manuel Oviedo de la Fuente

Métodos predictivos
de aprendizaje estadístico

**Métodos predictivos
de aprendizaje estadístico**

FERNÁNDEZ CASAL, Rubén
COSTA BOUZAS, Julián
OVIEDO DE LA FUENTE, Manuel

A Coruña, 2024 (1º edición)
Universidade da Coruña. Servizo de Publicacións

Manuais, nº 42
296 páxinas
19 x 24 cm
Índice: páx. VII

ISBN: 978-84-9749-888-3
Depósito legal: C 1025-2024

Edición
Universidade da Coruña, Servizo de Publicacións <https://udc.gal/publicacions>
© da edición: Universidade da Coruña
© dos textos: os autores

Esta obra foi revisada e avaliada por dous expertos non pertencentes á UDC.

Revisión ortotipográfica
Cálamo y Cran, S.L.

Deseño colección
Juanjo Seijas

Impresión
Agencia Gráfica Gallega, S.L.

A nuestras familias:

Ana, Dani y Noa

Puri

Xandra, Martín y Mencía

Índice

Prólogo

En los últimos años, la ciencia de datos está experimentando una creciente importancia y popularidad, tanto en el ámbito académico como empresarial. Se trata de una disciplina que integra herramientas estadísticas e informáticas para la toma de decisiones, a partir del análisis de datos. Especialmente importante es el modelado predictivo de datos, que permite analizar conjuntos complejos de datos para aprender de ellos y realizar predicciones, empleando métodos de regresión y clasificación.

Este es un libro de análisis computacional de datos utilizando el lenguaje de programación y entorno estadístico R, escrito con el objetivo de introducir las técnicas más importantes del aprendizaje estadístico para el modelado predictivo. El enfoque es eminentemente práctico, presentando la teoría necesaria para describir los métodos, pero prestando especial énfasis en el código, al considerar que este puede ayudar a entender mejor el funcionamiento de los métodos, además de resultar imprescindible en la resolución de problemas reales.

El presente libro está destinado a lectores con distintos perfiles. Puede resultar de utilidad tanto a alumnos de los últimos cursos de grados, y de másteres, con un fuerte componente tecnológico, como a profesionales del sector de la ciencia de datos. Se asume que el lector posee los conocimientos que se adquieren en una primera asignatura de estadística de un grado universitario. En concreto, nociones de probabilidad, incluyendo el teorema de Bayes y variables aleatorias, simulación (ver p. ej. Cao Abad *et al.*, 2001; Dalpiaz, 2022; y Sección 1.3 de Fernández-Casal *et al.*, 2023), y los métodos clásicos de análisis de datos (estadística descriptiva e inferencia). Es especialmente importante que el lector esté familiarizado con la regresión simple, lineal y polinómica, y sería deseable, aunque no imprescindible, que disponga de nociones básicas de regresión múltiple.

Este libro se desarrolló inicialmente como apuntes de la asignatura de Aprendizaje Estadístico del Máster en Técnicas Estadísticas (MTE), organizado conjuntamente por las tres universidades gallegas (Universidade da Coruña, Universidade de Santiago de Compostela y Universidade de Vigo).

El lenguaje de programación R

En este libro se asume también que se dispone de conocimientos básicos de R (R Core Team, 2023), un lenguaje de programación interpretado y un entorno estadístico desarrollado específicamente para el análisis de datos. Esta herramienta puede ser de gran utilidad a lo largo de todo el proceso de generación de conocimiento a partir de datos, como se explica en la introducción del Capítulo 1. En cualquier caso, el objetivo es que el libro resulte de utilidad aunque el lector emplee algún otro lenguaje (como Python; Van Rossum y Drake Jr., 1991) o herramienta (como Microsoft Power BI).

Para una introducción a la programación en R se puede consultar el libro Fernández-Casal *et al.* (2022). Adicionalmente, en el post *https://rubenfcasal.github.io/post/ayuda-y-recursos-para-el-aprendizaje-de-r* se proporcionan enlaces a recursos adicionales, incluyendo bibliografía y cursos. En primer lugar es necesario tener instalado R, para ello se recomienda seguir los pasos descritos en el post *https://rubenfcasal.github.io/post/instalacion-de-r*. Para el desarrollo de código e informes se sugiere emplear *RStudio Desktop*, que se puede instalar y configurar siguiendo las indicaciones proporcionadas en el post *https://rubenfcasal.github.io/post/instalacion-de-rstudio*.

Este libro tiene asociado el paquete de R `mpae` (*Métodos Predictivos de Aprendizaje Estadístico*; Fernández-Casal *et al.*, 2024), que incluye funciones y conjuntos de datos utilizados a lo largo del texto. Este paquete está disponible en CRAN y puede instalarse ejecutando el siguiente código[1]:

```r
install.packages("mpae")
```

Sin embargo, para poder ejecutar todos los ejemplos mostrados en el libro, es necesario instalar también los siguientes paquetes: `caret`, `gbm`, `car`, `leaps`, `MASS`, `RcmdrMisc`, `lmtest`, `glmnet`, `mgcv`, `np`, `NeuralNetTools`, `pdp`, `vivid`, `plot3D`, `AppliedPredictiveModeling`, `ISLR`. Para ello, en lugar del código anterior, bastaría con ejecutar:

```r
install.packages("mpae", dependencies = TRUE)
```

Organización

En el Capítulo 1 se pretende dar una visión general, cubriendo todas las etapas del proceso e introduciendo los conceptos básicos y la notación. El Capítulo 2 es una revisión de los métodos clásicos de regresión y clasificación, desde el punto de vista del aprendizaje estadístico. Los lectores que ya dispongan de conocimientos previos pueden centrarse en las diferencias con

---

[1] Alternativamente, se puede instalar la versión en desarrollo disponible en el repositorio rubenfcasal/mpae de GitHub. Por ejemplo, el comando `remotes::install_github("rubenfcasal/mpae", INSTALL_opts = "--with-keep.source")` instala el paquete incluyendo los comentarios en el código y opcionalmente las dependencias.

la aproximación tradicional. Si se tienen dudas sobre alguno de los conceptos utilizados, se puede revisar alguna de las referencias introductorias que se citan en el texto. Este capítulo se centra principalmente en regresión lineal múltiple, aunque también se introducen, de forma más superficial, los principales métodos tradicionales de clasificación.

El resto del libro presenta dos partes diferenciadas. Se decidió comenzar por los conceptos que pueden resultar novedosos para un estudiante de estadística, al estar más relacionados con el campo informático: métodos basados en árboles (capítulos 3, Árboles de decisión, y 4, Bagging y boosting) y Máquinas de soporte vectorial (Capítulo 5). En la práctica, estos métodos se usan principalmente para clasificación supervisada.

La segunda parte, capítulos 6 (Métodos de regularización y reducción de la dimensión), 7 (Regresión no paramétrica) y 8 (Redes neuronales), se centra principalmente en regresión, aunque este tipo de métodos también se usan para problemas de clasificación. Realmente, a lo largo de todo el libro se van intercalando conceptos de regresión y de clasificación.

Por supuesto, se podría cambiar el orden de los contenidos para adaptarlos a distintos perfiles de lectores[2]. Por ejemplo, los contenidos del Capítulo 6 se podrían tratar justo después del Capítulo 2, aunque nosotros no los consideramos métodos clásicos (de momento), principalmente porque no son muy conocidos en algunos campos.

---

[2] Un lector podría preferir saltarse el Capítulo 2 y verlo inmediatamente antes del Capítulo 6, tal vez comenzando por la Sección 2.3 (Capítulo 1 - Capítulo 3 - Capítulo 4 - Capítulo 5 - Sección 2.3 - Sección 2.1 - Sección 2.2 - Capítulo 6 - Capítulo 7 - Capítulo 8; esta es la ordenación que se siguió en las primeras versiones de este libro). Alternativamente, podría pasar de la Sección 2.1 directamente al Capítulo 6 y dejar para el final la parte de clasificación (Capítulo 1 - Sección 2.1 - Capítulo 6 - Capítulo 7 - Capítulo 8 - Sección 2.2 - Sección 2.3 - Capítulo 3 - Capítulo 4 - Capítulo 5).

Capítulo 1

Introducción al aprendizaje estadístico

La denominada *ciencia de datos* (*data science*; también denominada *science of learning*) se ha vuelto muy popular hoy en día. Se trata de un campo multidisciplinar, con importantes aportaciones estadísticas e informáticas, dentro del que se incluyen disciplinas como *minería de datos* (*data mining*), *aprendizaje automático* (*machine learning*), *aprendizaje profundo* (*deep learning*), *modelado predictivo* (*predictive modeling*), *extracción de conocimiento* (*knowlegde discovery*) y también el *aprendizaje estadístico* (*statistical learning*; p. ej. Vapnik, 1998, 2000).

Podemos definir la ciencia de datos como el conjunto de conocimientos y herramientas utilizados en las distintas etapas del análisis de datos (ver Figura 1.1). Otras definiciones podrían ser:

- El arte y la ciencia del análisis inteligente de los datos.

- El conjunto de herramientas para entender y modelizar conjuntos (complejos) de datos.

- El proceso de descubrir patrones y obtener conocimiento a partir de grandes conjuntos de datos (*big data*).

Además, esta ciencia incluye también la gestión (sin olvidarnos del proceso de obtención) y la manipulación de los datos.

Una de estas etapas (que están interrelacionadas) es la construcción de modelos, a partir de los datos, para aprender y predecir. Podríamos decir que el aprendizaje estadístico (AE) se encarga de este problema desde un punto de vista estadístico.

En *estadística* se consideran modelos estocásticos (con componente aleatoria), para tratar de

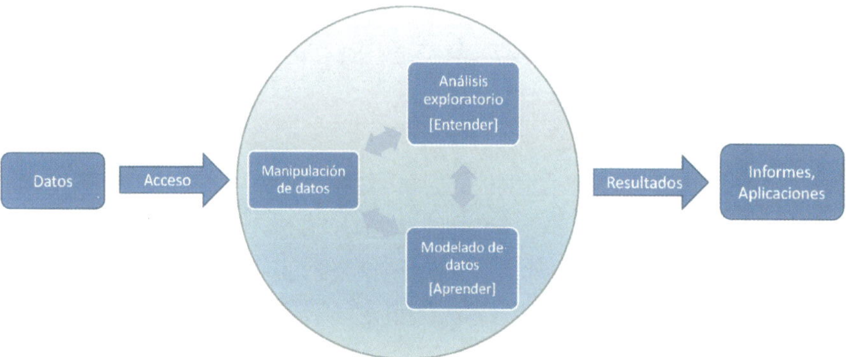

Figura 1.1: Etapas en el análisis de datos.

tener en cuenta la incertidumbre debida a que no se disponga de toda la información sobre las variables que influyen en el fenómeno de interés. Esto es lo que se conoce como *aleatoriedad aparente*:

> "Nothing in Nature is random... a thing appears random only through the incompleteness of our knowledge."
>
> — Spinoza, Baruch (*Ethics*, 1677)

Aunque hoy en día gana peso la idea de la física cuántica de que en el fondo hay una *aleatoriedad intrínseca*:

> "To my mind, although Spinoza lived and thought long before Darwin, Freud, Einstein, and the startling implications of quantum theory, he had a vision of truth beyond what is normally granted to human beings."
>
> — Shirley, Samuel (*Complete Works*, 2002). Traductor de la obra completa de Spinoza al inglés.

La *inferencia estadística* proporciona herramientas para ajustar este tipo de modelos a los datos observados (seleccionar un modelo adecuado, estimar sus parámetros y contrastar su validez). Sin embargo, en la aproximación estadística clásica, como primer objetivo se trata de explicar por completo lo que ocurre en la población y, suponiendo que esto se puede hacer con modelos tratables analíticamente, emplear resultados teóricos (típicamente resultados asintóticos) para realizar inferencias (entre ellas la predicción). Los avances en computación han permitido el uso de modelos estadísticos más avanzados, principalmente métodos no paramétricos, muchos de los cuales no pueden ser tratados analíticamente (o no por completo). Este es el campo de la *estadística computacional*[1]. Desde este punto de vista, el AE se enmarcaría en este campo.

---

[1] Lauro (1996) definió la estadística computacional como la disciplina que tiene como objetivo "diseñar algoritmos para implementar métodos estadísticos en computadoras, incluidos los impensables antes de la era

Cuando pensamos en AE, pensamos en:

- Flexibilidad: se tratan de obtener las conclusiones basándose únicamente en los datos, evitando asumir hipótesis para poder emplear resultados teóricos. La idea es "dejar hablar" a los datos, no "encorsetarlos" a priori, dándoles mayor peso que a los modelos (*power to the data* es un manifiesto del ML/AE).

- Procesamiento automático de datos: de forma que el proceso de aprendizaje pueda realizarse con la menor intervención interactiva por parte del analista.

- *Big data*: en el sentido amplio. Además de tamaño muestral o número de características, "*big*" puede hacer referencia a datos complejos o con necesidad de alta velocidad de proceso.

- Predicción: el objetivo (inicial) suele ser únicamente la predicción de nuevas observaciones, los métodos son simples algoritmos.

Por el contrario, muchos de los métodos del AE no se preocupan (o se preocupan poco) por:

- Reproducibilidad o repetibilidad: pequeños cambios en los datos pueden producir cambios notables en el modelo ajustado, aunque no deberían influir mucho en las predicciones. Además, muchas de las técnicas son aleatorias y el resultado puede depender de la semilla empleada (principalmente del tamaño muestral).

- Cuantificación de la incertidumbre (en términos de probabilidad): se obtienen medidas globales de la eficiencia del algoritmo, pero resulta complicado cuantificar la precisión de una predicción concreta (en principio no se pueden obtener intervalos de predicción).

- Inferencia: aparte de la predicción, la mayoría de los métodos no permiten realizan inferencias sobre características de la población (como contrastes de hipótesis).

Además, esta aproximación puede presentar diversos inconvenientes:

- Algunos métodos son poco interpretables (se sacrifica la interpretabilidad por la precisión de las predicciones). Algunos son auténticas "cajas negras" y resulta complicado conocer los detalles del proceso interno utilizado para obtener las predicciones, incluyendo las interacciones y los efectos de los distintos predictores. Esto puede ser un problema tan complejo como su ajuste. En la Sección 1.5 se comentan, muy por encima, algunas herramientas que pueden ayudar a hacerlo.

- Pueden aparecer problemas de sobreajuste (*overfitting*). Muchos métodos son tan flexibles que pueden llegar a ajustar "demasiado bien" los datos, pero pueden ser poco eficientes para predecir nuevas observaciones. En la Sección 1.3 se describe con detalle este problema

---

de las computadoras (por ejemplo, *bootstrap*, simulación), así como hacer frente a problemas analíticamente intratables".

(y a continuación el procedimiento habitual para tratar de solventarlo). En los métodos estadísticos clásicos es más habitual que aparezcan problemas de infraajuste (*underfitting*).

- Pueden presentar más problemas al extrapolar o interpolar (en comparación con los métodos clásicos). En general, se aplica el dicho *solo viste donde estuviste*. Cuanto más flexible sea el algoritmo, más cuidado habría que tener al predecir en nuevas observaciones alejadas de los valores de la muestra en la que se realizó el ajuste.

1.1 Aprendizaje estadístico vs. aprendizaje automático

El término *machine learning* (ML; aprendizaje automático) se utiliza en el campo de la *inteligencia artificial* desde 1959 para hacer referencia, fundamentalmente, a algoritmos de predicción (inicialmente para reconocimiento de patrones). Muchas de las herramientas que utilizan provienen del campo de la estadística y, en cualquier caso, la estadística (y por tanto las matemáticas) es la base de todos estos enfoques para analizar datos (y no conviene perder la base formal). Por este motivo, desde la estadística computacional se introdujo el término *statistical learning* (aprendizaje estadístico) para hacer referencia a este tipo de herramientas, pero desde el punto de vista estadístico (teniendo en cuenta la incertidumbre debida a no disponer de toda la información).

Tradicionalmente, ML no se preocupa del origen de los datos. Incluso es habitual que se considere que un conjunto enorme de datos es equivalente a disponer de toda la información (*i. e.* a la población).

> "The sheer volume of data would obviate the need of theory and even scientific method."
>
> — Chris Anderson, físico y periodista, 2008

Por el contrario, en el caso del AE se trata de comprender, en la medida de lo posible, el proceso subyacente del que provienen los datos y si estos son representativos de la población de interés (*i. e.* si tienen algún tipo de sesgo, especialmente de selección[2]). No obstante, en este libro se considerarán en general ambos términos como sinónimos.

AE y ML hacen un importante uso de la programación matemática, ya que muchos de los problemas se plantean en términos de la optimización de funciones bajo restricciones. Recíprocamente, en optimización también se utilizan algoritmos de AE/ML.

Mucha gente utiliza indistintamente los nombres aprendizaje automático y *data mining* (DM). Sin embargo, aunque tienen mucho solapamiento, lo cierto es que hacen referencia a concep-

---

[2] También es importante detectar la presencia de algún tipo de error de medición, al menos como primer paso para tratar de predecir la respuesta libre de ruido.

tos ligeramente distintos. ML es un conjunto de algoritmos principalmente dedicados a hacer predicciones y que son esencialmente automáticos, minimizando la intervención humana. DM intenta *entender* conjuntos de datos (en el sentido de encontrar sus patrones) y requiere de una intervención humana activa (al igual que la inferencia estadística tradicional), pero utiliza entre otras las técnicas automáticas de ML. Por tanto podríamos pensar que es más parecido al AE.

1.1.1 Las dos culturas

Breiman (2001b) (*Statistical modeling: The two cultures*) diferencia dos objetivos en el análisis de datos, que él llama *información* (en el sentido de *inferencia*) y *predicción*. Cada uno de estos objetivos da lugar a una cultura:

- *Modelización de datos*: desarrollo de modelos (estocásticos) que permitan ajustar los datos y hacer inferencia. Es el trabajo habitual de los estadísticos académicos.

- *Modelización algorítmica* (en el sentido de predictiva): esta cultura no está interesada en los mecanismos que generan los datos, solo en los algoritmos de predicción. Es el trabajo habitual de muchos estadísticos industriales y de muchos ingenieros informáticos. El ML es el núcleo de esta cultura que pone todo el énfasis en la precisión predictiva (así, un importante elemento dinamizador son las competiciones entre algoritmos predictivos, al estilo del Netflix Challenge).

Dunson (2018) (*Statistics in the big data era: Failures of the machine*) también expone las diferencias entre ambas culturas, por ejemplo en investigación (la forma en que evolucionan):

- "Machine learning: The main publication outlets tend to be peer-reviewed conference proceedings and the style of research is very fast paced, trendy, and driven by performance metrics in prediction and related tasks".

- "Statistical community: The main publication outlets are peer-reviewed journals, most of which have a long drawn out review process, and the style of research tends to be careful, slower paced, intellectual as opposed to primarily performance driven, emphasizing theoretical support (e.g., through asymptotic properties), under-stated, and conservative".

Las diferencias en los principales campos de aplicación y en el tipo de datos que manejan:

- "*Big data* in ML typically means that the number of examples (i.e. sample size) is very large".

- "In statistics (...) it has become common to collect high dimensional, complex and intricately structured data. Often the dimensionality of the data vastly exceeds the available sample size, and the fundamental challenge of the statistical analysis is obtaining new insights from these huge data, while maintaining reproducibility/replicability and reliability of the results".

En las conclusiones, alerta de los peligros:

- "Big data that are subject to substantial selection bias and measurement errors, without information in the data about the magnitude, sources and types of errors, should not be used to inform important decisions without substantial care and skepticism".

- "There is vast interest in automated methods for complex data analysis. However, there is a lack of consideration of (1) interpretability, (2) uncertainty quantification, (3) applications with limited training data, and (4) selection bias. Statistical methods can achieve (1)-(4) with a change in focus" (resumen del artículo).

Y destaca la importancia de tener en cuenta el punto de vista estadístico y las ventajas de la colaboración entre ambas áreas:

"Such developments will likely require a close collaboration between the Stats and ML-communities and mindsets. The emerging field of data science provides a key opportunity to forge a new approach for analyzing and interpreting large and complex data merging multiple fields."

— Dunson, D. B. (2018).

1.2 Métodos de aprendizaje estadístico

Dentro de los problemas que aborda el aprendizaje estadístico se suelen diferenciar dos grandes bloques: el aprendizaje no supervisado y el supervisado. El *aprendizaje no supervisado* comprende los métodos exploratorios, es decir, aquellos en los que no hay una variable respuesta (al menos no de forma explícita). El principal objetivo de estos métodos es entender las relaciones y estructuras presentes en los datos, y pueden clasificarse en las siguientes categorías:

- Análisis descriptivo.

- Métodos de reducción de la dimensión (análisis de componentes principales, análisis factorial...).

- Métodos de agrupación (análisis clúster).

- Detección de datos atípicos.

Es decir, los métodos descriptivos tradicionalmente incluidos en *estadística multivariante* (ver Everitt y Hothorn, 2011; Hair *et al.*, 1998; o Härdle y Simar, 2013, por ejemplo, para una introducción a los métodos clásicos).

El *aprendizaje supervisado* engloba los métodos predictivos, en los que una de las variables está definida como variable respuesta. Su principal objetivo es la construcción de modelos que posteriormente se utilizarán, sobre todo, para hacer predicciones. Dependiendo del tipo de variable respuesta se diferencia entre:

- Clasificación: si la respuesta es categórica (también se emplea la denominación de variable cualitativa, discreta o factor).

- Regresión: cuando la respuesta es numérica (cuantitativa).

En este libro nos centraremos únicamente en el campo del aprendizaje supervisado y combinaremos la terminología propia de la estadística con la empleada en AE. Por ejemplo, en estadística es habitual considerar un problema de clasificación como un caso particular de regresión, empleando los denominados *modelos de regresión generalizados* (en la Sección 2.2 se introducen los *modelos lineales generalizados*, GLM). Por otra parte, en ocasiones se distingue entre casos particulares de un mismo tipo de modelos, como los considerados en el *diseño de experimentos* (ver Miller *et al.*, 1973; o Lawson, 2014, por ejemplo).

1.2.1 Notación y terminología

Denotaremos por $\mathbf{X} = (X_1, X_2, \dots, X_p)$ al vector formado por las variables predictoras (variables explicativas o variables independientes; también *inputs* o *features* en la terminología de ML), cada una de las cuales podría ser tanto numérica como categórica[3]. En general (ver comentarios más adelante), emplearemos $Y(\mathbf{X})$ para referirnos a la variable objetivo (variable respuesta o variable dependiente; también *output* o *target* en la terminología de ML) que, como ya se comentó, puede ser una variable numérica (regresión) o categórica (clasificación).

Supondremos que el objetivo principal es, a partir de una muestra:

$$\left\{ (y_i, x_{1i}, \dots, x_{pi}) : i = 1, \dots, n \right\}$$

obtener (futuras) predicciones $\hat{Y}(\mathbf{x})$ de la respuesta para $\mathbf{X} = \mathbf{x} = (x_1, \dots, x_p)$.

En regresión consideraremos como base el siguiente modelo general (podría ser después de una transformación de la respuesta):

$$Y(\mathbf{X}) = m(\mathbf{X}) + \varepsilon \tag{1.1}$$

donde $m(\mathbf{x}) = E(Y \mid \mathbf{X} = \mathbf{x})$ es la media condicional, denominada función de regresión (o tendencia), y ε es un error aleatorio de media cero y varianza σ^2, independiente de $\mathbf{X}$. Este modelo puede generalizarse de diversas formas, por ejemplo, asumiendo que la distribución del error depende de $\mathbf{X}$ (considerando $\varepsilon(\mathbf{X})$ en lugar de ε) podríamos incluir dependencia y

---

[3] Aunque hay que tener en cuenta que algunos métodos están diseñados solo para predictores numéricos, otros solo para categóricos y algunos para ambos tipos.

heterocedasticidad. En estos casos normalmente se supone que lo hace únicamente a través de la varianza (error heterocedástico independiente), denotando por $\sigma^2(\mathbf{x}) = Var\,(Y\,|\,\mathbf{X} = \mathbf{x})$ la varianza condicional[4].

Como ya se comentó, se podría considerar clasificación como un caso particular. Por ejemplo, definiendo $Y(\mathbf{X})$ de forma que tome los valores $1, 2, \dots, K$, etiquetas que identifican las K posibles categorías (también se habla de modalidades, niveles, clases o grupos). Sin embargo, muchos métodos de clasificación emplean variables auxiliares (variables *dummy*), indicadoras de las distintas categorías, y emplearemos la notación anterior para referirnos a estas variables (también denominadas variables *target*). En cuyo caso, denotaremos por $G(\mathbf{X})$ la respuesta categórica (la clase verdadera; g_i, $i = 1, \dots, n$, serían los valores observados) y por $\hat{G}(\mathbf{X})$ el predictor.

Por ejemplo, en el caso de dos categorías, se suele definir Y de forma que toma el valor 1 en la categoría de interés (también denominada *éxito* o *resultado positivo*) y 0 en caso contrario (*fracaso* o *resultado negativo*)[5]. Además, en este caso, los modelos típicamente devuelven estimaciones de la probabilidad de la clase de interés en lugar de predecir directamente la clase, por lo que se empleará $\hat{p}$ en lugar de $\hat{Y}$. A partir de esa estimación se obtiene una predicción de la categoría. Normalmente se predice la clase más probable, lo que se conoce como la *regla de Bayes*, *i. e.* "éxito" si $\hat{p}(\mathbf{x}) > c = 0.5$ y "fracaso" en caso contrario (con probabilidad estimada $1 - \hat{p}(\mathbf{x})$).

Es evidente que el modelo base general (1.1) puede no ser adecuado para modelar variables indicadoras (o probabilidades). Muchos de los métodos de AE emplean (1.1) para una variable auxiliar numérica (denominada puntuación o *score*) que se transforma a escala de probabilidades mediante la función logística (denominada función sigmoidal, *sigmoid function*, en ML)[6]:

$$\mathrm{sigmoid}(s) = \frac{e^s}{1 + e^s} = \frac{1}{1 + e^{-s}}$$

de forma que $\hat{p}(\mathbf{x}) = \mathrm{sigmoid}(\hat{Y}(\mathbf{x}))$. Recíprocamente, empleando su inversa, la *función logit*:

$$\mathrm{logit}(p) = \log\left(\frac{p}{1 - p}\right)$$

se pueden transformar las probabilidades a la escala de puntuaciones (ver Figura 1.2).

Se puede generalizar el enfoque anterior para el caso de múltiples categorías. Por ejemplo, considerando variables indicadoras de cada categoría $Y_1, \dots, Y_K$ (en cada una de ellas se asigna al resto de categorías un resultado negativo), lo que se conoce como la estrategia de "uno

---

[4] Por ejemplo, considerando en el modelo base $\sigma(\mathbf{X})\varepsilon$ como término de error y suponiendo adicionalmente que ε tiene varianza uno.

[5] Otra alternativa sería emplear 1 y -1, algo que simplifica las expresiones de algunos métodos.

[6] De especial interés en regresión logística y en redes neuronales artificiales.

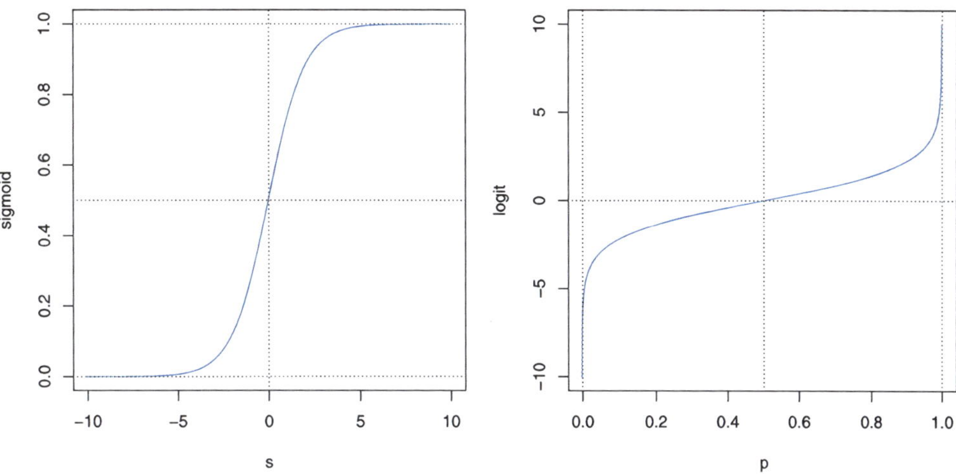

Figura 1.2: Funciones sigmoidal (izquierda) y logit (derecha).

contra todos" (*One-vs-Rest*, OVR). En este caso típicamente se emplea la función *softmax* para
reescalar las puntuaciones a un conjunto válido de probabilidades:

$$\hat{p}_k(\mathbf{x}) = \text{softmax}_k(\hat{Y}_1(\mathbf{x}), \dots, \hat{Y}_K(\mathbf{x}))$$

para $k = 1, \dots, K$, siendo:

$$\text{softmax}_k(\mathbf{s}) = \frac{e^{s_k}}{\sum_{j=1}^{K} e^{s_j}}$$

A partir de las cuales se obtiene la predicción de la categoría:

$$\hat{G}(\mathbf{X}) = \underset{k}{\text{argmax}} \left\{ \hat{p}_k(\mathbf{x}) : k = 1, 2, \dots, K \right\}$$

Otra posible estrategia es la denominada "uno contra uno" (*One-vs-One*, OVO) o también
conocida por "votación mayoritaria" (*majority voting*), que requiere entrenar un clasificador
para cada par de categorías (se consideran $K(K-1)/2$ subproblemas de clasificación binaria).
En este caso se suele seleccionar como predicción la categoría que recibe más votos (la que
resultó seleccionada por el mayor número de los clasificadores binarios).

Otros métodos (como por ejemplo los árboles de decisión, que se tratarán en el Capítulo 3)
permiten la estimación directa de las probabilidades de cada clase.

1.2.2 Métodos (de aprendizaje supervisado) y paquetes de R

Hay una gran cantidad de métodos de aprendizaje supervisado implementados en centenares de
paquetes de R (ver por ejemplo CRAN Task View: Machine Learning & Statistical Learning).

A continuación se muestran los principales métodos y algunos de los paquetes de R que los implementan (muchos son válidos tanto para regresión como para clasificación, como por ejemplo los basados en árboles, aunque aquí aparecen en su aplicación habitual).

Métodos (principalmente) de clasificación:

- Análisis discriminante (lineal, cuadrático), regresión logística, multinomial...: `stats`, `MASS`.

- Árboles de decisión, *bagging*, bosques aleatorios, *boosting*: `rpart`, `party`, `C50`, `Cubist`, `randomForest`, `adabag`, `xgboost`.

- Máquinas de soporte vectorial: `kernlab`, `e1071`.

Métodos (principalmente) de regresión:

- Modelos lineales:

    - Regresión lineal: `lm()`, `lme()`, `biglm`.

    - Regresión lineal robusta: `MASS::rlm()`.

    - Métodos de regularización (*ridge regression*, LASSO): `glmnet`, `elasticnet`.

- Modelos lineales generalizados: `glm()`, `bigglm`.

- Modelos paramétricos no lineales: `nls()`, `nlme`.

- Regresión local (vecinos más próximos y métodos de suavizado): `kknn`, `loess()`, `KernSmooth`, `sm`, `np`.

- Modelos aditivos generalizados: `mgcv`, `gam`.

- Regresión spline adaptativa multivariante: `earth`.

- Regresión por *projection pursuit* (incluyendo *Single index model*): `ppr()`, `np::npindex()`.

- Redes neuronales: `nnet`, `neuralnet`.

Como todos estos paquetes emplean opciones, estructuras y convenciones sintácticas diferentes, se han desarrollado paquetes que proporcionan interfaces unificadas a muchas de estas implementaciones. Entre ellos podríamos citar `caret` (Kuhn, 2023; ver también Kuhn y Johnson, 2013), `mlr3` (Lang *et al.*, 2019; Bischl *et al.*, 2024) y `tidymodels` (Kuhn y Wickham, 2023, 2020; Kuhn y Silge, 2022). En la Sección 1.6 se incluye una breve introducción al paquete `caret` que será empleado en diversas ocasiones a lo largo del presente libro.

También existen paquetes de R que permiten utilizar plataformas de ML externas, como por ejemplo `h2o` (LeDell y Poirier, 2020) o `RWeka` (Hornik *et al.*, 2009). Adicionalmente, hay paquetes de R que disponen de entornos gráficos que permiten emplear estos métodos evitando el uso de comandos. Entre ellos estarían `rattle` (Williams, 2022; ver también Williams, 2011), `radiant`

(Nijs, 2023) y `Rcmdr` (R-Commander; Fox *et al.*, 2024) con el plugin `RcmdrPlugin.FactoMineR`
(Husson *et al.*, 2023).

1.3   Construcción y evaluación de los modelos

En inferencia estadística clásica el procedimiento habitual es emplear toda la información disponible para construir un modelo válido (que refleje de la forma más fiel posible lo que ocurre en la población) y, asumiendo que el modelo es el verdadero (lo que en general sería falso), utilizar resultados teóricos para evaluar su precisión. Por ejemplo, en el caso de regresión lineal múltiple, el coeficiente de determinación ajustado es una medida de la precisión del modelo para predecir nuevas observaciones (no se debe emplear el coeficiente de determinación sin ajustar; aunque, en cualquier caso, su validez depende de la de las suposiciones estructurales del modelo).

Alternativamente, en estadística computacional es habitual emplear técnicas de remuestreo para evaluar la precisión (entrenando también el modelo con todos los datos disponibles), principalmente validación cruzada (*leave-one-out*, *k-fold*), *jackknife* o bootstrap.

Por otra parte, como ya se comentó, algunos de los modelos empleados en AE son muy flexibles (están hiperparametrizados) y pueden aparecer problemas si se permite que se ajusten demasiado bien a las observaciones (podrían llegar a interpolar los datos). En estos casos habrá que controlar el procedimiento de aprendizaje, típicamente a través de parámetros relacionados con la complejidad del modelo (ver siguiente sección).

En AE se distingue entre parámetros estructurales, los que van a ser estimados al ajustar el modelo a los datos (en el entrenamiento), e hiperparámetros (*tuning parameters* o parámetros de ajuste), que imponen restricciones al aprendizaje del modelo (por ejemplo, determinando el número de parámetros estructurales). Si los hiperparámetros seleccionados producen un modelo demasiado complejo, aparecerán problemas de sobreajuste (*overfitting*), y en caso contrario, de infraajuste (*undefitting*).

Hay que tener en cuenta también que al aumentar la complejidad disminuye la interpretabilidad de los modelos. Se trata, por tanto, de conseguir buenas predicciones (habrá que evaluar la capacidad predictiva) con el modelo más sencillo posible.

1.3.1   Equilibrio entre sesgo y varianza: infraajuste y sobreajuste

La idea es que queremos aprender más allá de los datos empleados en el entrenamiento (en estadística diríamos que queremos hacer inferencia sobre nuevas observaciones). Como ya se comentó, en AE hay que tener especial cuidado con el sobreajuste. Este problema ocurre cuando el modelo se ajusta demasiado bien a los datos de entrenamiento, pero falla cuando se utiliza en un nuevo conjunto de datos (nunca antes visto).

Como ejemplo ilustrativo emplearemos regresión polinómica, considerando el grado del polinomio como un hiperparámetro que determina la complejidad del modelo. En primer lugar simulamos una muestra y ajustamos modelos polinómicos con distintos grados de complejidad.

```r
# Simulación datos
n <- 30
x <- seq(0, 1, length = n)
mu <- 2 + 4*(5*x - 1)*(4*x - 2)*(x - 0.8)^2 # grado 4
sd <- 0.5
set.seed(1)
y <- mu + rnorm(n, 0, sd)
plot(x, y)
lines(x, mu, lwd = 2)
# Ajuste de los modelos
fit1 <- lm(y ~ x)
lines(x, fitted(fit1))
fit2 <- lm(y ~ poly(x, 4))
lines(x, fitted(fit2), lty = 2)
fit3 <- lm(y ~ poly(x, 20))
lines(x, fitted(fit3), lty = 3)
legend("topright", lty = c(1, 1, 2, 3), lwd = c(2, 1, 1, 1),
       legend = c("Verdadero", "Ajuste con grado 1",
                  "Ajuste con grado 4", "Ajuste con grado 20"))
```

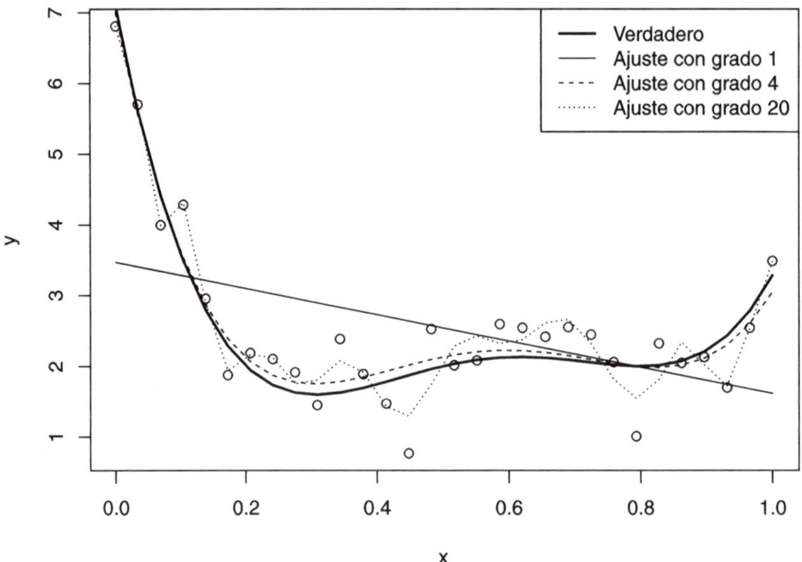

Figura 1.3: Muestra (simulada) y ajustes polinómicos con distinta complejidad.

Como se observa en la Figura 1.3, al aumentar la complejidad del modelo se consigue un mejor ajuste a los datos observados (usados para el entrenamiento), a costa de un incremento en la variabilidad de las predicciones, lo que puede producir un mal comportamiento del modelo al ser empleado en un conjunto de datos distinto del observado.

Si calculamos medidas de bondad de ajuste, como el error cuadrático medio (*mean squared error*, MSE) o el coeficiente de determinación (R^2), se obtienen mejores resultados al aumentar la complejidad. Como se trata de modelos lineales, podríamos obtener también el coeficiente de determinación ajustado (R^2_{adj}), que sería preferible (en principio, ya que dependería de la validez de las hipótesis estructurales del modelo) para medir la precisión al emplear los modelos en un nuevo conjunto de datos (ver Tabla 1.1).

```r
sapply(list(fit1 = fit1, fit2 = fit2, fit3 = fit3),
       function(x) with(summary(x),
          c(MSE = mean(residuals^2), R2 = r.squared, R2adj = adj.r.squared)))
```

Tabla 1.1: Medidas de bondad de ajuste de los modelos polinómicos (obtenidas a partir de la muestra de entrenamiento).

	MSE	R^2	R^2_{adj}
fit1	1.22	0.20	0.17
fit2	0.19	0.87	0.85
fit3	0.07	0.95	0.84

Por ejemplo, si generamos nuevas respuestas de este proceso, la precisión del modelo más complejo empeorará considerablemente (ver Figura 1.4):

```r
y.new <- mu + rnorm(n, 0, sd)
plot(x, y)
points(x, y.new, pch = 2)
lines(x, mu, lwd = 2)
lines(x, fitted(fit1))
lines(x, fitted(fit2), lty = 2)
lines(x, fitted(fit3), lty = 3)
leyenda <- c("Verdadero", "Muestra", "Ajuste con grado 1",
             "Ajuste con grado 4", "Ajuste con grado 20", "Nuevas observaciones")
legend("topright", legend = leyenda, lty = c(1, NA, 1, 2, 3, NA),
       lwd = c(2, NA, 1, 1, 1, NA), pch = c(NA, 1, NA, NA, NA, 2))
MSEP <- sapply(list(fit1 = fit1, fit2 = fit2, fit3 = fit3),
               function(x) mean((y.new - fitted(x))^2))
MSEP
```

```
##      fit1     fit2     fit3
## 1.49832 0.17112 0.26211
```

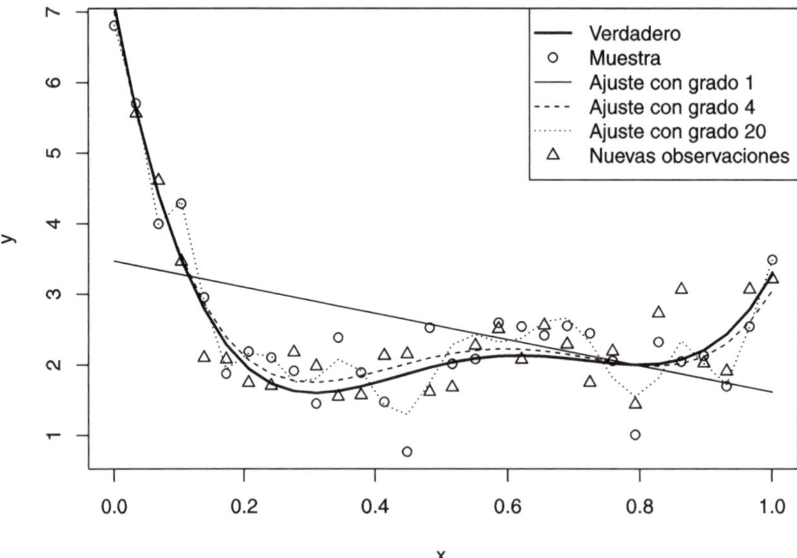

Figura 1.4: Muestra con ajustes polinómicos con distinta complejidad y nuevas observaciones.

Como ejemplo adicional, para evitar el efecto de la aleatoriedad de la muestra, en el siguiente código se simulan 100 muestras del proceso anterior a las que se les ajustan modelos polinómicos variando el grado desde 1 hasta 20. Posteriormente se evalúa la precisión, en la muestra empleada en el ajuste y en un nuevo conjunto de datos procedente de la misma población.

```r
nsim <- 100
set.seed(1)
grado.max <- 20
grados <- seq_len(grado.max)
# Simulación, ajustes y errores cuadráticos
mse <- mse.new <- matrix(nrow = grado.max, ncol = nsim)
for(i in seq_len(nsim)) {
  y <- mu + rnorm(n, 0, sd)
  y.new <- mu + rnorm(n, 0, sd)
  for (grado in grados) {
    fit <- lm(y ~ poly(x, grado))
    mse[grado, i] <- mean(residuals(fit)^2)
    mse.new[grado, i] <- mean((y.new - fitted(fit))^2)
  }
}
```

```r
# Representación errores simulaciones
matplot(grados, mse, type = "l", col = "lightgray", lty = 1, ylim = c(0, 2),
  xlab = "Grado del polinomio (complejidad)", ylab = "Error cuadrático medio")
matlines(grados, mse.new, type = "l", lty = 2, col = "lightgray")
# Errores globales
precision <- rowMeans(mse)
precision.new <- rowMeans(mse.new)
lines(grados, precision, lwd = 2)
lines(grados, precision.new, lty = 2, lwd = 2)
abline(h = sd^2, lty = 3);abline(v = 4, lty = 3)
leyenda <-  c("Muestras", "Nuevas observaciones")
legend("topright", legend = leyenda, lty = c(1, 2))
```

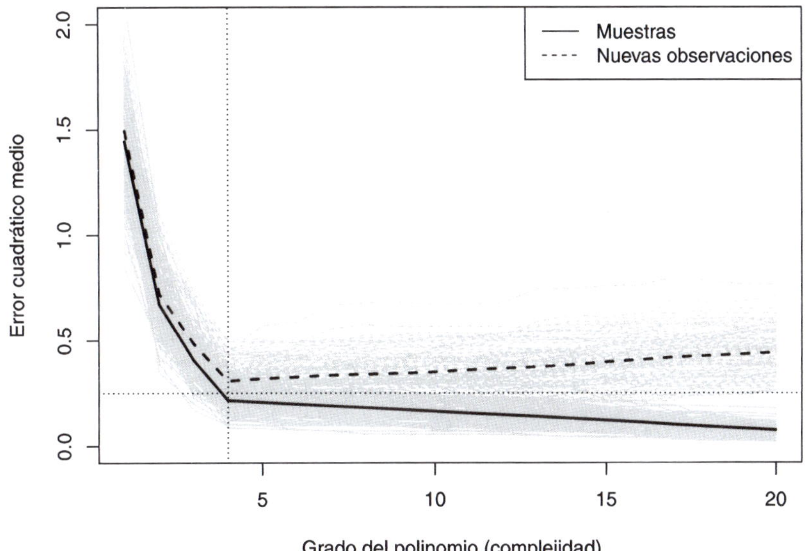

Figura 1.5: Precisiones (errores cuadráticos medios) de ajustes polinómicos variando la complejidad, en las muestras empleadas en el ajuste y en nuevas observaciones (simulados).

Como se puede observar en la Figura 1.5, los errores de entrenamiento disminuyen a medida que aumenta la complejidad del modelo. Sin embargo, los errores de predicción en nuevas observaciones inicialmente disminuyen, hasta alcanzar un mínimo marcado por la línea de puntos vertical, que se corresponde con el modelo de grado 4, y posteriormente aumentan (la línea de puntos horizontal es la varianza del proceso; el error cuadrático medio de predicción asintótico). La línea vertical representa el equilibrio entre el sesgo y la varianza. Considerando un valor de complejidad a la izquierda de esa línea tendríamos infraajuste (mayor sesgo y menor varianza), y a la derecha, sobreajuste (menor sesgo y mayor varianza).

Desde un punto de vista más formal, considerando el modelo (1.1) y una función de pérdidas cuadrática, el predictor óptimo (desconocido) sería la media condicional $m(\mathbf{x}) = E\left(Y \mid \mathbf{X} = \mathbf{x}\right)^7$. Por tanto, los predictores serían realmente estimaciones de la función de regresión, $\hat{Y}(\mathbf{x}) = \hat{m}(\mathbf{x})$, y podemos expresar la media del error cuadrático de predicción en términos del sesgo y la varianza:

$$E\left(Y(\mathbf{x}_0) - \hat{Y}(\mathbf{x}_0)\right)^2 = E\left(m(\mathbf{x}_0) + \varepsilon - \hat{m}(\mathbf{x}_0)\right)^2 = E\left(m(\mathbf{x}_0) - \hat{m}(\mathbf{x}_0)\right)^2 + \sigma^2$$
$$= E^2\left(m(\mathbf{x}_0) - \hat{m}(\mathbf{x}_0)\right) + Var\left(\hat{m}(\mathbf{x}_0)\right) + \sigma^2$$
$$= \text{sesgo}^2 + \text{varianza} + \text{error irreducible}$$

donde $\mathbf{x}_0$ hace referencia al vector de valores de las variables explicativas de una nueva observación (no empleada en la construcción del predictor).

En general, al aumentar la complejidad disminuye el sesgo y aumenta la varianza (y viceversa). Esto es lo que se conoce como el dilema o compromiso entre el sesgo y la varianza (*bias-variance tradeoff*). La recomendación sería por tanto seleccionar los hiperparámetros (el modelo final) tratando de que haya un equilibrio entre el sesgo y la varianza (ver Figura 1.6).

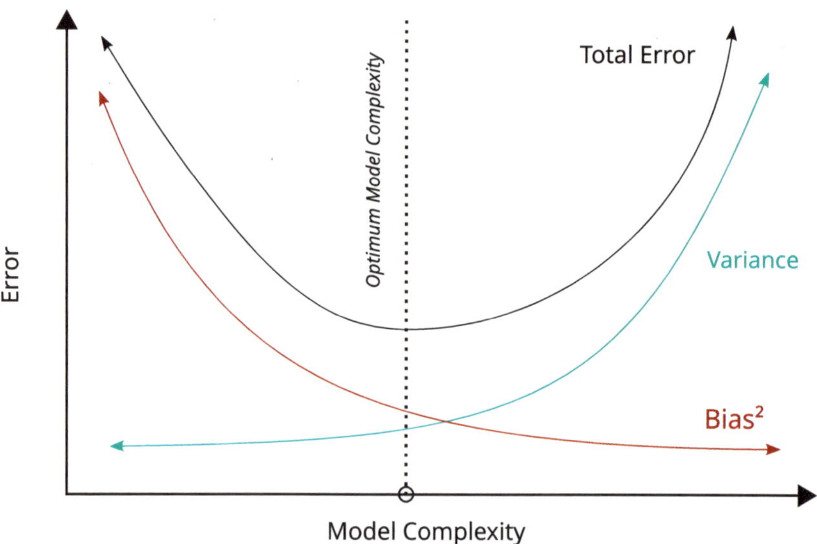

Figura 1.6: Equilibrio entre sesgo y varianza (Fuente: Wikimedia Commons).

---

[7] Se podrían considerar otras funciones de pérdida, por ejemplo con la distancia L_1 sería la mediana condicional, pero las consideraciones serían análogas.

1.3.2 Datos de entrenamiento y datos de test

Como se mostró en la sección anterior, hay que tener mucho cuidado si se pretende evaluar la precisión de las predicciones empleando la muestra de entrenamiento. Si el número de observaciones no es muy grande, se puede entrenar el modelo con todos los datos y emplear técnicas de remuestreo para evaluar la precisión (típicamente validación cruzada o bootstrap). Aunque habría que asegurarse de que el procedimiento de remuestreo empleado es adecuado (por ejemplo, la presencia de dependencia requeriría de métodos más sofisticados).

Sin embargo, si el número de observaciones es grande, se suele emplear el procedimiento tradicional en ML, que consiste en particionar la base de datos en 2 (o incluso en 3) conjuntos (disjuntos):

- Conjunto de datos de entrenamiento (o aprendizaje) para construir los modelos.

- Conjunto de datos de test para evaluar el rendimiento de los modelos (los errores observados en esta muestra servirán para aproximar lo que ocurriría con nuevas observaciones).

Típicamente se selecciona al azar el 80 % de los datos como muestra de entrenamiento y el 20 % restante como muestra de test, aunque esto dependería del número de datos (los resultados serán aleatorios y su variabilidad dependerá principalmente del tamaño de las muestras). En R se puede realizar el particionamiento de los datos empleando la función `sample()` del paquete base (otra alternativa sería emplear la función `createDataPartition()` del paquete `caret`, como se describe en la Sección 1.6).

Como ejemplo consideraremos el conjunto de datos `Boston` del paquete `MASS` (Ripley, 2023) que contiene, entre otros datos, la valoración de las viviendas (`medv`, mediana de los valores de las viviendas ocupadas, en miles de dólares) y el porcentaje de población con "menor estatus" (`lstat`) en los suburbios de Boston. Podemos construir las muestras de entrenamiento (80 %) y de test (20 %) con el siguiente código:

```r
data(Boston, package = "MASS")
set.seed(1)
nobs <- nrow(Boston)
itrain <- sample(nobs, 0.8 * nobs)
train <- Boston[itrain, ]
test <- Boston[-itrain, ]
```

Los datos de test deberían utilizarse únicamente para evaluar los modelos finales, no se deberían emplear para seleccionar hiperparámetros. Para seleccionarlos se podría volver a particionar los datos de entrenamiento, es decir, dividir la muestra en tres subconjuntos: datos de entrenamiento, de validación y de test (por ejemplo considerando un 70 %, 15 % y 15 % de las observaciones, respectivamente). Para cada combinación de hiperparámetros se ajustaría el correspondiente modelo con los datos de entrenamiento, se emplearían los de validación para evaluarlos y posteriormente seleccionar los valores "óptimos". Por último, se emplean los datos de test para evaluar el rendimiento del modelo seleccionado. No obstante, lo más habitual es seleccionar los hiperparámetros empleando validación cruzada (u otro tipo de remuestreo) en la muestra de entrenamiento, en lugar de considerar una muestra adicional de validación. En la siguiente sección se tratará esta última aproximación. En la Sección 4.1 (Bagging) se describirá cómo usar remuestreo para evaluar la precisión de las predicciones y su aplicación para la selección de hiperparámetros.

1.3.3   Selección de hiperparámetros mediante validación cruzada

Como se mencionó anteriormente, una herramienta para evaluar la calidad predictiva de un modelo es la *validación cruzada* (CV, *cross-validation*), que permite cuantificar el error de predicción utilizando una única muestra de datos. En su versión más simple, validación cruzada dejando uno fuera (*leave-one-out cross-validation*, LOOCV), para cada observación de la muestra se realiza un ajuste empleando el resto de las observaciones, y se mide el error de predicción en esa observación (único dato no utilizado en el ajuste del modelo). Finalmente, combinando todos los errores individuales se pueden obtener medidas globales del error de predicción (o aproximar otras características de su distribución).

El método de LOOCV requeriría, en principio (ver comentarios más adelante), el ajuste de un modelo para cada observación, por lo que pueden aparecer problemas computacionales si el conjunto de datos es grande. En este caso se suelen emplear grupos de observaciones en lugar de observaciones individuales. Si se particiona el conjunto de datos en k grupos, típicamente 10 o 5 grupos, se denomina *k-fold cross-validation* (LOOCV sería un caso particular considerando un número de grupos igual al número de observaciones)[8]. Hay muchas variaciones de este método, entre ellas particionar repetidamente de forma aleatoria los datos en un conjunto de entrenamiento y otro de validación (de esta forma, algunas observaciones podrían aparecer repetidas varias veces y otras ninguna en las muestras de validación).

Continuando con el ejemplo anterior, supongamos que queremos emplear regresión polinómica para explicar la valoración de las viviendas a partir del "estatus" de los residentes (ver Figura 1.7). Al igual que se hizo en la Sección 1.3.1, consideraremos el grado del polinomio como un hiperparámetro.

```r
plot(medv ~ lstat, data = train)
```

Podríamos emplear la siguiente función que devuelve para cada observación (fila) de una muestra de entrenamiento, el error de predicción en esa observación ajustando un modelo lineal con todas las demás observaciones:

---

[8] La partición en *k-fold* CV se suele realizar al azar. Hay que tener en cuenta la aleatoriedad al emplear *k-fold* CV, algo que no ocurre con LOOCV.

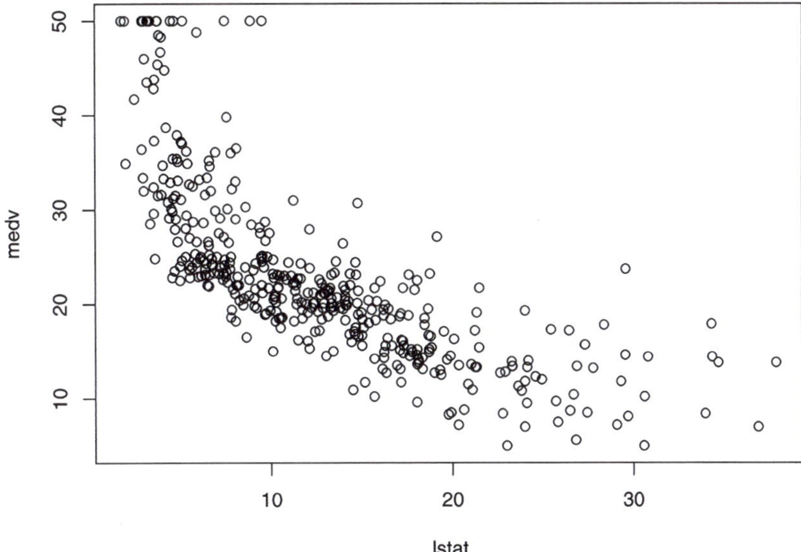

Figura 1.7: Gráfico de dispersión de las valoraciones de las viviendas (`medv`) frente al porcentaje de población con "menor estatus" (`lstat`).

```r
cv.lm0 <- function(formula, datos) {
    respuesta <- as.character(formula)[2] # extraer nombre variable respuesta
    n <- nrow(datos)
    cv.res <- numeric(n)
    for (i in 1:n) {
        modelo <- lm(formula, datos[-i, ])
        cv.pred <- predict(modelo, newdata = datos[i, ])
        cv.res[i] <- cv.pred - datos[i, respuesta]
    }
    return(cv.res)
}
```

La función anterior no es muy eficiente, pero se podría modificar fácilmente para otros métodos de regresión[9]. En el caso de regresión lineal múltiple (y de otros predictores lineales), se pueden obtener fácilmente las predicciones eliminando una de las observaciones a partir del ajuste con todos los datos. Por ejemplo, en lugar de la anterior, sería preferible emplear la siguiente función (consultar la ayuda de `rstandard()`):

```r
cv.lm <- function(formula, datos) {
    modelo <- lm(formula, datos)
    return(rstandard(modelo, type = "predictive")) }
```

---

[9] Pueden ser de interés el paquete `cv` (Fox y Monette, 2024) y también la función `cv.glm()` del paquete `boot` (Canty y Ripley, 2024).

Empleando esta función, podemos calcular una medida del error de predicción de validación cruzada (en este caso el error cuadrático medio) para cada valor del hiperparámetro (grado del ajuste polinómico) y seleccionar el que lo minimiza (ver Figura 1.8).

```r
grado.max <- 10
grados <- seq_len(grado.max)
cv.mse <- cv.mse.sd <- numeric(grado.max)
for(grado in grados){
  cv.res <- cv.lm(medv ~ poly(lstat, grado), train)
  se <- cv.res^2
  cv.mse[grado] <- mean(se)
  cv.mse.sd[grado] <- sd(se)/sqrt(length(se))
}
plot(grados, cv.mse, ylim = c(25, 45), xlab = "Grado del polinomio")
# Valor óptimo
imin.mse <- which.min(cv.mse)
grado.min <- grados[imin.mse]
points(grado.min, cv.mse[imin.mse], pch = 16)
grado.min
```

```
## [1] 5
```

En lugar de emplear los valores óptimos de los hiperparámetros, Breiman *et al.* (1984) propusieron la regla de "un error estándar" para seleccionar la complejidad del modelo. La idea es que estamos trabajando con estimaciones de la precisión y pueden presentar variabilidad (si cambiamos la muestra o cambiamos la partición, los resultados seguramente cambiarán), por lo que la sugerencia es seleccionar el modelo más simple[10] dentro de un error estándar de la precisión del modelo correspondiente al valor óptimo (se consideraría que no hay diferencias significativas en la precisión; además, se mitigaría el efecto de la variabilidad debida a aleatoriedad, incluyendo la inducida por la elección de la semilla; ver figuras 1.9 y 1.10).

```r
plot(grados, cv.mse, ylim = c(25, 45), xlab = "Grado del polinomio")
segments(grados, cv.mse - cv.mse.sd, grados, cv.mse + cv.mse.sd)
# Límite superior "oneSE rule"
upper.cv.mse <- cv.mse[imin.mse] + cv.mse.sd[imin.mse]
abline(h = upper.cv.mse, lty = 2)
# Complejidad mínima por debajo del límite
imin.1se <- min(which(cv.mse <= upper.cv.mse))
grado.1se <- grados[imin.1se]
points(grado.1se, cv.mse[imin.1se], pch = 16)
grado.1se
```

```
## [1] 2
```

---

[10] Suponiendo que los modelos se pueden ordenar del más simple al más complejo.

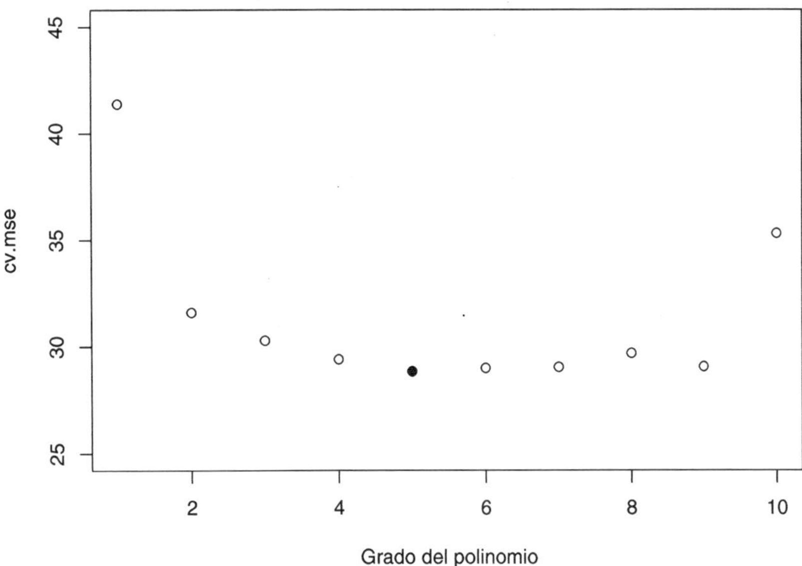

Figura 1.8: Error cuadrático medio de validación cruzada dependiendo del grado del polinomio (complejidad) y valor óptimo (punto sólido).

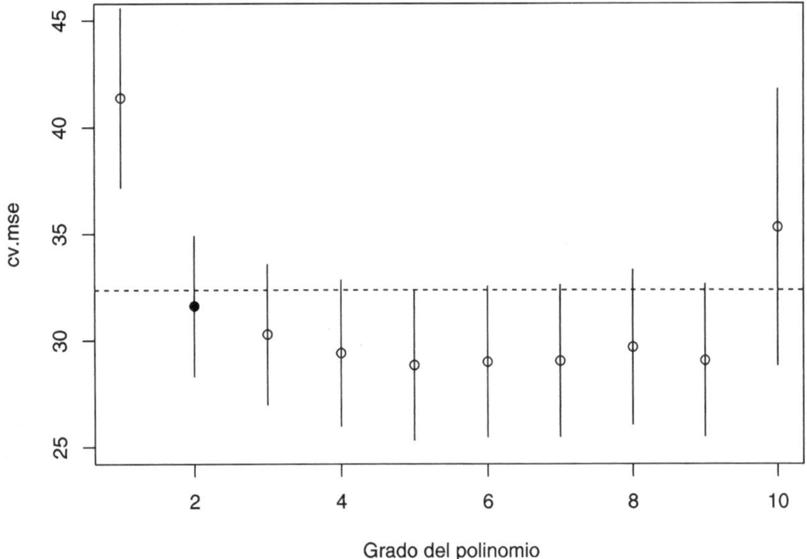

Figura 1.9: Error cuadrático medio de validación cruzada dependiendo del grado del polinomio (complejidad) y valor seleccionado con el criterio de un error estándar (punto sólido).

```r
plot(medv ~ lstat, data = train)
fit.min <- lm(medv ~ poly(lstat, grado.min), train)
fit.1se <- lm(medv ~ poly(lstat, grado.1se), train)
newdata <- data.frame(lstat = seq(0, 40, len = 100))
lines(newdata$lstat, predict(fit.min, newdata = newdata))
lines(newdata$lstat, predict(fit.1se, newdata = newdata), lty = 2)
legend("topright", legend = c(paste("Grado óptimo:", grado.min),
        paste("oneSE rule:", grado.1se)), lty = c(1, 2))
```

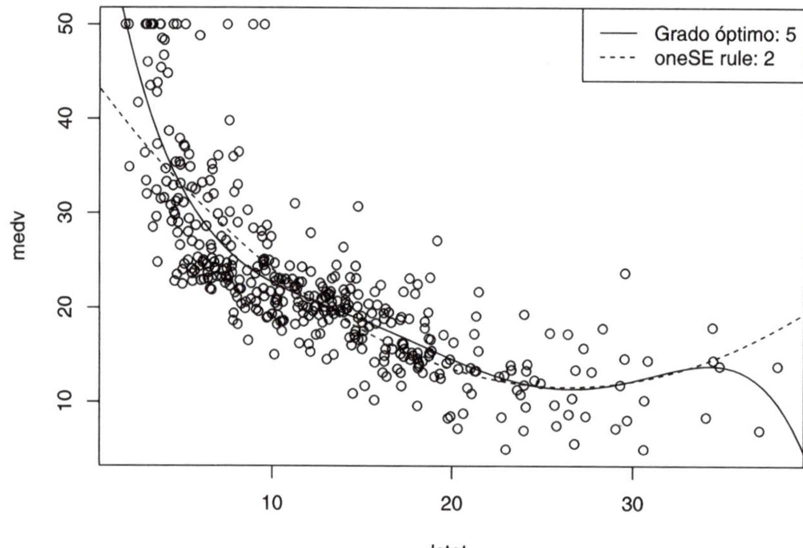

Figura 1.10: Ajuste de los modelos finales, empleando el valor óptimo (línea continua) y el criterio de un error estándar (línea discontinua) para seleccionar el grado del polinomio mediante validación cruzada.

Es importante destacar que la selección aleatoria puede no ser muy adecuada en el caso de dependencia, por ejemplo, para series de tiempo. En este caso se suele emplear el denominado *rolling forecasting*, considerando las observaciones finales como conjunto de validación, y para predecir en cada una de ellas se ajusta el modelo considerando únicamente observaciones anteriores (para más detalles, ver p. ej. la Sección 5.10 de Hyndman y Athanasopoulos, 2021).

1.3.4   Evaluación de un método de regresión

Para estudiar la precisión de las predicciones de un método de regresión se evalúa el modelo en el conjunto de datos de test y se comparan las predicciones frente a los valores reales. Los resultados servirán como medidas globales de la calidad de las predicciones con nuevas observaciones.

```r
obs <- test$medv
pred <- predict(fit.min, newdata = test)
```

Si generamos un gráfico de dispersión de observaciones frente a predicciones[11], los puntos deberían estar en torno a la recta $y = x$ (ver Figura 1.11).

```r
plot(pred, obs, xlab = "Predicción", ylab = "Observado")
abline(a = 0, b = 1)
res <- lm(obs ~ pred)
# summary(res)
abline(res, lty = 2)
```

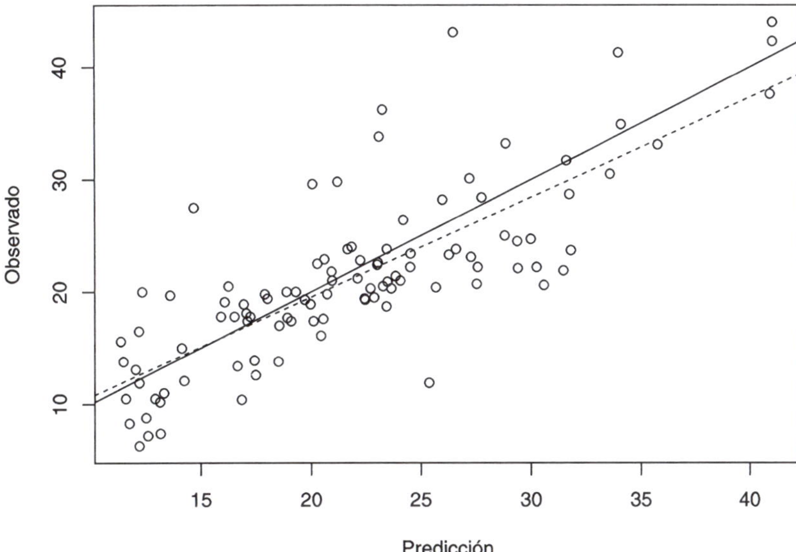

Figura 1.11: Gráfico de dispersión de observaciones frente a predicciones (incluyendo la identidad, línea continua, y el ajuste lineal, línea discontinua).

Este gráfico está implementado en la función **pred.plot()** del paquete **mpae** (aunque por defecto añade el suavizado robusto `lowess(pred, obs)`). También es habitual calcular distintas medidas de error. Por ejemplo, podríamos emplear la función **postResample()** del paquete **caret**:

```r
caret::postResample(pred, obs)
```

```
##      RMSE Rsquared      MAE
## 4.85267  0.62596  3.66718
```

---

[11] Otras implementaciones, como la función `caret::plotObsVsPred()`, intercambian los ejes, generando un gráfico de dispersión de predicciones sobre observaciones.

La función anterior, además de las medidas de error habituales (que dependen en su mayoría
de la escala de la variable respuesta), calcula un *pseudo R-cuadrado*. En este paquete (y en
muchos otros, como `tidymodels` o `rattle`) se emplea uno de los más utilizados, el cuadrado
del coeficiente de correlación entre las predicciones y los valores observados (que se corresponde
con la línea discontinua en la Figura 1.11). Su valor se suele interpretar como el del coeficiente
de determinación en regresión lineal (aunque únicamente es una medida de correlación), y sería
deseable que su valor fuese próximo a 1. Hay otras alternativas (ver Kvålseth, 1985), pero la idea
es que deberían medir la proporción de variabilidad de la respuesta (en nuevas observaciones)
explicada por el modelo, algo que en general no es cierto con el anterior[12]. La recomendación
sería utilizar:

$$\tilde{R}^2 = 1 - \frac{\sum_{i=1}^{n}(y_i - \hat{y}_i)^2}{\sum_{i=1}^{n}(y_i - \bar{y})^2}$$

(que sería una medida equivalente al coeficiente de determinación ajustado en regresión múltiple,
pero sin depender de hipótesis estructurales del modelo), implementado junto con otras medidas
en la siguiente función (incluida en el paquete `mpae`):

```r
accuracy <- function(pred, obs, na.rm = FALSE,
                     tol = sqrt(.Machine$double.eps)) {
  err <- obs - pred      # Errores
  if(na.rm) {
    is.a <- !is.na(err)
    err <- err[is.a]
    obs <- obs[is.a]
  }
  perr <- 100*err/pmax(obs, tol)  # Errores porcentuales
  return(c(
    me = mean(err),           # Error medio
    rmse = sqrt(mean(err^2)), # Raíz del error cuadrático medio
    mae = mean(abs(err)),     # Error absoluto medio
    mpe = mean(perr),         # Error porcentual medio
    mape = mean(abs(perr)),   # Error porcentual absoluto medio
    r.squared = 1 - sum(err^2)/sum((obs - mean(obs))^2) # Pseudo R-cuadrado
  ))
}
accu.min <- accuracy(pred, obs)
accu.min
```

```r
##         me      rmse       mae       mpe      mape r.squared
## -0.67313   4.85267   3.66718  -8.23225  19.70974   0.60867
```

```r
accu.1se <- accuracy(predict(fit.1se, newdata = test), obs)
accu.1se
```

---

[12] Por ejemplo obtendríamos el mismo valor si desplazamos las predicciones sumando una constante (*i. e.* no
tiene en cuenta el sesgo). Lo que interesaría sería medir la proximidad de los puntos a la recta $y = x$.

```
##          me      rmse       mae       mpe      mape r.squared
## -0.92363   5.27974   4.12521  -9.00298  21.65124   0.53676
```

En este caso concreto (con la semilla establecida anteriormente), estimaríamos que el ajuste polinómico con el grado óptimo (seleccionado al minimizar el error cuadrático medio de validación cruzada) explicaría un 60.9 % de la variabilidad de la respuesta en nuevas observaciones (un 7.2 % más que el modelo seleccionado con el criterio de un error estándar de Breiman).

Ejercicio 1.1

Considerando de nuevo el ejemplo anterior, particiona la muestra en datos de entrenamiento (70 %), de validación (15 %) y de test (15 %), para entrenar los modelos polinómicos, seleccionar el grado óptimo (el hiperparámetro) y evaluar las predicciones del modelo final, respectivamente.

Podría ser de utilidad el siguiente código (basado en la aproximación de `rattle`), que particiona los datos suponiendo que están almacenados en el data.frame `df`:

```r
df <- Boston
set.seed(1)
nobs <- nrow(df)
itrain <- sample(nobs, 0.7 * nobs)
inotrain <- setdiff(seq_len(nobs), itrain)
ivalidate <- sample(inotrain, 0.15 * nobs)
itest <- setdiff(inotrain, ivalidate)
train <- df[itrain, ]
validate <- df[ivalidate, ]
test <- df[itest, ]
```

Alternativamente podríamos emplear la función `split()`, creando un factor que divida aleatoriamente los datos en tres grupos[13]:

```r
set.seed(1)
p <- c(train = 0.7, validate = 0.15, test = 0.15)
f <- sample( rep(factor(seq_along(p), labels = names(p)),
                 times = nrow(df)*p/sum(p)) )
samples <- suppressWarnings(split(df, f))
str(samples, 1)
```

```
## List of 3
##  $ train   :'data.frame':  356 obs. of  14 variables:
##  $ validate:'data.frame':   75 obs. of  14 variables:
##  $ test    :'data.frame':   75 obs. of  14 variables:
```

---

[13] Versión "simplificada" (y más eficiente) de una de las propuestas en el post https://stackoverflow.com/questions/36068963. En el caso de que la longitud del factor `f` no coincida con el número de filas (por redondeo), se generaría un *warning* (suprimido) y se reciclaría.

1.3.5   Evaluación de un método de clasificación

Para estudiar la eficiencia de un método de clasificación supervisada típicamente se obtienen las predicciones para el conjunto de datos de test y se genera una tabla de contingencia, denominada *matriz de confusión*, comparando las predicciones con los valores reales.

En primer lugar, consideraremos el caso de dos categorías. La matriz de confusión será de la forma:

Observado/Predicción	Positivo	Negativo
Positivo	Verdaderos positivos (TP)	Falsos negativos (FN)
Negativo	Falsos positivos (FP)	Verdaderos negativos (TN)

A partir de esta tabla se pueden obtener distintas medidas de la precisión de las predicciones (serían medidas globales de la calidad de la predicción de nuevas observaciones). Por ejemplo, dos de las más utilizadas son la tasa de verdaderos positivos y la de verdaderos negativos (tasas de acierto en positivos y negativos), también denominadas *sensibilidad* y *especificidad*:

- Sensibilidad (*sensitivity, recall, hit rate, true positive rate*; TPR):

$$TPR = \frac{TP}{P} = \frac{TP}{TP + FN}$$

- Especificidad (*specificity, true negative rate*; TNR):

$$TNR = \frac{TN}{TN + FP}$$

La precisión global o tasa de aciertos (*accuracy*; ACC) sería:

$$ACC = \frac{TP + TN}{P + N} = \frac{TP + TN}{TP + TN + FP + FN}$$

Sin embargo, hay que tener cuidado con esta medida cuando las clases no están balanceadas. Otras medidas de la precisión global que tratan de evitar este problema son la *precisión balanceada* (*balanced accuracy*, BA):

$$BA = \frac{TPR + TNR}{2}$$

(media aritmética de TPR y TNR) o la *puntuación F1* (*F1 score*; media armónica de TPR y el valor predictivo positivo, PPV, descrito más adelante):

$$F_1 = \frac{2TP}{2TP + FP + FN}$$

Otra medida global es el coeficiente kappa de Cohen (Cohen, 1960), que compara la tasa de aciertos con la obtenida en una clasificación al azar (empleando la proporción de cada clase):

$$\kappa = \frac{2(TP \cdot TN - FN \cdot FP)}{(TP + FP)(FP + TN) + (TP + FN)(FN + TN)}$$

Un valor de 1 indicaría máxima precisión y 0 que la precisión es igual a la que obtendríamos clasificando al azar.

También hay que ser cauteloso al emplear medidas que utilizan como estimación de la probabilidad de positivo (denominada *prevalencia*) la tasa de positivos en la muestra de test, como el valor (o índice) predictivo positivo (*precision, positive predictive value*; PPV):

$$PPV = \frac{TP}{TP + FP}$$

(que no debe ser confundido con la precisión global ACC) y el valor predictivo negativo (NPV):

$$NPV = \frac{TN}{TN + FN},$$

si la muestra de test no refleja lo que ocurre en la población (por ejemplo si la clase de interés está sobrerrepresentada en la muestra). En estos casos habrá que recalcularlos empleando estimaciones válidas de las probabilidades de la clases (por ejemplo, en estos casos, la función `caret::confusionMatrix()` permite establecer estimaciones válidas mediante el argumento `prevalence`).

Como ejemplo emplearemos los datos anteriores de valoraciones de viviendas y estatus de la población, considerando como respuesta una nueva variable `fmedv` que clasifica las valoraciones en "Bajo" o "Alto" dependiendo de si `medv > 25`.

```r
# data(Boston, package = "MASS")
datos <- Boston
datos$fmedv <- factor(datos$medv > 25, # levels = c('FALSE', 'TRUE')
                      labels = c("Bajo", "Alto"))
```

En este ejemplo, si realizamos un análisis descriptivo de la respuesta, podemos observar que las clases no están balanceadas:

```r
table(datos$fmedv)
```

```
## Bajo Alto
##  382  124
```

En este caso también emplearemos el estatus de los residentes (`lstat`) como único predictor. Como se puede observar en la Figura 1.12, hay diferencias en su distribución dependiendo de

la categoría, por lo que aparentemente es de utilidad para predecir el nivel de valoración de las
viviendas.

```r
caret::featurePlot(datos$lstat, datos$fmedv, plot = "density",
                   labels = c("lstat", "Densidad"), auto.key = TRUE)
```

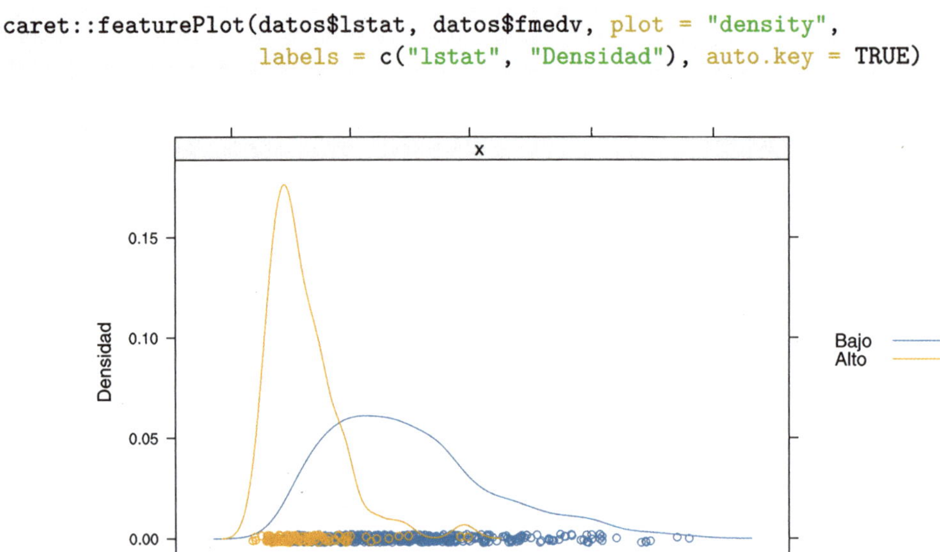

Figura 1.12: Distribución del estatus de la población dependiendo del nivel de valoración
de las viviendas.

Como método de clasificación emplearemos regresión logística (este tipo de modelos se tratarán
en la Sección 2.2). El siguiente código realiza la partición de los datos y ajusta este modelo,
considerando `lstat` como única variable explicativa, a la muestra de entrenamiento:

```r
# Particionado de los datos
set.seed(1)
nobs <- nrow(datos)
itrain <- sample(nobs, 0.8 * nobs)
train <- datos[itrain, ]
test <- datos[-itrain, ]
# Ajuste modelo
modelo <- glm(fmedv ~ lstat, family = binomial, data = train)
modelo

## Call:  glm(formula = fmedv ~ lstat, family = binomial, data = train)
##
## Coefficients:
## (Intercept)        lstat
##       3.744       -0.542
##
```

```
## Degrees of Freedom: 403 Total (i.e. Null);   402 Residual
## Null Deviance:        461
## Residual Deviance: 243   AIC: 247
```

En este tipo de modelos podemos calcular las estimaciones de la probabilidad de la segunda categoría empleando `predict()` con `type = "response"`, a partir de las cuales podemos establecer las predicciones como la categoría más probable:

```r
obs <- test$fmedv
p.est <- predict(modelo, type = "response", newdata = test)
pred <- factor(p.est > 0.5, labels = c("Bajo", "Alto"))
```

Finalmente, podemos obtener la matriz de confusión en distintos formatos:

```r
tabla <- table(obs, pred)  # addmargins(tabla, FUN = list(Total = sum))
tabla
```

```
##        pred
## obs    Bajo Alto
##   Bajo   71   11
##   Alto    8   12
```

```r
print(100*prop.table(tabla), digits = 2)  # Porcentajes respecto al total
```

```
##        pred
## obs    Bajo Alto
##   Bajo 69.6 10.8
##   Alto  7.8 11.8
```

```r
print(100*prop.table(tabla, 1), digits = 3)  # Porcentajes por categorías
```

```
##        pred
## obs    Bajo Alto
##   Bajo 86.6 13.4
##   Alto 40.0 60.0
```

Alternativamente, podemos emplear la función `confusionMatrix()` del paquete `caret`, que proporciona distintas medidas de precisión:

```r
caret::confusionMatrix(pred, obs, positive = "Alto", mode = "everything")
```

```
## Confusion Matrix and Statistics
##
##           Reference
## Prediction Bajo Alto
##       Bajo   71    8
##       Alto   11   12
##
```

```
##                   Accuracy : 0.814
##                     95% CI : (0.724, 0.884)
##        No Information Rate : 0.804
##        P-Value [Acc > NIR] : 0.460
##
##                      Kappa : 0.441
##
##     Mcnemar's Test P-Value : 0.646
##
##                Sensitivity : 0.600
##                Specificity : 0.866
##             Pos Pred Value : 0.522
##             Neg Pred Value : 0.899
##                  Precision : 0.522
##                     Recall : 0.600
##                         F1 : 0.558
##                 Prevalence : 0.196
##             Detection Rate : 0.118
##       Detection Prevalence : 0.225
##          Balanced Accuracy : 0.733
##
##           'Positive' Class : Alto
```

Si el método de clasificación proporciona estimaciones de las probabilidades de las categorías, disponemos de más información en la clasificación que también podemos emplear en la evaluación del rendimiento. Por ejemplo, se puede realizar un análisis descriptivo de las probabilidades estimadas y las categorías observadas en la muestra de test (ver Figura 1.13):

```r
library(lattice)    # Imitamos la función caret::plotClassProbs()
histogram(~ p.est | obs, xlab = "Probabilidad estimada",
          ylab = "Porcentaje (de la categoría)")
```

Para evaluar las estimaciones de las probabilidades se suele emplear la curva ROC (*receiver operating characteristics*, característica operativa del receptor; diseñada inicialmente en el campo de la detección de señales). Como ya se comentó, normalmente se emplea $c = 0.5$ como punto de corte para clasificar en la categoría de interés (*regla de Bayes*), aunque se podrían considerar otros valores (por ejemplo, para mejorar la clasificación en una de las categorías, a costa de empeorar la precisión global). En la curva ROC se representa la sensibilidad (TPR) frente a la tasa de falsos negativos (FNR $= 1 -$ TNR $= 1 -$ especificidad) para distintos valores de corte (ver Figura 1.14). Para ello se puede emplear el paquete pROC (Robin *et al.*, 2011):

```r
library(pROC)
roc_glm <- roc(response = obs, predictor = p.est)
plot(roc_glm, xlab = "Especificidad", ylab = "Sensibilidad")
```

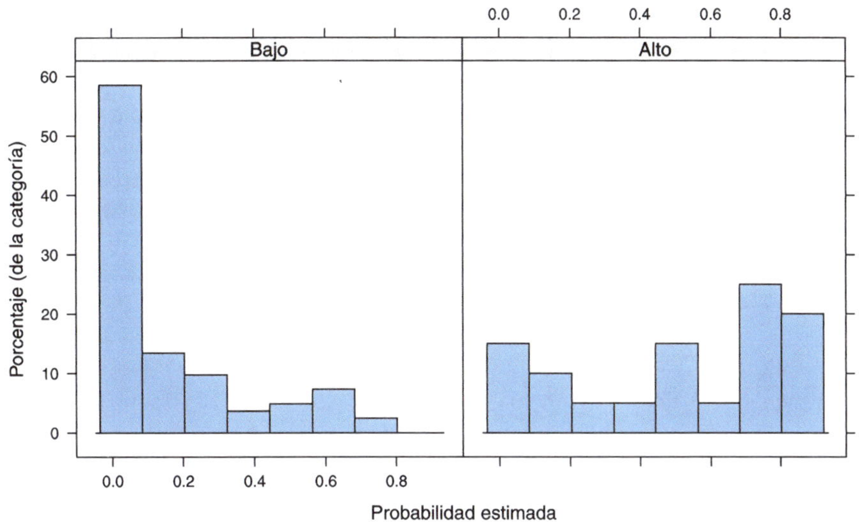

Figura 1.13: Distribución de las probabilidades estimadas de valoración alta de la vivienda dependiendo de la categoría observada.

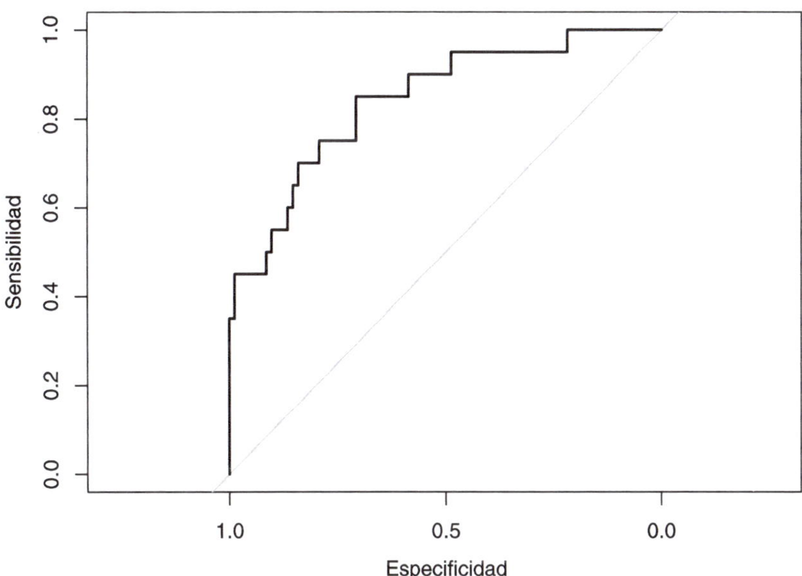

Figura 1.14: Curva ROC correspondiente al modelo de regresión logística.

Lo ideal sería que la curva se aproximase a la esquina superior izquierda (máxima sensibilidad y especificidad). La recta diagonal se correspondería con un clasificador aleatorio. Una medida global del rendimiento del clasificador es el área bajo la curva ROC (AUC; equivalente al estadístico U de Mann-Whitney o al índice de Gini). Un clasificador perfecto tendría un valor de 1, mientras que un clasificador aleatorio tendría un valor de 0.5.

```r
# roc_glm$auc
roc_glm
```

```
## Call:
## roc.default(response = obs, predictor = p.est)
##
## Data: p.est in 82 controls (obs Bajo) < 20 cases (obs Alto).
## Area under the curve: 0.843
```

```r
ci.auc(roc_glm)
```

```
## 95% CI: 0.743-0.943 (DeLong)
```

Como comentario adicional, aunque se puede modificar el punto de corte para mejorar la clasificación en la categoría de interés (de hecho, algunas herramientas como `h2o` lo modifican por defecto; en este caso concreto para maximizar F_1 en la muestra de entrenamiento), muchos métodos de clasificación (como los basados en árboles descritos en el Capítulo 2) admiten como opción una matriz de pérdidas que se tendrá en cuenta para medir la eficiencia durante el aprendizaje. Si está disponible, esta sería la aproximación recomendada.

En el caso de más de dos categorías podríamos generar una matriz de confusión de forma análoga, aunque en principio solo podríamos calcular medidas globales de la precisión como la tasa de aciertos o el coeficiente kappa de Cohen. Podríamos obtener también medidas por clase, como la sensibilidad y la especificidad, siguiendo la estrategia "uno contra todos" descrita en la Sección 1.2.1. Esta aproximación es la que sigue la función `confusionMatrix()` del paquete `caret` (devuelve las medidas comparando cada categoría con las restantes en el componente `$byClass`).

Como ejemplo ilustrativo, consideraremos el conocido conjunto de datos `iris` (Fisher, 1936), en el que el objetivo es clasificar flores de lirio en tres especies (`Species`) a partir del largo y ancho de sépalos y pétalos, aunque en este caso emplearemos un clasificador aleatorio.

```r
data(iris)
# Partición de los datos
datos <- iris
set.seed(1)
nobs <- nrow(datos)
itrain <- sample(nobs, 0.8 * nobs)
train <- datos[itrain, ]
```

```r
test <- datos[-itrain, ]
# Entrenamiento
prevalences <- table(train$Species)/nrow(train)
prevalences
```

```
##     setosa versicolor  virginica
##    0.32500    0.31667    0.35833
```

```r
# Calculo de las predicciones
levels <- names(prevalences) # levels(train$Species)
f <- factor(levels, levels = levels)
pred.rand <- sample(f, nrow(test), replace = TRUE, prob = prevalences)
# Evaluación
caret::confusionMatrix(pred.rand, test$Species)
```

```
## Confusion Matrix and Statistics
##
##             Reference
## Prediction   setosa versicolor virginica
##    setosa          3          3         1
##    versicolor      4          2         5
##    virginica       4          7         1
##
## Overall Statistics
##
##                Accuracy : 0.2
##                  95% CI : (0.077, 0.386)
##     No Information Rate : 0.4
##     P-Value [Acc > NIR] : 0.994
##
##                   Kappa : -0.186
##
##  Mcnemar's Test P-Value : 0.517
##
## Statistics by Class:
##
##                      Class: setosa Class: versicolor Class: virginica
## Sensitivity                  0.273            0.1667           0.1429
## Specificity                  0.789            0.5000           0.5217
## Pos Pred Value               0.429            0.1818           0.0833
## Neg Pred Value               0.652            0.4737           0.6667
## Prevalence                   0.367            0.4000           0.2333
## Detection Rate               0.100            0.0667           0.0333
## Detection Prevalence         0.233            0.3667           0.4000
## Balanced Accuracy            0.531            0.3333           0.3323
```

1.4   La maldición de la dimensionalidad

Podríamos pensar que al aumentar el número de variables explicativas se mejora la capacidad predictiva de los modelos. Lo cual, en general, sería cierto si realmente los predictores fuesen de utilidad para explicar la respuesta. Sin embargo, al aumentar el número de dimensiones se pueden agravar notablemente muchos de los problemas que ya pueden aparecer en dimensiones menores; esto es lo que se conoce como la *maldición de la dimensionalidad* (*curse of dimensionality*; Bellman, 1961).

Uno de estos problemas es el denominado *efecto frontera* que ya puede aparecer en una dimensión, especialmente al trabajar con modelos flexibles (como ajustes polinómicos con grados altos o los métodos locales que trataremos en el Capítulo 6). La idea es que en la "frontera" del rango de valores de una variable explicativa vamos a disponer de pocos datos y los errores de predicción van a tener gran variabilidad (se están haciendo extrapolaciones de los datos, más que interpolaciones, y van a ser menos fiables).

Cuando el número de datos es más o menos grande, podríamos pensar en predecir la respuesta a partir de lo que ocurre en las observaciones cercanas a la posición de predicción, esta es la idea de los métodos locales (Sección 7.1). Uno de los métodos de este tipo más conocidos es el de los *k-vecinos más cercanos* (*k-nearest neighbors*; KNN). Se trata de un método muy simple, pero que puede ser muy efectivo, que se basa en la idea de que localmente la media condicional (la predicción óptima) es constante. Concretamente, dados un entero k (hiperparámetro) y un conjunto de entrenamiento $\mathcal{T}$, para obtener la predicción correspondiente a un vector de valores de las variables explicativas $\mathbf{x}$, el método de regresión[14] KNN promedia las observaciones en un vecindario $\mathcal{N}_k(\mathbf{x}, \mathcal{T})$ formado por las k observaciones más cercanas a $\mathbf{x}$:

$$\hat{Y}(\mathbf{x}) = \hat{m}(\mathbf{x}) = \frac{1}{k} \sum_{i \in \mathcal{N}_k(\mathbf{x}, \mathcal{T})} Y_i$$

Para ello sería necesario definir una distancia, normalmente la distancia euclídea entre los predictores estandarizados. Este método está implementado en numerosos paquetes, por ejemplo en la función `knnreg()` del paquete `caret`.

Como ejemplo consideraremos un problema de regresión simple, con un conjunto de datos simulados (del proceso ya considerado en la Sección 1.3.1) con 100 observaciones (que ya podríamos considerar que no es muy pequeño; ver Figura 1.15):

```
# Simulación datos
n <- 100
x <- seq(0, 1, length = n)
```

---

[14] En el caso de clasificación se considerarían las variables indicadoras de las categorías y se obtendrían las frecuencias relativas en el vecindario como estimaciones de las probabilidades de las clases.

```r
mu <- 2 + 4*(5*x - 1)*(4*x - 2)*(x - 0.8)^2 # grado 4
sd <- 0.5
set.seed(1)
y <- mu + rnorm(n, 0, sd)
datos <- data.frame(x = x, y = y)
# Representar
plot(x, y)
lines(x, mu, lwd = 2, col = "lightgray")
# Ajuste de los modelos
library(caret)
# k = número de observaciones más cercanas
fit1 <- knnreg(y ~ x, data = datos, k = 5) # 5% de los datos (n = 100)
fit2 <- knnreg(y ~ x, data = datos, k = 10)
fit3 <- knnreg(y ~ x, data = datos, k = 20)
# Añadir predicciones y leyenda
newdata <- data.frame(x = x)
lines(x, predict(fit1, newdata), lwd = 2, lty = 3)
lines(x, predict(fit2, newdata), lwd = 2, lty = 2)
lines(x, predict(fit3, newdata), lwd = 2)
legend("topright", legend = c("Verdadero", "5-NN", "10-NN", "20-NN"),
       lty = c(1, 3, 2, 1), lwd = 2, col = c("lightgray", 1, 1, 1))
```

Figura 1.15: Predicciones con el método KNN y distintos vecindarios.

A medida que aumenta k disminuye la complejidad del modelo y se observa un incremento del efecto frontera. Habría que seleccionar un valor óptimo de k (buscando un equilibrio entre sesgo y varianza, como se mostró en la Sección 1.3.1 y se ilustrará en la última sección de este capítulo empleando este método con el paquete **caret**), que dependerá de la tendencia teórica y del número de datos. En este caso, para $k = 5$, podríamos pensar que el efecto frontera aparece en el 10 % más externo del rango de la variable explicativa (con un número mayor de datos podría bajar al 1 %). Al aumentar el número de variables explicativas, considerando que el 10 % más externo del rango de cada una de ellas constituye la "frontera" de los datos, tendríamos que la proporción de frontera sería $1 - 0.9^d$, siendo d el número de dimensiones. Lo que se traduce en que, con $d = 10$, el 65 % del espacio predictivo sería frontera y en torno al 88 % para $d = 20$, es decir, al aumentar el número de dimensiones el problema del efecto frontera será generalizado (ver Figura 1.16).

```r
curve(1 - 0.9^x, 0, 200, ylab = 'Proporción de frontera',
      xlab = 'Número de dimensiones')
curve(1 - 0.95^x, lty = 2, add = TRUE)
curve(1 - 0.99^x, lty = 3, add = TRUE)
abline(h = 0.5, col = "lightgray")
legend("bottomright", title = "Rango en cada dimensión",
       legend = c("10%" , "5%", "1%"), lty = c(1, 2, 3))
```

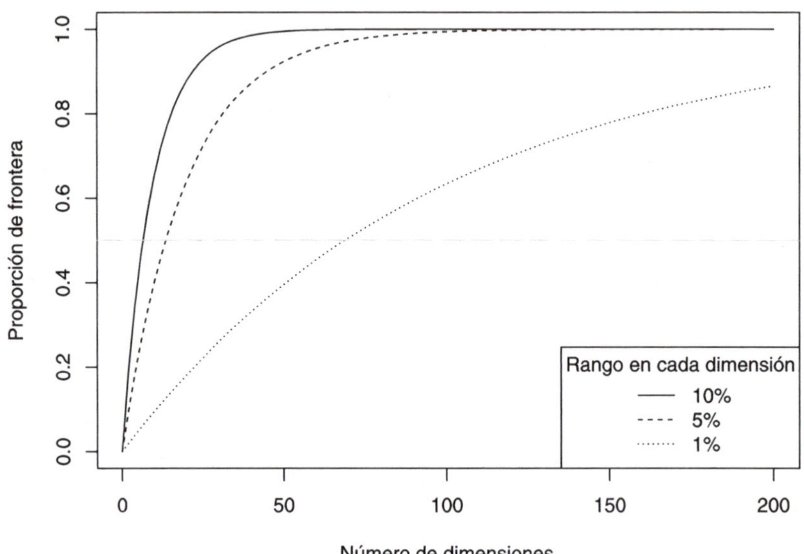

Figura 1.16: Proporción de frontera dependiendo del número de dimensiones y del porcentaje de valores considerados extremos en cada dimensión.

Desde otro punto de vista, suponiendo que los predictores se distribuyen de forma uniforme, la densidad de las observaciones es proporcional a $n^{1/d}$, siendo n el tamaño muestral. Por lo que si consideramos que una muestra de tamaño $n = 100$ es suficientemente densa en una dimensión, para obtener la misma densidad muestral en 10 dimensiones tendríamos que disponer de un tamaño muestral de $n = 100^{10} = 10^{20}$. Por tanto, cuando el número de dimensiones es grande no va a haber muchas observaciones en el entorno de la posición de predicción y puede haber serios problemas de sobreajuste si se pretende emplear un modelo demasiado flexible (por ejemplo, KNN con k pequeño). Hay que tener en cuenta que, en general, fijado el tamaño muestral, la flexibilidad de los modelos aumenta al aumentar el número de dimensiones del espacio predictivo.

Otro de los problemas que se agravan notablemente al aumentar el número de dimensiones es el de colinealidad (Sección 2.1.1), o en general el de concurvidad (Sección 7.3.3), que puede producir que muchos métodos (como los modelos lineales o las redes neuronales) sean muy poco eficientes o inestables (llegando incluso a que no se puedan aplicar). Además, complica notablemente la interpretación de cualquier método. Esto está relacionado también con la dificultad para determinar qué variables son de interés para predecir la respuesta (*i. e.* no son ruido). Debido a la aleatoriedad, predictores que realmente no están relacionados con la respuesta pueden ser tenidos en cuenta por el modelo con mayor facilidad (KNN con las opciones habituales tiene en cuenta todos los predictores con el mismo peso). Lo que resulta claro es que si se agrega ruido se producirá un incremento en el error de predicción. Incluso si las variables añadidas resultan ser relevantes, si el número de observaciones es pequeño en comparación, el incremento en la variabilidad de las predicciones puede no compensar la disminución del sesgo de predicción.

Como conclusión, en el caso multidimensional habrá que tratar de emplear métodos que minimicen estos problemas. Muchos métodos de AE realizan automáticamente una selección de predictores (o una ponderación, asignando más o menos peso según su relevancia), normalmente a través de un hiperparámetro de complejidad del modelo. Un ejemplo serían los arboles de decisión descritos en el Capítulo 3. En este caso, se habla de procedimientos integrados de selección (*embedded selection methods*). Sin embargo, el procedimiento habitual es emplear métodos por pasos que vayan añadiendo y/o eliminando predictores tratando de buscar la combinación óptima que maximice el rendimiento del modelo. Por ejemplo, en las secciones 2.1.2 y 2.2.1, se describen los procedimientos tradicionales de inferencia para modelos lineales y modelos lineales generalizados. En este tipo de métodos, que utilizan un algoritmo de búsqueda para seleccionar los predictores que se incluirán en el ajuste, se emplea un procedimiento de selección denominado envolvente (*wrapper selection method*). Una alternativa más simple, para evitar problemas computacionales, es el filtrado previo de los predictores (*filter methods*), de forma que solo se incluyen en el ajuste los que aparentemente están más relacionados con la respuesta. Sin embargo, hay que tener en cuenta que las medidas clásicas de dependencia, como el coeficiente de correlación de Pearson o el coeficiente de correlación parcial, solo permiten detectar relaciones simples entre predictores y respuesta. Puede ser preferible emplear medidas propuestas recientemente, como la correlación de distancias (Székely *et al.*, 2007), que también permiten cuantificar relaciones no lineales de distintos tipos de predictores (univariantes, multivariantes, funcionales, direccionales...)[15]. La construcción y selección de predictores es una de las líneas tradicionales de estudio en AE/ML, aunque quedaría fuera de los objetivos principales de este libro y solo se tratará superficialmente. Para más detalles, ver por ejemplo Kuhn y Johnson (2019).

1.5 Análisis e interpretación de los modelos

El análisis e interpretación de modelos es un campo muy activo en AE/ML, para el que recientemente se ha acuñado el término de *interpretable machine learning* (IML). A continuación, se resumen brevemente algunas de las principales ideas; para más detalles ver por ejemplo Molnar (2023).

Como ya se comentó, a medida que aumenta la complejidad de los modelos generalmente disminuye su interpretabilidad, por lo que normalmente interesa encontrar el modelo más simple posible que resulte de utilidad para los objetivos propuestos. Aunque el objetivo principal sea la predicción, una vez obtenido el modelo final suele interesar medir la importancia de cada predictor en el modelo y, si es posible, cómo influye en la predicción de la respuesta, es decir, estudiar el efecto de las variables explicativas. Esto puede presentar serias dificultades, especialmente en modelos complejos en los que hay interacciones entre los predictores (el efecto de una variable explicativa depende de los valores de otras).

La mayoría de los métodos de aprendizaje supervisado permiten obtener medidas de la importancia de las variables explicativas en la predicción (ver por ejemplo la ayuda de la función `caret::varImp()`; en algunos casos, como los métodos basados en árboles, incluso de las variables no incluidas en el modelo final). Muchos de los métodos de clasificación, en lugar de proporcionar medidas globales, calculan medidas para cada categoría. Alternativamente, también se pueden obtener medidas de la importancia de las variables mediante procedimientos generales, en el sentido de que se pueden aplicar a cualquier modelo, pero suelen requerir de mucho más tiempo de computación (ver Molnar, 2023, Capítulo 5).

En algunos de los métodos se modelan explícitamente los efectos de los distintos predictores y estos se pueden analizar con (más o menos) facilidad. Hay que tener en cuenta que, al margen de las interacciones, la colinealidad/concurvidad dificulta notablemente el estudio de los efectos de las variables explicativas. Otros métodos son más del tipo "caja negra" (*black box*) y precisan de aproximaciones más generales, como los gráficos PDP (*Partial Dependence Plots*, Friedman y Popescu, 2008; ver también Greenwell, 2017), o las curvas ICE (*Individual Conditional Ex-*

---

[15] Por ejemplo, Febrero-Bande *et al.* (2019) propusieron un método secuencial (hacia delante) que utiliza la correlación de distancias para seleccionar predictores, implementado en la función `fregre.gsam.vs()` del paquete `fda.usc` (Febrero-Bande y Oviedo de la Fuente, 2012).

pectation; p. ej. Goldstein *et al.*, 2015). Estos métodos tratan de estimar el efecto marginal de las variables explicativas y son similares a los gráficos parciales de residuos, habitualmente empleados en los modelos lineales o aditivos (ver las funciones `termplot()`, `car::crPlots()` o `car::avPlots()`, Sección 6.4, y `mgcv::plot.gam()`, Sección 7.3), que muestran la variación en la predicción a medida que varía una variable explicativa manteniendo constantes el resto (algo que tiene sentido si asumimos que los predictores son independientes); pero en este caso se admite que el resto de los predictores también pueden variar.

En el caso de los gráficos PDP, se tiene en cuenta el efecto marginal de los demás predictores del modelo. Suponiendo que estamos interesados en un conjunto $\mathbf{X}^S$ de predictores, de forma que $\mathbf{X} = [\mathbf{X}^S, \mathbf{X}^C]$ y $f_{\mathbf{X}^C}(\mathbf{x}^C) = \int f(\mathbf{x})d\mathbf{x}^S$ es la densidad marginal de $\mathbf{X}^C$, se trata de aproximar:

$$\hat{Y}_S(\mathbf{x}^S) = E_{\mathbf{X}^C}\left[\hat{Y}(\mathbf{x}^S, \mathbf{X}^C)\right] = \int \hat{Y}(\mathbf{x}^S, \mathbf{x}^C)f_{\mathbf{X}^C}(\mathbf{x}^C)d\mathbf{x}^C$$

mediante:

$$\hat{y}_{\mathbf{x}^S}(\mathbf{x}^S) = \frac{1}{n}\sum_{i=1}^{n} \hat{y}(\mathbf{x}^S, \mathbf{x}_i^C)$$

donde n en el tamaño de la muestra de entrenamiento y $\mathbf{x}_i^C$ son los valores observados de las variables explicativas en las que no estamos interesados. La principal diferencia con los gráficos ICE es que, en lugar de mostrar una única curva promedio de la respuesta, estos muestran una curva para cada observación (ver p. ej. Molnar, 2023, Sección 9.1). En la Sección 4.3.2 se incluyen algunos ejemplos.

La teoría de juegos cooperativos y las técnicas de optimización de investigación operativa también se están utilizando, en problemas de clasificación, para evaluar la importancia de las variables predictoras y determinar las más influyentes. Por citar algunos, Strumbelj y Kononenko (2010) proponen un procedimiento general basado en el valor de Shapley de juegos cooperativos (ver p. ej. Molnar, 2023, Sección 9.5, o `?iml::Shapley()`), y en Agor y Özaltın (2019) se propone el uso de algoritmos genéticos para determinar los predictores más influyentes.

Entre los paquetes de R que incorporan herramientas de este tipo podríamos destacar:

- `pdp` (Greenwell, 2022): Partial Dependence Plots (también implementa curvas ICE y es compatible con `caret`).

- `iml` (Molnar *et al.*, 2018): Interpretable Machine Learning.

- `DALEX` (Biecek, 2018): moDel Agnostic Language for Exploration and eXplanation.

- `lime` (Hvitfeldt *et al.*, 2022): Local Interpretable Model-Agnostic Explanations.

- `vip` (Greenwell y Boehmke, 2020): Variable Importance Plots.

- `vivid` (Inglis *et al.*, 2023): Variable Importance and Variable Interaction Displays.

- `ICEbox` (Goldstein *et al.*, 2015): Individual Conditional Expectation Plot Toolbox.

- `plotmo` (Milborrow, 2022): Plot a Model's Residuals, Response, and Partial Dependence Plots.

- `randomForestExplainer` (Paluszynska *et al.*, 2017): Explaining and Visualizing Random Forests in Terms of Variable Importance.

También pueden ser de utilidad las funciones `caret::varImp()` y `h2o::h2o.partialPplot()`. En los siguientes capítulos se mostrarán ejemplos empleando algunas de estas herramientas.

1.6   Introducción al paquete caret

Como ya se comentó en la Sección 1.2.2, el paquete `caret` (*Classification And REgression Training*, Kuhn, 2008; ver también Kuhn, 2019) proporciona una interfaz unificada que simplifica el proceso de modelado empleando la mayoría de los métodos de AE implementados en R (actualmente admite 239 métodos, listados en el Capítulo 6 de Kuhn, 2019). Además de proporcionar rutinas para los principales pasos del proceso, incluye también numerosas funciones auxiliares que permiten implementar nuevos procedimientos. Este paquete ha dejado de desarrollarse de forma activa y se espera que en un futuro próximo sea sustituido por el paquete `tidymodels` (ver Kuhn y Silge, 2022), aunque hemos optado por utilizarlo en este libro porque consideramos que esta alternativa aún se encuentra en fase de desarrollo y además requiere de mayor tiempo de aprendizaje.

En esta sección se describirán de forma esquemática las principales herramientas disponibles en este paquete, para más detalles se recomienda consultar el manual (Kuhn, 2019). También está disponible una pequeña introducción en la *vignette* del paquete: *A Short Introduction to the caret Package*[16].

La función principal es `train()`, que incluye un parámetro `method` que permite establecer el modelo mediante una cadena de texto. Podemos obtener información sobre los modelos disponibles con las funciones `getModelInfo()` y `modelLookup()` (puede haber varias implementaciones del mismo método con distintas configuraciones de hiperparámetros; también se pueden definir nuevos modelos, ver el Capítulo 13 del manual).

```r
library(caret)
# Listado de los métodos disponibles
str(names(getModelInfo()))
```

```
##  chr [1:239] "ada" "AdaBag" "AdaBoost.M1" "adaboost" ...
```

---

[16] Accesible con el comando `vignette("caret")`. También puede resultar de interés la "chuleta" https://github.com/rstudio/cheatsheets/blob/main/caret.pdf.

```r
# names(getModelInfo("knn")) # Encuentra 2 métodos
modelLookup("knn")  # Información sobre hiperparámetros
```

```
##    model parameter      label forReg forClass probModel
## 1    knn         k #Neighbors   TRUE     TRUE      TRUE
```

El paquete `caret` permite, entre otras cosas:

- Partición de los datos:

    - `createDataPartition(y, p = 0.5, list = TRUE, ...)`: crea particiones balanceadas de los datos.

        En el caso de que la respuesta `y` sea categórica, realiza el muestreo en cada clase. Para respuestas numéricas emplea cuantiles (definidos por el argumento `groups = min(5, length(y))`).

        `p`: proporción de datos en la muestra de entrenamiento.

        `list`: lógico; determina si el resultado es una lista con las muestras o un vector (o matriz) de índices.

    - Funciones auxiliares: `createFolds()`, `createMultiFolds()`, `groupKFold()`, `createResample()`, `createTimeSlices()`

- Análisis descriptivo: `featurePlot()`

- Preprocesado de los datos:

    - La función principal es `preProcess(x, method = c("center", "scale"), ...)`, aunque se puede integrar en el entrenamiento (función `train()`). Estimará los parámetros de las transformaciones con la muestra de entrenamiento y permitirá aplicarlas posteriormente de forma automática al hacer nuevas predicciones (por ejemplo, en la muestra de test).

    - El parámetro `method` permite establecer una lista de procesados:

        Imputación: `"knnImpute"`, `"bagImpute"` o `"medianImpute"`.

        Creación y transformación de variables explicativas: `"center"`, `"scale"`, `"range"`, `"BoxCox"`, `"YeoJohnson"`, `"expoTrans"`, `"spatialSign"`.

        Selección de predictores y extracción de componentes: `"corr"`, `"nzv"`, `"zv"`, `"conditionalX"`, `"pca"`, `"ica"`.

    - Dispone de múltiples funciones auxiliares, como `dummyVars()` o `rfe()` (*recursive feature elimination*).

- Entrenamiento y selección de los hiperparámetros del modelo:

  - La función principal es `train(formula, data, method = "rf", trControl = trainControl(), tuneGrid = NULL, tuneLength = 3, metric, ...)`

    `trControl`: permite establecer el método de remuestreo para la evaluación de los hiperparámetros y el método para seleccionar el óptimo, incluyendo las medidas de precisión. Por ejemplo, `trControl = trainControl(method = "cv", number = 10, selectionFunction = "oneSE")`.

    Los métodos disponibles son: `"boot"`, `"boot632"`, `"optimism_boot"`, `"boot_all"`, `"cv"`, `"repeatedcv"`, `"LOOCV"`, `"LGOCV"`, `"timeslice"`, `"adaptive_cv"`, `"adaptive_boot"` o `"adaptive_LGOCV"`.

    `tuneLength` y `tuneGrid`: permite establecer cuántos hiperparámetros serán evaluados (por defecto 3) o una rejilla con las combinaciones de hiperparámetros.

    `metric`: determina el criterio para la selección de hiperparámetros. Por defecto, `metric = "RMSE"` en regresión o `metric = "Accuracy"` en clasificación. Sin modificar otras opciones[17] también se podría establecer `metric = "Rsquared"` para regresión y `metric = "Kappa"` en clasificación.

    ... permite establecer opciones específicas de los métodos.

  - También admite matrices `x`, `y` en lugar de fórmulas (o *recetas*: `recipe()`).

  - Si se imputan datos en el preprocesado será necesario establecer `na.action = na.pass`.

- Predicción: Una de las ventajas es que incorpora un único método `predict()` para objetos de tipo `train` con dos únicas opciones[18] `type = c("raw", "prob")`, la primera para obtener predicciones de la respuesta y la segunda para obtener estimaciones de las probabilidades (en los métodos de clasificación que lo admitan).

  Además, si se incluyó un preprocesado en el entrenamiento, se emplearán las mismas transformaciones en un nuevo conjunto de datos `newdata`.

- Evaluación de los modelos:

  - `postResample(pred, obs)`: regresión.

  - `confusionMatrix(pred, obs, ...)`: clasificación.

---

[17] Para emplear medidas adicionales habría que definir la función que las calcule mediante el argumento `summaryFunction` de `trainControl()`, como se indica en el Ejercicio 5.3.

[18] En lugar de la variedad de opciones que emplean los distintos paquetes (p. ej.: `type = "response"`, `"class"`, `"posterior"`, `"probability"`...).

- Análisis de la importancia de los predictores:

    - `varImp()`: interfaz a las medidas específicas de los métodos de aprendizaje supervisado (Sección 15.1 del manual) o medidas genéricas (Sección 15.2).

Como ejemplo consideraremos el problema de regresión anterior, empleando KNN en `caret`:

```r
data(Boston, package = "MASS")
library(caret)
```

En primer lugar, particionamos los datos:

```r
set.seed(1)
itrain <- createDataPartition(Boston$medv, p = 0.8, list = FALSE)
train <- Boston[itrain, ]
test <- Boston[-itrain, ]
```

Realizamos el entrenamiento, incluyendo un preprocesado de los datos (se almacenan las transformaciones para volver a aplicarlas en la predicción con nuevos datos) y empleando validación cruzada con 10 grupos para la selección de hiperparámetros (ver Figura 1.17). Además, en lugar de utilizar las opciones por defecto, establecemos la rejilla de búsqueda del hiperparámetro:

```r
set.seed(1)
knn <- train(medv ~ ., data = train, method = "knn",
             preProc = c("center", "scale"), tuneGrid = data.frame(k = 1:10),
             trControl = trainControl(method = "cv", number = 10))
knn
```

```
## k-Nearest Neighbors
##
## 407 samples
##  13 predictor
##
## Pre-processing: centered (13), scaled (13)
## Resampling: Cross-Validated (10 fold)
## Summary of sample sizes: 367, 366, 367, 366, 365, 367, ...
## Resampling results across tuning parameters:
##
##   k  RMSE    Rsquared  MAE
##   1  4.6419  0.74938   3.0769
##   2  4.1140  0.79547   2.7622
##   3  3.9530  0.81300   2.7041
##   4  4.2852  0.78083   2.8905
##   5  4.6161  0.75187   3.0647
##   6  4.7543  0.73863   3.1622
##   7  4.7346  0.74041   3.1515
##   8  4.6563  0.75083   3.1337
```

```
##    9   4.6775   0.75082    3.1567
##   10   4.6917   0.74731    3.2076
##
## RMSE was used to select the optimal model using the smallest value.
## The final value used for the model was k = 3.
```

```r
ggplot(knn, highlight = TRUE) # Alternativamente: plot(knn)
```

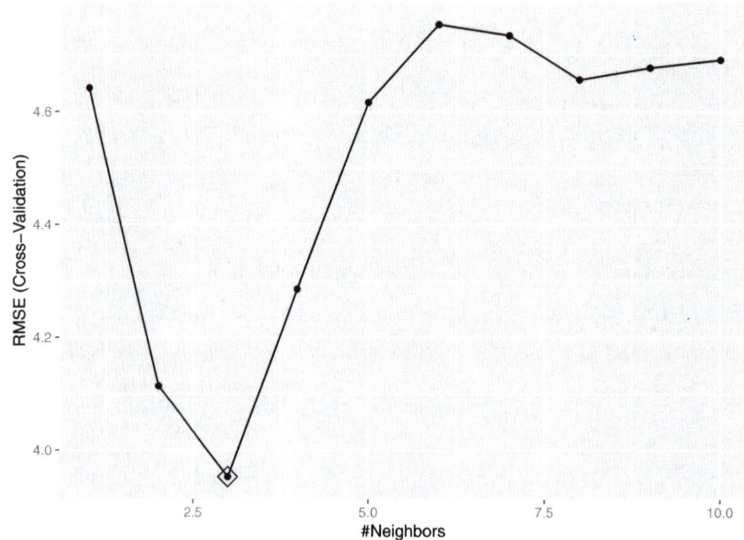

Figura 1.17: Raíz del error cuadrático medio de validación cruzada dependiendo del valor del hiperparámetro, resaltando el valor óptimo.

Los valores seleccionados de los hiperparámetros se devuelven en la componente **\$bestTune**:

```r
knn$bestTune
```

```
##   k
## 3 3
```

y en la componente **\$finalModel** el modelo final ajustado (en el formato del paquete que se empleó internamente para el ajuste):

```r
knn$finalModel
```

```
## 3-nearest neighbor regression model
```

Obtenemos medidas de la importancia de las variables (interpretación del modelo):

```r
varImp(knn)
```

```
## loess r-squared variable importance
##
##            Overall
## lstat      100.0
## rm          88.3
## indus       36.3
## ptratio     33.3
## tax         30.6
## crim        28.3
## nox         23.4
## black       21.3
## age         20.5
## rad         17.2
## zn          15.1
## dis         14.4
## chas         0.0
```

y, finalmente, evaluamos la capacidad predictiva del modelo obtenido empleando la muestra de test:

```r
postResample(predict(knn, newdata = test), test$medv)
```

```
##      RMSE Rsquared       MAE
##   4.96097  0.73395   2.72424
```

Capítulo 2

Métodos clásicos de estadística

En este capítulo se revisará el método clásico de regresión lineal múltiple (Sección 2.1), y también el de regresión lineal generalizada (Sección 2.2). En este último caso, además de tratarlo de forma más superficial, nos centraremos únicamente en regresión logística, un método tradicional de clasificación. Estos modelos clásicos de inferencia estadística se emplean habitualmente en aprendizaje estadístico (AE); aunque pueden ser demasiado simples en muchos casos, pueden resultar muy útiles en otros, principalmente por su interpretabilidad. Además, como veremos más adelante (en el Capítulo 6 y siguientes), sirven como punto de partida para procedimientos más avanzados.

Se supondrá que se dispone de unos conocimientos básicos de los métodos clásicos de regresión lineal y regresión lineal generalizada, por lo que solo se repasará someramente su procedimiento tradicional. Además, trataremos estos métodos desde el punto de vista de AE (como se describe en el Capítulo 1), es decir, con el objetivo de predecir en lugar de realizar inferencias y, preferiblemente, empleando un procedimiento automático y capaz de manejar grandes volúmenes de datos. Para un tratamiento más completo, incluyendo detalles teóricos que no van a ser tratados aquí, se puede consultar Faraway (2016), que incluye su aplicación en la práctica con R[1].

Nos interesa especialmente el problema de colinealidad (Sección 2.1.1) y los métodos tradicionales de selección de variables (Sección 2.1.2). Estas cuestiones pueden resultar de interés en muchos otros métodos, especialmente cuando el número de predictores es grande. También se mostrará cómo realizar la selección del modelo mediante remuestreo (Sección 2.1.5). En la última sección de este capítulo (Sección 2.3) se tratarán, también muy por encima, otros métodos tradicionales de clasificación: análisis discriminante (lineal y cuadrático, secciones 2.3.1 y 2.3.2) y el clasificador Bayes naíf (Sección 2.3.3).

---

[1] También el Capítulo 8 de Fernández-Casal *et al.* (2022).

2.1 Regresión lineal múltiple

En los modelos lineales se supone que la función de regresión es lineal[2]:

$$E(Y|\mathbf{X}) = \beta_0 + \beta_1 X_1 + \beta_2 X_2 + ... + \beta_p X_p$$

siendo $\left(\beta_0, \beta_1, ..., \beta_p\right)^t$ un vector de parámetros (desconocidos). Es decir, que el efecto de las variables explicativas sobre la respuesta es muy simple, proporcional a su valor, y por tanto la interpretación de este tipo de modelos es (en principio) muy fácil. El coeficiente β_j representa el incremento medio de Y al aumentar en una unidad el valor de X_j, manteniendo fijas el resto de las covariables. En este contexto las variables predictoras se denominan habitualmente variables independientes, pero en la práctica es de esperar que no haya independencia entre ellas, por lo que puede no ser muy razonable pensar que al variar una de ellas el resto va a permanecer constante.

El ajuste de este tipo de modelos en la práctica se suele realizar empleando el método de mínimos cuadrados (ordinarios), asumiendo (implícita o explícitamente) que la distribución condicional de la respuesta es normal, lo que se conoce como el modelo de regresión lineal múltiple. Concretamente, el método tradicional considera el siguiente modelo:

$$Y = \beta_0 + \beta_1 X_1 + \beta_2 X_2 + ... + \beta_p X_p + \varepsilon, \tag{2.1}$$

donde ε es un error aleatorio normal, de media cero y varianza σ^2, independiente de las variables predictoras. Además, los errores de las distintas observaciones son independientes entre sí.

Por tanto las hipótesis estructurales del modelo son: linealidad (el efecto de los predictores es lineal), homocedasticidad (varianza constante del error), normalidad (y homogeneidad: ausencia de valores atípicos y/o influyentes) e independencia de los errores. Estas son también las hipótesis del modelo de regresión lineal simple (con una única variable explicativa); en regresión múltiple tendríamos la hipótesis adicional de que ninguna de las variables explicativas es combinación lineal de las demás. Esto está relacionado con el fenómeno de la colinealidad (o multicolinealidad), que se tratará en la Sección 2.1.1, y que es de especial interés en regresión múltiple (no solo en el caso lineal). Además, se da por hecho que el número de observaciones disponible es como mínimo el número de parámetros del modelo, $n \geq p + 1$.

El procedimiento habitual para ajustar un modelo de regresión lineal a un conjunto de datos es emplear mínimos cuadrados (ordinarios; el método más eficiente bajo las hipótesis estructurales):

---

[2] Algunos predictores podrían corresponderse con interacciones, $X_i = X_j X_k$, o transformaciones (p. ej. $X_i = X_j^2$) de las variables explicativas originales. También se podría haber transformado la respuesta.

$$\min_{\beta_0,\beta_1,\dots,\beta_p} \sum_{i=1}^{n} \left(y_i - \beta_0 - \beta_1 x_{1i} - \dots - \beta_p x_{pi} \right)^2 = \min_{\beta_0,\beta_1,\dots,\beta_p} RSS$$

denotando por RSS la suma de cuadrados residual (*residual sum of squares*), es decir, la suma de los residuos al cuadrado.

Para realizar este ajuste en R podemos emplear la función `lm()`:

```r
ajuste <- lm(formula, data, subset, weights, na.action, ...)
```

- `formula`: fórmula que especifica el modelo.

- `data`: data.frame (opcional) con las variables de la fórmula.

- `subset`: vector (opcional) que especifica un subconjunto de observaciones.

- `weights`: vector (opcional) de pesos (mínimos cuadrados ponderados, WLS).

- `na.action`: opción para manejar los datos faltantes; por defecto `na.omit`.

Alternativamente, se puede emplear la función `biglm()` del paquete `biglm` para ajustar modelos lineales a grandes conjuntos de datos (especialmente cuando el número de observaciones es muy grande, incluyendo el caso de que los datos excedan la capacidad de memoria del equipo). También se podría utilizar la función `rlm()` del paquete `MASS` para ajustar modelos lineales empleando un método robusto cuando hay datos atípicos.

Como ejemplo, consideraremos el conjunto de datos `bodyfat` del paquete `mpae`, que contiene observaciones de grasa corporal y mediciones corporales de una muestra de 246 hombres (Penrose *et al.*, 1985).

```r
library(mpae)
# data(bodyfat, package = "mpae")
as.data.frame(attr(bodyfat, "variable.labels"))
```

```
##                      attr(bodyfat, "variable.labels")
## bodyfat Percent body fat (from Siri's 1956 equation)
## age                                       Age (years)
## weight                                   Weight (kg)
## height                                   Height (cm)
## neck                        Neck circumference (cm)
## chest                      Chest circumference (cm)
## abdomen                  Abdomen circumference (cm)
## hip                          Hip circumference (cm)
## thigh                      Thigh circumference (cm)
## knee                        Knee circumference (cm)
## ankle                      Ankle circumference (cm)
```

```
## biceps          Biceps (extended) circumference (cm)
## forearm                 Forearm circumference (cm)
## wrist                     Wrist circumference (cm)
```

Consideraremos como respuesta la variable `bodyfat`, que mide la grasa corporal (en porcentaje) a partir de la densidad corporal, obtenida mediante un procedimiento costoso que requiere un pesaje subacuático. El objetivo es disponer de una forma más sencilla de estimar la grasa corporal a partir de medidas corporales. En este caso todos los predictores son numéricos; para una introducción al tratamiento de variables predictoras categóricas ver, por ejemplo, la Sección 8.5 de Fernández-Casal *et al.* (2022).

La regresión lineal es un método clásico de estadística y, por tanto, el procedimiento habitual es emplear toda la información disponible para construir el modelo y, posteriormente (asumiendo que es el verdadero), utilizar métodos de inferencia para evaluar su precisión. Sin embargo, seguiremos el procedimiento habitual en AE y particionaremos los datos en una muestra de entrenamiento y en otra de test.

```r
df <- bodyfat
set.seed(1)
nobs <- nrow(df)
itrain <- sample(nobs, 0.8 * nobs)
train <- df[itrain, ]
test <- df[-itrain, ]
```

El primer paso antes del modelado suele ser realizar un análisis descriptivo. Por ejemplo, podemos generar un gráfico de dispersión matricial y calcular la matriz de correlaciones (lineales de Pearson). Sin embargo, en muchos casos el número de variables es grande y en lugar de emplear gráficos de dispersión puede ser preferible representar gráficamente las correlaciones mediante un mapa de calor o algún gráfico similar. En la Figura 2.1 se combinan elipses con colores para representar las correlaciones.

```r
# plot(train) # gráfico de dispersión matricial
mcor <- cor(train)
corrplot::corrplot(mcor, method = "ellipse")
print(mcor, digits = 3)
```

```
##            bodyfat      age  weight   height   neck chest abdomen     hip
## bodyfat    1.0000  0.23003  0.6174 -0.0294 0.4820 0.701   0.816  0.6259
## age        0.2300  1.00000 -0.0384 -0.2145 0.0858 0.164   0.204 -0.0718
## weight     0.6174 -0.03838  1.0000  0.4923 0.7947 0.882   0.876  0.9313
## height    -0.0294 -0.21445  0.4923  1.0000 0.3116 0.179   0.177  0.3785
##              thigh     knee   ankle  biceps forearm wrist
## bodyfat      0.542  0.47448   0.213  0.4681   0.353 0.288
## age         -0.238 -0.00612  -0.167 -0.0662  -0.124 0.153
## weight       0.849  0.83207   0.630  0.7771   0.680 0.714
```

```
## height   0.342  0.51736  0.474  0.3101   0.312 0.390
##  [ reached getOption("max.print") -- omitted 10 rows ]
```

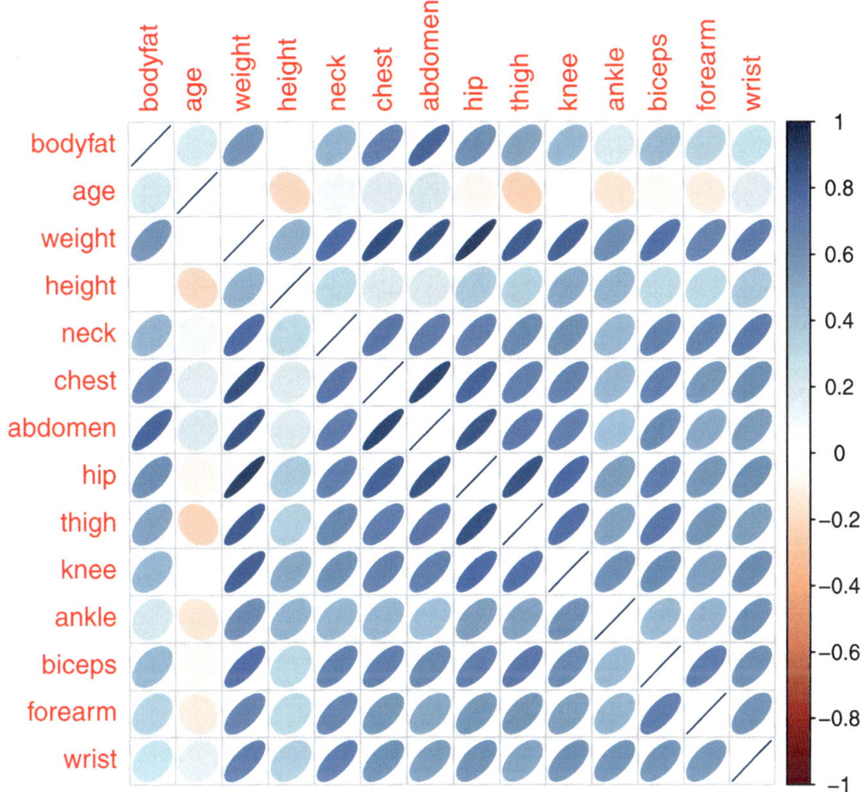

Figura 2.1: Representación de las correlaciones lineales entre las variables del conjunto de datos `bodyfat`, generada con la función `corrplot::corrplot()`.

Observamos que, aparentemente, hay una relación (lineal) entre la respuesta `bodyfat` y algunas de las variables explicativas (que en principio no parece razonable suponer que sean independientes). Si consideramos un modelo de regresión lineal simple, el mejor ajuste se obtendría empleando `abdomen` como variable explicativa (ver Figura 2.2), ya que es la variable más correlacionada con la respuesta (la proporción de variabilidad explicada en la muestra de entrenamiento por este modelo, el coeficiente de determinación R^2, sería $0.816^2 \approx 0.666$).

```
modelo <- lm(bodyfat ~ abdomen, data = train)
summary(modelo)
```

```
## Call:
## lm(formula = bodyfat ~ abdomen, data = train)
##
```

```
## Residuals:
##    Min     1Q Median     3Q    Max
## -10.73  -3.49   0.25   3.08  13.02
##
## Coefficients:
##               Estimate Std. Error t value Pr(>|t|)
## (Intercept) -41.8950      3.1071    -13.5   <2e-16 ***
## abdomen       0.6579      0.0335     19.6   <2e-16 ***
## ---
## Signif. codes:  0 '***' 0.001 '**' 0.01 '*' 0.05 '.' 0.1 ' ' 1
##
## Residual standard error: 4.77 on 194 degrees of freedom
## Multiple R-squared:  0.666, Adjusted R-squared:  0.664
## F-statistic:  386 on 1 and 194 DF,  p-value: <2e-16
```

```r
plot(bodyfat ~ abdomen, data = train)
abline(modelo)
```

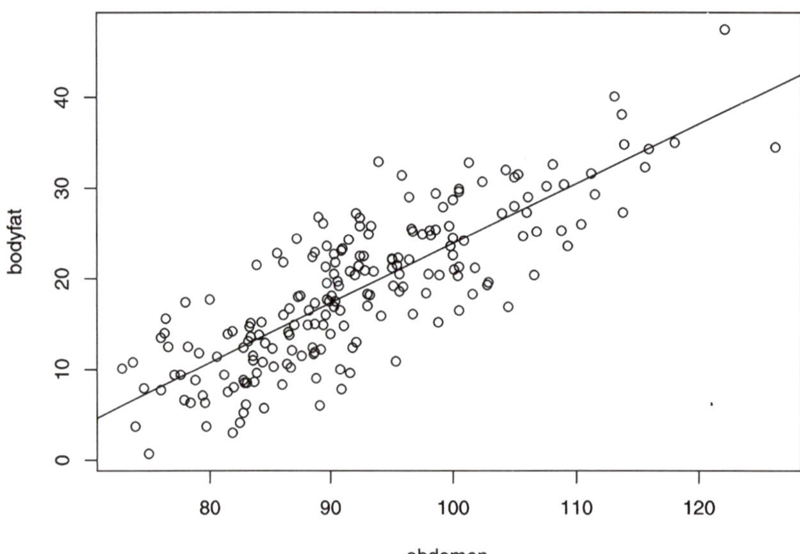

Figura 2.2: Gráfico de dispersión y recta de regresión ajustada para `bodyfat` en función de `abdomen`.

El método `predict()` permite calcular predicciones (estimaciones de la media condicional), intervalos de confianza para la media e intervalos de predicción para nuevas observaciones (la ayuda de `predict.lm()` proporciona todas las opciones disponibles). En la Figura 2.3 se muestra su representación gráfica.

```r
# Predicciones
valores <- seq(70, 130, len = 100)
newdata <- data.frame(abdomen = valores)
pred <- predict(modelo, newdata = newdata, interval = "confidence")
# Representación
plot(bodyfat ~ abdomen, data = train)
matlines(valores, pred, lty = c(1, 2, 2), col = 1)
pred2 <- predict(modelo, newdata = newdata, interval = "prediction")
matlines(valores, pred2[, -1], lty = 3, col = 1)
leyenda <- c("Ajuste", "Int. confianza", "Int. predicción")
legend("topleft", legend = leyenda, lty = 1:3)
```

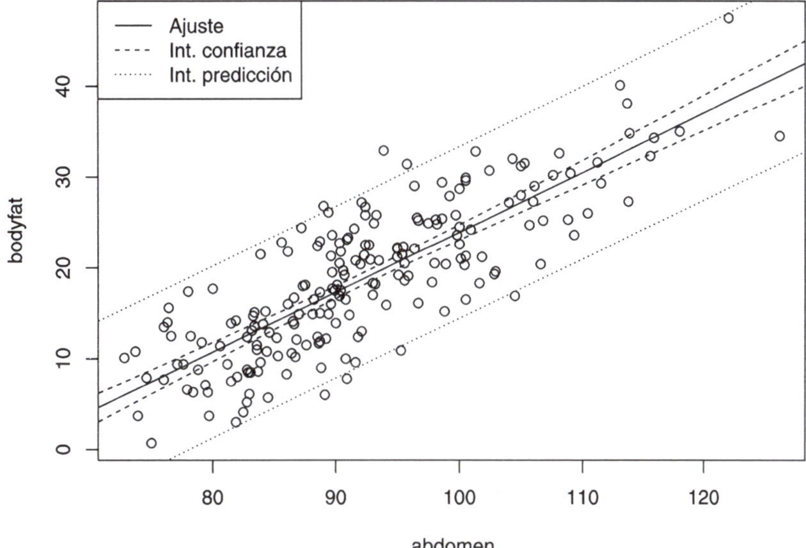

Figura 2.3: Ajuste lineal (predicciones) e intervalos de confianza y predicción (puntuales).

Para la extracción de información se puede acceder a las componentes del modelo ajustado o emplear funciones (genéricas; muchas de ellas válidas para otro tipo de modelos: `rlm()`, `glm()`...). Algunas de las más utilizadas se muestran en la Tabla 2.1.

Ejercicio 2.1

Después de particionar los datos y ajustar el modelo inicial anterior:

```r
modelo <- lm(bodyfat ~ abdomen, data = train)
```

ejecuta el siguiente código:

```
modelo2 <- update(modelo, . ~ . + wrist)
summary(modelo2)
confint(modelo2)
anova(modelo2)
anova(modelo, modelo2)
oldpar <- par(mfrow = c(1, 2))
termplot(modelo2, partial.resid = TRUE)
par(oldpar)
```

y responde a las siguientes preguntas sobre el ajuste obtenido al añadir **wrist** como predictor:

a) ¿Se produce una mejora en la proporción de variabilidad explicada?

b) ¿Esta mejora es significativa?

c) ¿Cuáles son las estimaciones de los coeficientes?

d) Compara el intervalo de confianza para el efecto de la variable **abdomen** (rango en el que confiaríamos que variase el porcentaje de grasa al aumentar un centímetro la circunferencia del abdomen) con el del modelo de regresión lineal simple anterior.

Tabla 2.1: Listado de las principales funciones auxiliares para modelos ajustados.

Función	Descripción
`fitted()`	valores ajustados
`coef()`	coeficientes estimados (y errores estándar)
`confint()`	intervalos de confianza para los coeficientes
`residuals()`	residuos
`plot()`	gráficos de diagnóstico
`termplot()`	gráfico de efectos parciales
`anova()`	calcula tablas de análisis de varianza (también permite comparar modelos)
`influence.measures()`	calcula medidas de diagnóstico ("dejando uno fuera"; LOOCV)
`update()`	actualiza un modelo (por ejemplo, eliminando o añadiendo variables)

2.1.1 El problema de la colinealidad

Si alguna de las variables explicativas no aporta información relevante sobre la respuesta, puede aparecer el problema de la colinealidad. En regresión múltiple se supone que ninguna de las variables explicativas es combinación lineal de las demás. Si una de las variables explicativas (variables independientes) es combinación lineal de las otras, no se pueden determinar los parámetros de forma única. Sin llegar a esta situación extrema, cuando algunas variables explicativas estén altamente correlacionadas entre sí, tendremos una situación de alta colinealidad. En este caso, las estimaciones de los parámetros pueden verse seriamente afectadas:

- Tendrán varianzas muy altas (serán poco eficientes).

- Habrá mucha dependencia entre ellas (al modificar ligeramente el modelo, añadiendo o eliminando una variable o una observación, se producirán grandes cambios en las estimaciones de los efectos).

Consideraremos un ejemplo de regresión lineal bidimensional con datos simulados en el que las dos variables explicativas están altamente correlacionadas. Además, en este ejemplo solo una de las variables explicativas tiene un efecto lineal sobre la respuesta:

```r
set.seed(1)
n <- 50
rand.gen <- runif
x1 <- rand.gen(n)
rho <- sqrt(0.99) # coeficiente de correlación
x2 <- rho*x1 + sqrt(1 - rho^2)*rand.gen(n)
fit.x2 <- lm(x2 ~ x1)
# plot(x1, x2)
# summary(fit.x2)
# Rejilla x-y para predicciones:
len.grid <- 30
x1.range <- range(x1)
x1.grid <- seq(x1.range[1], x1.range[2], len = len.grid)
x2.range <- range(x2)
x2.grid <- seq(x2.range[1], x2.range[2], len = len.grid)
xy <- expand.grid(x1 = x1.grid, x2 = x2.grid)
# Modelo teórico:
model.teor <- function(x1, x2) x1
# model.teor <- function(x1, x2) x1 - 0.5*x2
y.grid <- matrix(mapply(model.teor, xy$x1, xy$x2), nrow = len.grid)
y.mean <- mapply(model.teor, x1, x2)
```

Los valores de las variables explicativas y la tendencia teórica se muestran en la Figura 2.4:

```r
library(plot3D)
ylim <- c(-2, 3) # range(y, y.pred)
scatter3D(z = y.mean, x = x1, y = x2, pch = 16, cex = 1, clim = ylim,
          zlim = ylim, theta = -40, phi = 20, ticktype = "detailed",
          xlab = "x1", ylab = "x2", zlab = "y",
          surf = list(x = x1.grid, y = x2.grid, z = y.grid, facets = NA))
scatter3D(z = rep(ylim[1], n), x = x1, y = x2, add = TRUE, colkey = FALSE,
          pch = 16, cex = 1, col = "black")
x2.pred <- predict(fit.x2, newdata = data.frame(x1 = x1.range))
```

```r
lines3D(z = rep(ylim[1], 2), x = x1.range, y = x2.pred, add = TRUE,
        colkey = FALSE, col = "black")
```

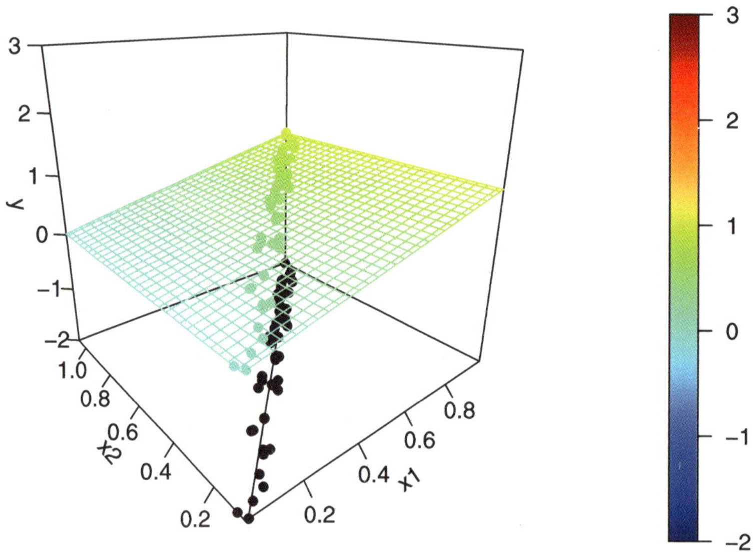

Figura 2.4: Modelo teórico y valores de las variables explicativas (altamente correlacionadas, con un coeficiente de determinación de 0.99).

Para ilustrar el efecto de la correlación en los predictores, en la Figura 2.5 se muestran ejemplos de simulaciones bajo colinealidad y los correspondientes modelos ajustados. Los valores de la variable respuesta, los modelos ajustados y las superficies de predicción se han obtenido aplicando, reiteradamente:

```r
y <- y.mean + rnorm(n, 0, 0.25)
fit <- lm(y ~ x1 + x2)
y.pred <- matrix(predict(fit, newdata = xy), nrow = length(x1.grid))
```

Podemos observar una alta variabilidad en los modelos ajustados (puede haber grandes diferencias en las estimaciones de los coeficientes de los predictores). Incluso puede ocurrir que el contraste de regresión sea significativo (alto coeficiente de determinación), pero los contrastes individuales sean no significativos. Por ejemplo, en el último ajuste obtendríamos:

```r
summary(fit)

## Call:
## lm(formula = y ~ x1 + x2)
##
## Residuals:
```

```
##      Min      1Q  Median       3Q      Max
## -0.4546 -0.1315  0.0143   0.1632   0.3662
##
## Coefficients:
##               Estimate Std. Error t value Pr(>|t|)
## (Intercept)   -0.1137      0.0894   -1.27     0.21
## x1             0.8708      1.1993    0.73     0.47
## x2             0.1675      1.1934    0.14     0.89
##
## Residual standard error: 0.221 on 47 degrees of freedom
## Multiple R-squared:  0.631, Adjusted R-squared:  0.615
## F-statistic: 40.1 on 2 and 47 DF,  p-value: 6.78e-11
```

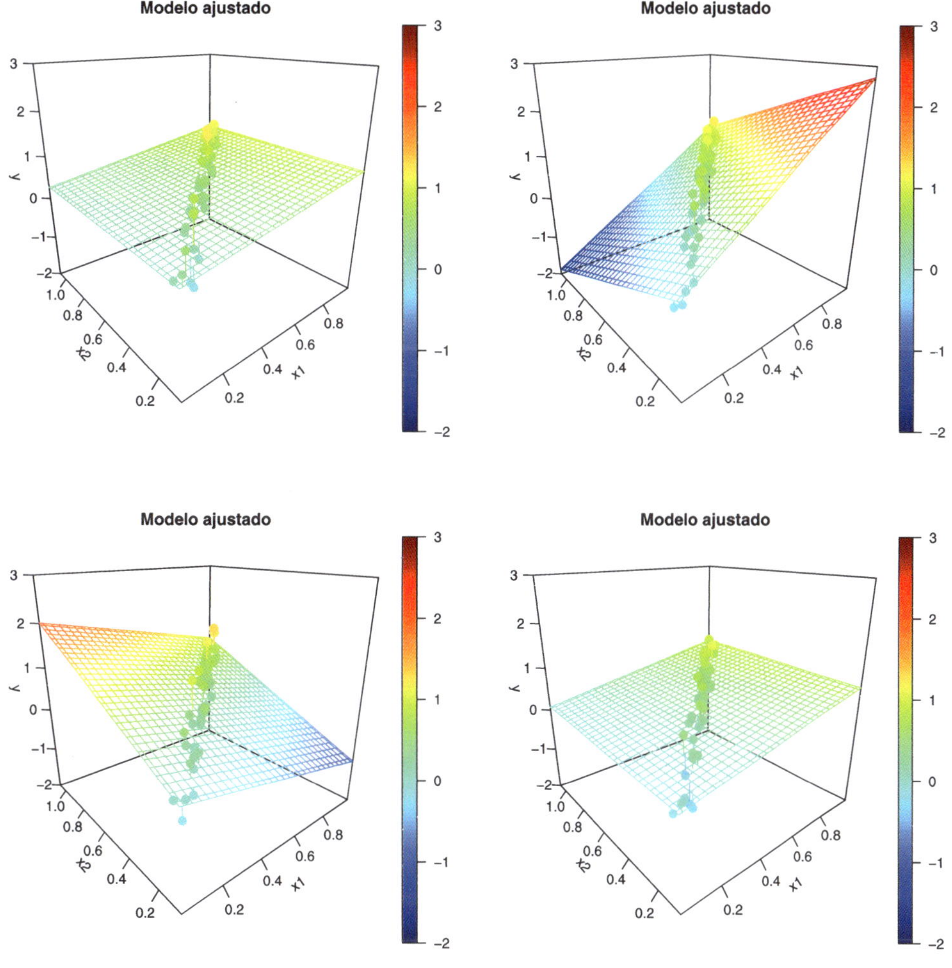

Figura 2.5: Ejemplo de simulaciones bajo colinelidad y correspondientes modelos ajustados.

Podemos comparar los resultados anteriores con los obtenidos, también mediante simulación, utilizando predictores incorrelados (ver Figura 2.6). En este caso, el único cambio es generar el segundo predictor de forma independiente:

```r
x2 <- rand.gen(n)
```

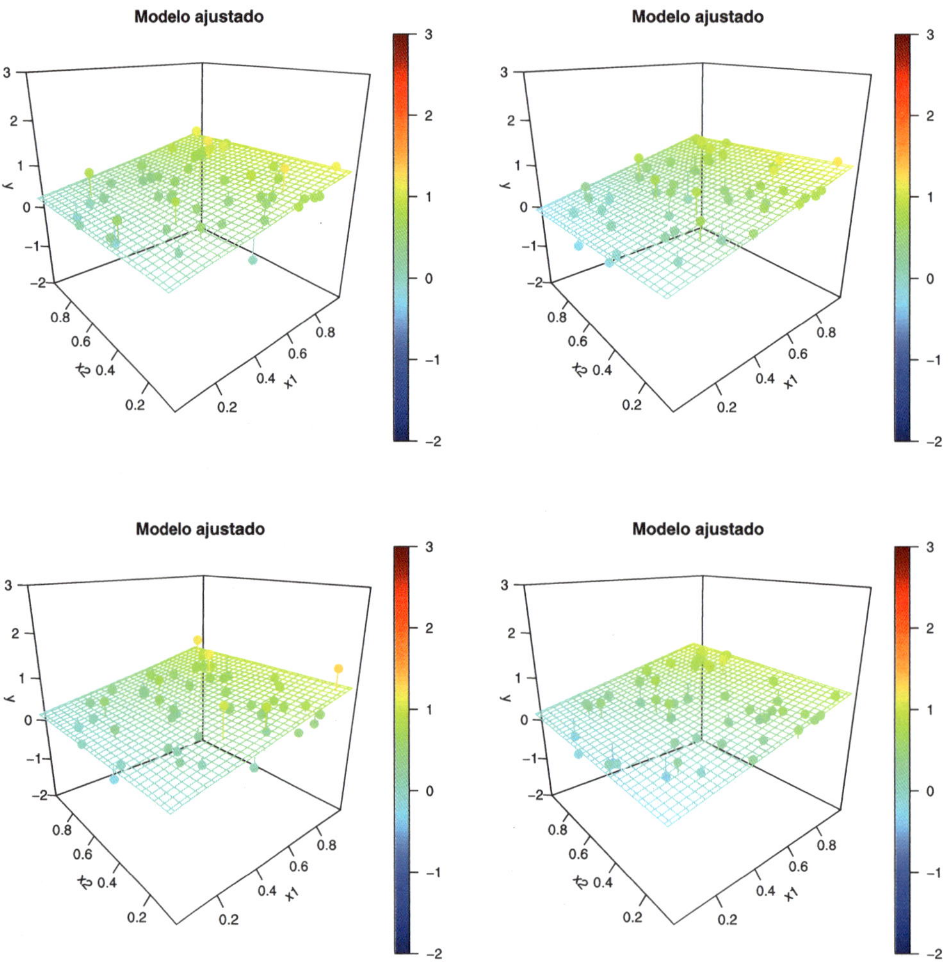

Figura 2.6: Ejemplo de simulaciones bajo independencia y correspondientes modelos ajustados.

Por ejemplo, en el último ajuste obtendríamos:

```r
summary(fit2)
```

```
## Call:
```

```
## lm(formula = y ~ x1 + x2)
##
## Residuals:
##     Min      1Q  Median      3Q     Max
## -0.4580 -0.0864  0.0045  0.1540  0.3366
##
## Coefficients:
##              Estimate Std. Error t value Pr(>|t|)
## (Intercept)  -0.2237     0.0851   -2.63    0.012 *
## x1            1.0413     0.1104    9.43  2.1e-12 ***
## x2            0.2233     0.1021    2.19    0.034 *
## ---
## Signif. codes:  0 '***' 0.001 '**' 0.01 '*' 0.05 '.' 0.1 ' ' 1
##
## Residual standard error: 0.21 on 47 degrees of freedom
## Multiple R-squared:  0.665, Adjusted R-squared:  0.65
## F-statistic: 46.6 on 2 and 47 DF,  p-value: 7.02e-12
```

En la práctica, para la detección de colinealidad se puede emplear la función `vif()` del paquete `car`, que calcula los factores de inflación de la varianza para las variables del modelo. Por ejemplo, en los últimos ajustes obtendríamos:

```
library(car)
vif(fit)
```

```
##     x1     x2
## 107.08 107.08
```

```
vif(fit2)
```

```
##     x1     x2
## 1.0001 1.0001
```

La idea de este estadístico es que la varianza de la estimación del efecto en regresión simple (efecto global) es menor que en regresión múltiple (efecto parcial). El factor de inflación de la varianza mide el incremento debido a la colinealidad. Valores grandes, por ejemplo mayores que 10, indican la posible presencia de colinealidad.

Las tolerancias, proporciones de variabilidad no explicada por las demás covariables, se pueden calcular con `1/vif(modelo)`. Por ejemplo, los coeficientes de tolerancia de los últimos ajustes serían:

```
1/vif(fit)
```

```
##         x1        x2
## 0.0093387 0.0093387
```

```
1/vif(fit2)
```

```
##       x1       x2
## 0.99986 0.99986
```

Aunque el factor de inflación de la varianza y la tolerancia son las medidas más utilizadas, son bastante simples y puede ser preferible emplear otras como el *índice de condicionamiento*, implementado en el paquete `mctest`.

Como ya se comentó en la Sección 1.4, el problema de la colinealidad se agrava al aumentar el número de dimensiones (la maldición de la dimensionalidad). Hay que tener en cuenta también que, además de la dificultad para interpretar el efecto de los predictores, va a resultar más difícil determinar qué variables son de interés para predecir la respuesta (*i. e.* no son ruido). Debido a la aleatoriedad, predictores que realmente no están relacionados con la respuesta pueden incluirse en el modelo con mayor facilidad, especialmente si se recurre a los contrastes tradicionales para determinar si tienen un efecto significativo.

2.1.2 Selección de variables explicativas

Cuando se dispone de un conjunto grande de posibles variables explicativas, suele ser especialmente importante determinar cuáles de estas deberían ser incluidas en el modelo de regresión. Solo se deben incluir las variables que contienen información relevante sobre la respuesta, porque así se simplifica la interpretación del modelo, se aumenta la precisión de la estimación y se evitan los problemas de colinealidad. Se trataría entonces de conseguir un buen ajuste con el menor número de predictores posible.

Para obtener el modelo "óptimo" lo ideal sería evaluar todas las posibles combinaciones de los predictores. La función `regsubsets()` del paquete `leaps` permite seleccionar los mejores modelos fijando el número máximo de variables explicativas. Por defecto, evalúa todos los modelos posibles con un determinado número de parámetros (variando desde 1 hasta por defecto un máximo de `nvmax = 8`) y selecciona el mejor (`nbest = 1`).

```
library(leaps)
regsel <- regsubsets(bodyfat ~ . , data = train)
# summary(regsel)
```

Al representar el resultado se obtiene un gráfico con los mejores modelos ordenados según el criterio determinado por el argumento[3] `scale = c("bic", "Cp", "adjr2", "r2")` (para detalles sobre estas medidas, ver por ejemplo la Sección 6.1.3 de James *et al.*, 2021). Se representa una matriz en la que las filas se corresponden con los modelos y las columnas con predictores,

---

[3] Con los criterios habituales, el mejor modelo con un número de variables prefijado no depende del criterio empleado. Aunque estos criterios pueden diferir al comparar modelos con distinto número de predictores.

indicando los incluidos en cada modelo mediante un sombreado. En la Figura 2.7 se muestra el resultado obtenido empleando el coeficiente de determinación ajustado.

```r
plot(regsel, scale = "adjr2")
```

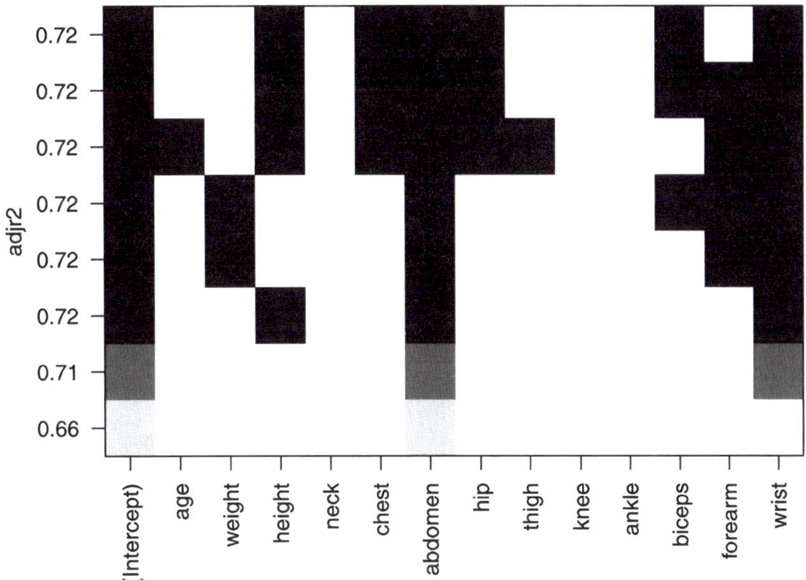

Figura 2.7: Modelos obtenidos mediante búsqueda exhaustiva ordenados según su coeficiente de determinación ajustado.

En este caso, considerando que es preferible un modelo más simple que una mejora del 1 % en la proporción de variabilidad explicada, seleccionamos como modelo final el modelo con dos predictores. Podemos obtener fácilmente los coeficientes de este modelo:

```r
coef(regsel, 2)
```

```
## (Intercept)      abdomen       wrist
##     -9.0578       0.7780     -2.4159
```

pero suele ser recomendable volver a hacer el ajuste:

```r
modelo <- lm(bodyfat ~ abdomen + wrist, data = train)
```

Si el número de variables es grande, no resulta práctico evaluar todas las posibilidades. En este caso se suele utilizar alguno (o varios) de los siguientes métodos:

- Selección progresiva (*forward*): Se parte de una situación en la que no hay ninguna variable y en cada paso se incluye una variable aplicando un criterio de entrada (hasta que ninguna de las restantes lo verifican).

- Eliminación progresiva (*backward*): Se parte del modelo con todas las variables y en cada paso se elimina una variable aplicando un criterio de salida (hasta que ninguna de las incluidas lo verifican).

- Selección paso a paso (*stepwise*): Se combina un criterio de entrada y uno de salida. Normalmente se empieza sin ninguna variable y en cada paso puede haber una inclusión y posteriormente la exclusión de alguna de las anteriormente añadidas (*forward/backward*). Otra posibilidad es partir del modelo con todas las variables, y en cada paso puede haber una exclusión y posteriormente la inclusión de alguna de las anteriormente eliminadas (*backward/forward*).

Hay que tener en cuenta que se trata de algoritmos "voraces" (*greedy*, también denominados "avariciosos"), ya que en cada paso tratan de elegir la mejor opción, pero no garantizan que el resultado final sea la solución global óptima (de hecho, es bastante habitual que no coincidan los modelos finales de los distintos métodos, especialmente si el número de observaciones o de variables es grande).

La función `stepAIC()` del paquete `MASS` permite seleccionar el modelo por pasos[4], hacia delante o hacia atrás según el criterio AIC (*Akaike Information Criterion*) o BIC (*Bayesian Information Criterion*). La función `stepwise()` del paquete `RcmdrMisc` es una interfaz de `stepAIC()` que facilita su uso. Los métodos disponibles son `"backward/forward"`, `"forward/backward"`, `"backward"` y `"forward"`. Normalmente, obtendremos un modelo más simple combinando el método por pasos hacia delante con el criterio BIC:

```
library(MASS)
library(RcmdrMisc)
modelo.completo <- lm(bodyfat ~ . , data = train)
modelo <- stepwise(modelo.completo, direction = "forward/backward",
                criterion = "BIC")

## Direction:  forward/backward
## Criterion:  BIC
##
## Start:  AIC=830.6
## bodyfat ~ 1
##
##             Df Sum of Sq   RSS AIC
## + abdomen    1      8796  4417 621
## + chest      1      6484  6729 704
```

---

[4] También está disponible la función `step()` del paquete base `stats` con menos opciones. Además de búsqueda exhaustiva, la función `leaps::regsubsets()` también permite emplear un criterio por pasos, mediante el argumento `method = c("backward", "forward", "seqrep")`, pero puede ser recomendable usar las otras alternativas para obtener directamente el modelo final.

```
## + hip       1       5176  8037 738
## + weight    1       5036  8177 742
## + thigh     1       3889  9324 768
## + neck      1       3069 10144 784
## + knee      1       2975 10238 786
## + biceps    1       2895 10317 787
## + forearm   1       1648 11565 810
## + wrist     1       1095 12118 819
## + age       1        699 12514 825
## + ankle     1        600 12612 827
## <none>                  13213 831
## + height    1         11 13201 836
##
## Step:  AIC=621.13
## bodyfat ~ abdomen
##
##             Df Sum of Sq   RSS AIC
## + wrist      1       610  3807 597
## + weight     1       538  3879 601
## + height     1       414  4003 607
## + hip        1       313  4104 612
## + ankle      1       293  4124 613
## + neck       1       276  4142 614
## + knee       1       209  4208 617
## + chest      1       143  4274 620
## <none>                   4417 621
## + thigh      1        88  4329 622
## + forearm    1        78  4339 623
## + biceps     1        72  4345 623
## + age        1        56  4362 624
## - abdomen    1      8796 13213 831
##
## Step:  AIC=597.25
## bodyfat ~ abdomen + wrist
##
##             Df Sum of Sq   RSS AIC
## + height     1       152  3654 595
## + weight     1       136  3671 595
## + hip        1       113  3694 597
## <none>                   3807 597
## + age        1        74  3733 599
## + ankle      1        31  3776 601
## + knee       1        29  3778 601
## + chest      1        25  3782 601
## + neck       1        17  3790 602
## + thigh      1        14  3793 602
```

```
## + forearm  1          5  3802 602
## + biceps   1          2  3805 602
## - wrist    1        610  4417 621
## - abdomen  1       8311 12118 819
##
## Step:  AIC=594.53
## bodyfat ~ abdomen + wrist + height
##
##            Df Sum of Sq   RSS AIC
## <none>                   3654 595
## - height    1       152  3807 597
## + hip       1        40  3614 598
## + chest     1        35  3620 598
## + age       1        27  3628 598
## + weight    1        22  3632 599
## + forearm   1        15  3640 599
## + biceps    1         9  3645 599
## + neck      1         9  3646 599
## + ankle     1         2  3652 600
## + knee      1         0  3654 600
## + thigh     1         0  3654 600
## - wrist     1       349  4003 607
## - abdomen   1      8151 11805 819
```

En la salida de texto de esta función, `"<none>"` representa el modelo actual en cada paso y se ordenan las posibles acciones dependiendo del criterio elegido (aunque siempre muestra el valor de AIC). El algoritmo se detiene cuando ninguna de ellas mejora el modelo actual. Como resultado devuelve el modelo ajustado final:

```
summary(modelo)
```

```
## Call:
## lm(formula = bodyfat ~ abdomen + wrist + height, data = train)
##
## Residuals:
##    Min     1Q Median     3Q    Max
## -9.743 -3.058 -0.393  3.331 10.518
##
## Coefficients:
##             Estimate Std. Error t value Pr(>|t|)
## (Intercept)   9.1567     9.1177    1.00   0.3165
## abdomen       0.7718     0.0373   20.69  < 2e-16 ***
## wrist        -1.9548     0.4567   -4.28  2.9e-05 ***
## height       -0.1457     0.0515   -2.83   0.0052 **
## ---
## Signif. codes:  0 '***' 0.001 '**' 0.01 '*' 0.05 '.' 0.1 ' ' 1
```

```
## 
## Residual standard error: 4.36 on 192 degrees of freedom
## Multiple R-squared:  0.723, Adjusted R-squared:  0.719
## F-statistic:  167 on 3 and 192 DF,  p-value: <2e-16
```

Cuando el número de variables explicativas es muy grande (o si el tamaño de la muestra es pequeño en comparación), pueden aparecer problemas al emplear los métodos anteriores (incluso pueden no ser aplicables). Una alternativa son los métodos de regularización (*ridge regression*, LASSO; Sección 6.1) o los de reducción de la dimensión (regresión con componentes principales o mínimos cuadrados parciales; Sección 6.2).

Por otra parte, en los modelos anteriores no se consideraron interacciones entre predictores (para detalles sobre como incluir interacciones en modelos lineales ver, por ejemplo, la Sección 8.6 de Fernández-Casal *et al.*, 2022). Podemos considerar como modelo completo `respuesta ~ .*.` si deseamos incluir, por ejemplo, los efectos principales y las interacciones de orden 2 de todos los predictores.

En la práctica, es habitual comenzar con modelos aditivos y, posteriormente, estudiar posibles interacciones siguiendo un proceso interactivo. Una posible alternativa consiste en considerar un nuevo modelo completo a partir de las variables seleccionadas en el modelo aditivo, incluyendo todas las posibles interacciones de orden 2, y posteriormente aplicar alguno de los métodos de selección anteriores. Como vimos en el Capítulo 1, en AE interesan algoritmos que puedan detectar e incorporar automáticamente efectos de interacción (en los capítulos siguientes veremos extensiones en este sentido).

2.1.3 Análisis e interpretación del modelo

Además del problema de la colinealidad, si no se verifican las otras hipótesis estructurales del modelo (Sección 2.1), los resultados y las conclusiones basados en la teoría estadística pueden no ser fiables, o incluso totalmente erróneos:

- La falta de linealidad "invalida" las conclusiones obtenidas (hay que tener especial cuidado con las extrapolaciones).

- La falta de normalidad tiene poca influencia si el número de datos es suficientemente grande (justificado, teóricamente, por el teorema central del límite). En caso contrario, la estimación de la varianza, los intervalos de confianza y los contrastes podrían verse afectados.

- Si no hay igualdad de varianzas, los estimadores de los parámetros no son eficientes, pero sí son insesgados. Las varianzas, los intervalos de confianza y los contrastes podrían verse afectados.

- La dependencia entre observaciones puede tener un efecto mucho más grave.

Con el método `plot()` se pueden generar gráficos de interés para la diagnosis del modelo (ver Figura 2.8):

```r
oldpar <- par(mfrow = c(2,2))
plot(modelo)
par(oldpar)
```

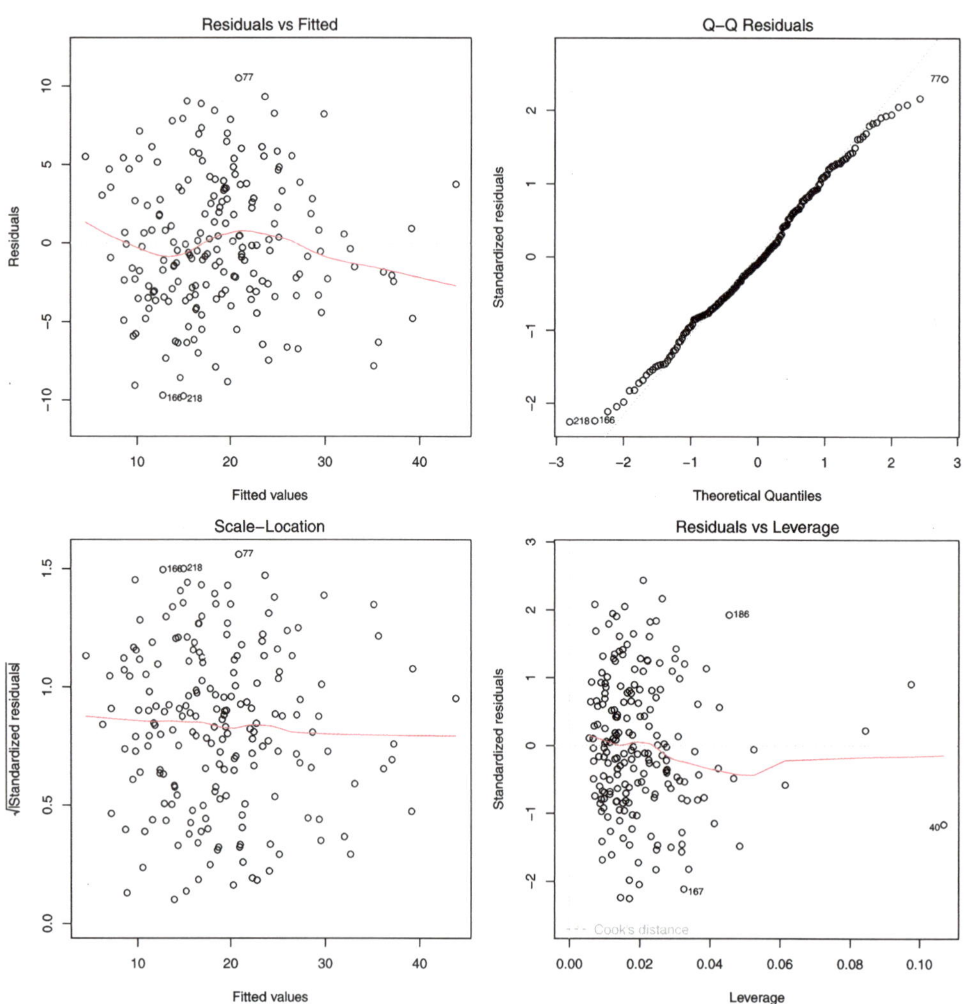

Figura 2.8: Gráficos de diagnóstico del ajuste lineal.

Por defecto se muestran cuatro gráficos (ver `help(plot.lm)` para más detalles). El primero representa los residuos frente a las predicciones y permite detectar falta de linealidad o heterocedasticidad (o el efecto de un factor omitido: mala especificación del modelo); lo ideal es no observar ningún patrón. En este ejemplo se observa que el modelo podría no ser adecuado para la predicción en valores grandes de la respuesta (aproximadamente a partir de un 30 % de grasa corporal), por lo que se podría pensar en incluir un término cuadrático. El segundo es el gráfico QQ y permite diagnosticar la normalidad; sus puntos deben estar cerca de la diagonal. El tercero es el gráfico de dispersión-nivel y permite detectar la heterocedasticidad y ayudar a seleccionar una transformación para corregirla; la pendiente debe ser nula (como alternativa se puede emplear la función `boxcox()` del paquete `MASS`). El último gráfico permite detectar valores atípicos o influyentes; representa los residuos estandarizados en función del valor de influencia (a priori) o *leverage*[5] y señala las observaciones atípicas (residuos fuera del intervalo $[-2, 2]$) e influyentes a posteriori (estadístico de Cook mayor que 0.5 o mayor que 1).

Si las conclusiones obtenidas dependen en gran medida de una observación (normalmente atípica), esta se denomina influyente (a posteriori) y debe ser examinada con cuidado por el experimentador. Se puede volver a ajustar el modelo eliminando las observaciones influyentes[6], pero sería recomendable repetir todo el proceso desde la selección de variables. Hay que tener en cuenta que los casos se identifican en los gráficos mediante los nombres de fila de las observaciones, que pueden consultarse con `row.names()`. Salvo que se hayan definido expresamente, los nombres de fila van a coincidir con los números de fila de los datos originales, en nuestro caso `bodyfat`, pero no con los números de fila de `train`. Otra alternativa para evitar la influencia de datos atípicos es emplear regresión lineal robusta, por ejemplo mediante la función `rlm()` del paquete `MASS` (ver Ejercicio 2.2).

Es recomendable utilizar gráficos parciales de residuos para analizar los efectos de las variables explicativas y detectar posibles problemas como la falta de linealidad. Se pueden generar con:

```
termplot(modelo, partial.resid = TRUE)
```

aunque puede ser preferible emplear las funciones `crPlots()` ó `avPlots()` del paquete `car`[7] (ver Figura 2.9):

```
library(car)
crPlots(modelo, main = "")
```

En la tabla 2.2 se incluyen algunas funciones adicionales que permiten obtener medidas de diagnosis o resúmenes numéricos de interés (ver `help(influence.measures)` para un listado más completo).

---

[5] La influencia a priori (*leverage*) depende de los valores de las variables explicativas, y cuando es mayor que $2(p + 1)/2$ se considera que la observación está muy alejada del centro de los datos.

[6] Normalmente se sigue un proceso iterativo, eliminando la más influyente cada vez, por ejemplo con `which.max(cooks.distance(modelo))` y `update()`.

[7] Estas funciones también permitirían detectar observaciones atípicas o influyentes mediante el argumento `id` (como se muestra en la Sección 2.2.2).

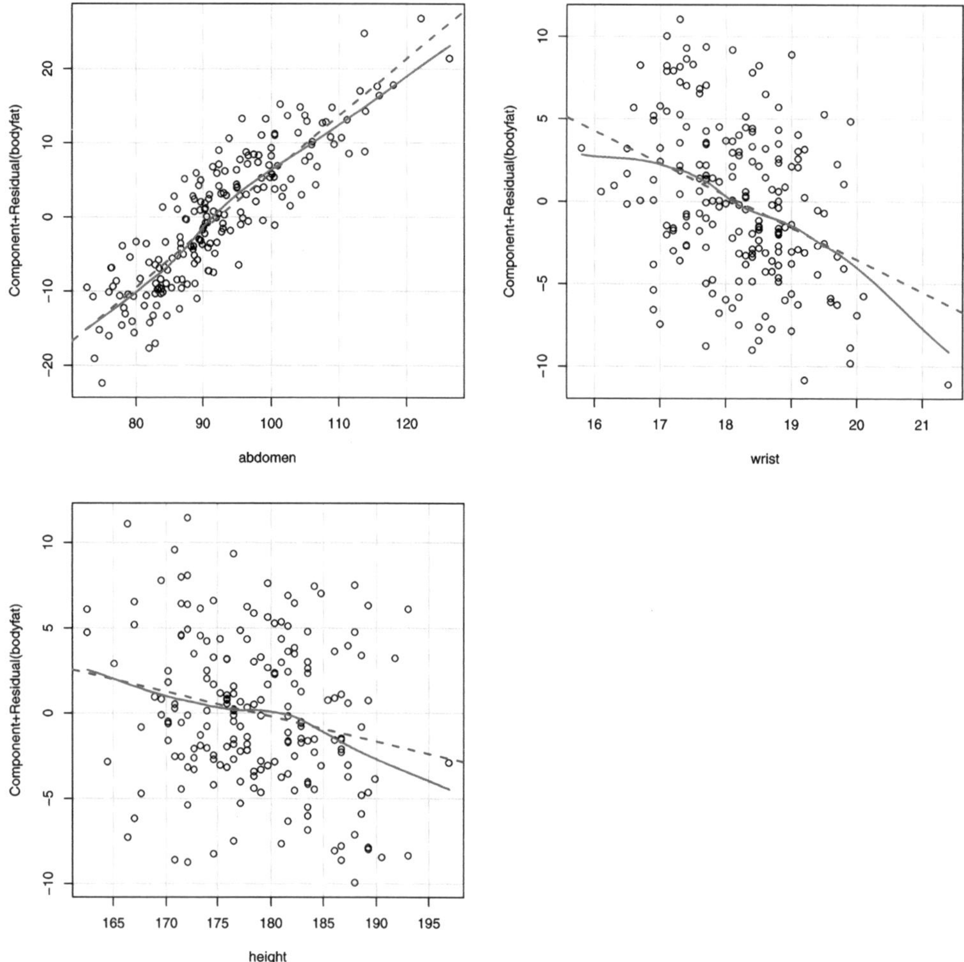

Figura 2.9: Gráficos parciales de residuos (componentes + residuos) del ajuste lineal.

Tabla 2.2: Principales funciones para la diagnosis del modelo ajustado.

Función	Descripción
`rstandard()`	residuos estandarizados (también eliminados)
`rstudent()`	residuos estudentizados
`cooks.distance()`	valores del estadístico de Cook
`influence()`	valores de influencia, cambios en coeficientes y varianza residual al eliminar cada dato (LOOCV)

Hay muchas herramientas adicionales disponibles en otros paquetes, además de las que ya hemos visto de los paquetes `car` y `mctest`. Por ejemplo, la librería `lmtest` proporciona herramientas para la diagnosis de modelos lineales, como el test de Breusch-Pagan para contrastar homocedasticidad, en la función `bptest()`, o el de Durbin-Watson para detectar si hay correlación en serie[8], en la función `dwtest()`.

Cuando no se satisfacen los supuestos básicos del modelo, pueden aplicarse diversas soluciones:

- Pueden llevarse a cabo transformaciones de los datos para tratar de corregir la falta de linealidad, heterocedasticidad y/o normalidad (habitualmente estas últimas "suelen ocurrir en la misma escala"). También se pueden utilizar modelos lineales generalizados (Sección 2.2 y Capítulo 6).

- Si no se logra corregir la heterocedasticidad, puede ser adecuado utilizar mínimos cuadrados ponderados, para lo que habría que modelar la varianza.

- Si hay dependencia, se puede tratar de modelarla y utilizar mínimos cuadrados generalizados.

- Si no se logra corregir la falta de linealidad, se pueden utilizar modelos más flexibles (Capítulo 6 y siguientes).

Una alternativa a las soluciones anteriores es emplear las técnicas de aprendizaje estadístico descritas en la Sección 1.3. Desde este punto de vista, podemos ignorar las hipótesis estructurales y pensar que los procedimientos clásicos, como por ejemplo el ajuste lineal mediante el método por pasos, son simplemente algoritmos de predicción. En ese caso, después de ajustar el modelo en la muestra de entrenamiento, en lugar de emplear medidas como el coeficiente de determinación ajustado, emplearíamos la muestra de test para evaluar la capacidad predictiva en nuevas observaciones.

Una vez obtenido el ajuste final, la ventaja de emplear un modelo lineal es que resultaría muy fácil interpretar el efecto de los predictores en la respuesta a partir de las estimaciones de los coeficientes:

```
coef(modelo)
```

```
## (Intercept)      abdomen       wrist       height
##     9.15668      0.77181    -1.95482     -0.14570
```

En este caso `abdomen` tiene un efecto positivo, mientras que el de `wrist` y `height` es negativo (ver Figura 2.9). Por ejemplo, estimaríamos que por cada incremento de un centímetro en la

---

[8] Para diagnosticar si hay problemas de dependencia temporal sería importante mantener el orden original de recogida de los datos. En este caso no tendría sentido hacerlo con la muestra de entrenamiento, ya que al particionar los datos se seleccionaron las observaciones aleatoriamente (habría que emplear el conjunto de datos original o generar la muestra de entrenamiento teniendo en cuenta la posible dependencia).

circunferencia del abdomen, el porcentaje de grasa corporal aumentará un 0.77 % (siempre que no varíen los valores de `wrist` y `height`). Es importante destacar que estos coeficientes dependen de la escala de las variables y, por tanto, no deberían ser empleados como medidas de importancia de los predictores si sus unidades de medida no son comparables. Es preferible emplear los valores observados de los estadísticos para contrastar si su efecto es significativo (columna `t value` en el resumen del modelo ajustado):

```r
summary(modelo)$coefficients[-1, 3]
```

```
## abdomen   wrist   height
## 20.6939 -4.2806 -2.8295
```

ya que son funciones del correspondiente coeficiente de correlación parcial (la correlación entre la respuesta y el predictor después de eliminar el efecto lineal del resto de predictores). Alternativamente, se pueden emplear los denominados coeficientes estandarizados o pesos beta, por ejemplo mediante la función `scaled.coef()` del paquete `mpae`:

```r
scaled.coef(modelo) # scale.response = TRUE
```

```
##   abdomen     wrist    height
##   0.95710  -0.21157  -0.11681
```

Estos coeficientes serían los obtenidos al ajustar el modelo tipificando previamente todas las variables[9]. Tanto el valor absoluto de estos coeficientes como el de los estadísticos de contraste se podrían considerar medidas de la importancia de los predictores.

2.1.4 Evaluación de la precisión

Para evaluar la precisión de las predicciones se puede utilizar el coeficiente de determinación ajustado:

```r
summary(modelo)$adj.r.squared
```

```
## [1] 0.71909
```

que estima la proporción de variabilidad explicada en una nueva muestra. Sin embargo, hay que tener en cuenta que su validez depende de las hipótesis estructurales (especialmente de la linealidad, homocedasticidad e independencia), ya que se obtiene a partir de estimaciones de las varianzas residual y total:

$$R^2_{ajus} = 1 - \frac{\hat{S}^2_R}{\hat{S}^2_Y} = 1 - \left(\frac{n-1}{n-p-1}\right)(1 - R^2)$$

---

[9] Por tanto, no tienen unidades y se interpretarían como el cambio en desviaciones estándar de la variable dependiente al aumentar el correspondiente predictor en una desviación estándar.

siendo $\hat{S}_R^2 = \sum_{i=1}^{n}(y_i - \hat{y}_i)^2/(n-p-1)$. Algo similar ocurre con otras medidas de bondad de ajuste, como por ejemplo BIC o AIC.

Alternativamente, si no es razonable asumir estas hipótesis, se puede emplear el procedimiento tradicional en AE (o alguno de los otros descritos en la Sección 1.3).

Podemos evaluar el modelo ajustado en el conjunto de datos de test y comparar las predicciones frente a los valores reales (como se mostró en la Sección 1.3.4; ver Figura 2.10). En este caso, se observa una infrapredicción en valores grandes de la respuesta, especialmente en torno al 20 % de grasa corporal (como ya se ha visto en la diagnosis realizada en la sección anterior, aparentemente se debería haber incluido un término cuadrático).

```r
obs <- test$bodyfat
pred <- predict(modelo, newdata = test)
pred.plot(pred, obs, xlab = "Predicción", ylab = "Observado")
```

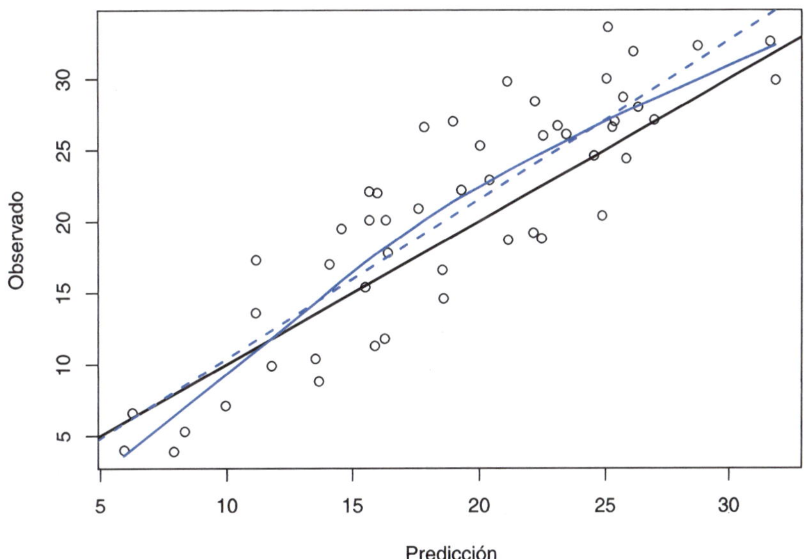

Figura 2.10: Gráfico de dispersión de observaciones frente a predicciones, del ajuste lineal en la muestra de test.

También podemos obtener medidas de error:

```r
accuracy(pred, obs)
```

```
##        me      rmse       mae       mpe      mape r.squared
##   1.44076   4.19456   3.59129  -0.68191  21.46643   0.72802
```

Ejercicio 2.2

El conjunto de datos `mpae::bodyfat.raw` contiene observaciones adicionales en las que se sospecha que hubo errores en las mediciones o en la introducción de datos. Particiona estos datos en una muestra de entrenamiento y una de test, ajusta el modelo anterior mediante regresión robusta con la función `MASS::rlm()`:

```r
rlm(bodyfat ~ abdomen + wrist + height, data = train)
```

evalúa las predicciones en la muestra de test y compara los resultados con los del ejemplo anterior.

2.1.5 Selección del modelo mediante remuestreo

Los métodos de selección de variables descritos en la Sección 2.1.2 también dependen, en mayor o menor medida, de la validez de las hipótesis estructurales. Por este motivo se podría pensar en emplear alguno de los procedimientos descritos en la Sección 1.3. Por ejemplo, podríamos considerar como hiperparámetros la inclusión, o no, de cada una de las posibles variables explicativas y realizar la selección de variables (la complejidad del modelo) mediante remuestreo (ver `bestglm::bestglm(..., IC = c("LOOCV", "CV"))`). Sin embargo, esto puede presentar dificultades computacionales.

Otra posibilidad es emplear remuestreo para escoger entre distintos procedimientos de selección o para escoger el número de predictores incluidos en el modelo. En este caso, el procedimiento de selección debería realizarse también en cada uno de los conjuntos de entrenamiento utilizados en la validación. Esto último puede hacerse fácilmente con el paquete `caret`. Este paquete implementa métodos de selección basados en el paquete `leaps`, considerando el número máximo de predictores `nvmax` como hiperparámetro y empleando búsqueda: hacia atrás (`"leapBackward"`), hacia delante (`"leapForward"`) y por pasos (`"leapSeq"`).

```r
library(caret)
modelLookup("leapSeq")
```

```
##     model parameter                        label forReg forClass
## 1 leapSeq    nvmax Maximum Number of Predictors   TRUE    FALSE
##   probModel
## 1     FALSE
```

```r
caret.leapSeq <- train(bodyfat ~ ., data = train, method = "leapSeq",
                       trControl = trainControl(method = "cv", number = 10),
                       tuneGrid = data.frame(nvmax = 1:6))
caret.leapSeq
```

```
## Linear Regression with Stepwise Selection
## 
```

```
## 196 samples
##  13 predictor
##
## No pre-processing
## Resampling: Cross-Validated (10 fold)
## Summary of sample sizes: 176, 176, 178, 175, 178, 176, ...
## Resampling results across tuning parameters:
##
##   nvmax  RMSE     Rsquared   MAE
##   1      4.6868   0.67536    3.8501
##   2      4.3946   0.71180    3.6432
##   3      4.3309   0.72370    3.5809
##   4      4.5518   0.69680    3.7780
##   5      4.4163   0.71225    3.6770
##   6      4.4015   0.71020    3.6674
##
## RMSE was used to select the optimal model using the smallest value.
## The final value used for the model was nvmax = 3.
```

```r
# summary(caret.leapSeq$finalModel)
with(caret.leapSeq, coef(finalModel, bestTune$nvmax))
```

```
## (Intercept)      height      abdomen        wrist
##     9.15668    -0.14570      0.77181     -1.95482
```

Una vez seleccionado el modelo final[10], estudiaríamos la eficiencia de las predicciones en la muestra de test:

```r
pred <- predict(caret.leapSeq, newdata = test)
accuracy(pred, obs)
```

```
##         me       rmse        mae        mpe       mape  r.squared
##    1.44076    4.19456    3.59129   -0.68191   21.46643    0.72802
```

Además, en el caso de ajustes de modelos de este tipo, puede resultar de interés realizar un preprocesado de los datos para eliminar predictores correlados o con varianza próxima a cero, estableciendo por ejemplo `preProc = c("nzv", "corr")` en la llamada a la función `train()`.

2.2 Modelos lineales generalizados

Los modelos lineales generalizados son una extensión de los modelos lineales para el caso de que la distribución condicional de la variable respuesta no sea normal (por ejemplo, discreta: Bernoulli, binomial, Poisson...). En los modelos lineales generalizados se introduce una función

---

[10] Se podrían haber entrenado distintos métodos de selección de predictores y comparar los resultados (en las mismas muestras de validación) para escoger el modelo final.

invertible g, denominada función enlace (o *link*) de forma que:

$$g\left(E(Y|\mathbf{X})\right) = \beta_0 + \beta_1 X_1 + \beta_2 X_2 + ... + \beta_p X_p$$

y su ajuste, en la práctica, se realiza empleando el método de máxima verosimilitud (habrá que especificar también una familia de distribuciones para la respuesta).

La función de enlace debe ser invertible, de forma que se pueda volver a transformar el modelo ajustado (en la escala lineal de las puntuaciones) a la escala original. Por ejemplo, como se comentó al final de la Sección 1.2.1, para modelar una variable indicadora, con distribución de Bernoulli (caso particular de la binomial) donde $E(Y|\mathbf{X}) = p(\mathbf{X})$ es la probabilidad de éxito, podemos considerar la función logit

$$\text{logit}(p(\mathbf{X})) = \log\left(\frac{p(\mathbf{X})}{1 - p(\mathbf{X})}\right) = \beta_0 + \beta_1 X_1 + \beta_2 X_2 + ... + \beta_p X_p$$

(que proyecta el intervalo $[0, 1]$ en $\mathbb{R}$), siendo su inversa la función logística

$$p(\mathbf{X}) = \frac{e^{\beta_0 + \beta_1 X_1 + \beta_2 X_2 + ... + \beta_p X_p}}{1 + e^{\beta_0 + \beta_1 X_1 + \beta_2 X_2 + ... + \beta_p X_p}}$$

Esto da lugar al modelo de regresión logística (múltiple), que será el que utilizaremos como ejemplo en esta sección. Para un tratamiento más completo de los métodos de regresión lineal generalizada, se recomienda consultar alguno de los libros de referencia, como Faraway (2016), Hastie y Pregibon (1991), Dunn y Smyth (2018) o McCullagh (2019).

Para el ajuste (estimación de los parámetros) de un modelo lineal generalizado a un conjunto de datos (por máxima verosimilitud) se emplea la función `glm()`:

```r
ajuste <- glm(formula, family = gaussian, data, weights, subset, ...)
```

La mayoría de los principales parámetros coinciden con los de la función `lm()`. El parámetro `family` especifica la distribución y, opcionalmente, la función de enlace. Por ejemplo:

- `gaussian(link = "identity")`, `gaussian(link = "log")`

- `binomial(link = "logit")`, `binomial(link = "probit")`

- `poisson(link = "log")`

- `Gamma(link = "inverse")`

Para cada distribución se toma por defecto una función de enlace (el denominado *enlace canónico*, mostrado en primer lugar en la lista anterior; ver `help(family)` para más detalles). Así, en el caso del modelo logístico bastará con establecer `family = binomial`. También se puede emplear la función `bigglm()` del paquete `biglm` para ajustar modelos lineales generalizados a grandes conjuntos de datos, aunque en este caso los requerimientos computacionales pueden ser mayores. Como se comentó en la Sección 2.1, muchas de las herramientas y funciones genéricas disponibles para los modelos lineales son válidas también para este tipo de modelos, como por ejemplo las mostradas en las tablas 2.1 y 2.2.

Como ejemplo, continuaremos con los datos de grasa corporal, pero utilizando como respuesta una nueva variable `bfan` indicadora de un porcentaje de grasa corporal superior al rango considerado normal. Además, añadimos el índice de masa corporal como predictor, empleado habitualmente para establecer el grado de obesidad de un individuo (este conjunto de datos está disponible en `mpae::bfan`).

```r
df <- bodyfat
# Grasa corporal superior al rango normal
df[1] <- factor(df$bodyfat > 24 , # levels = c('FALSE', 'TRUE'),
                labels = c('No', 'Yes'))
names(df)[1] <- "bfan"
# Indice de masa corporal (kg/m2)
df$bmi <- with(df, weight/(height/100)^2)
set.seed(1)
nobs <- nrow(df)
itrain <- sample(nobs, 0.8 * nobs)
train <- df[itrain, ]
test <- df[-itrain, ]
```

Es habitual empezar realizando un análisis descriptivo. Si el número de variables no es muy grande, podemos generar un gráfico de dispersión matricial, diferenciando las observaciones pertenecientes a las distintas clases (ver Figura 2.11).

```r
plot(train[-1], pch = as.numeric(train$bfan), col = as.numeric(train$bfan))
```

Para ajustar un modelo de regresión logística bastaría con establecer el argumento `family = binomial` en la llamada a `glm()` (por defecto utiliza `link = "logit"`). Por ejemplo, podríamos considerar como punto de partida los predictores seleccionados para regresión en el apartado anterior:

```r
modelo <- glm(bfan ~ abdomen + wrist + height, family = binomial,
              data = train)
modelo

## Call:  glm(formula = bfan ~ abdomen + wrist + height, family = binomial,
##     data = train)
##
## Coefficients:
## (Intercept)      abdomen        wrist       height
##       1.859        0.341       -0.906       -0.104
```

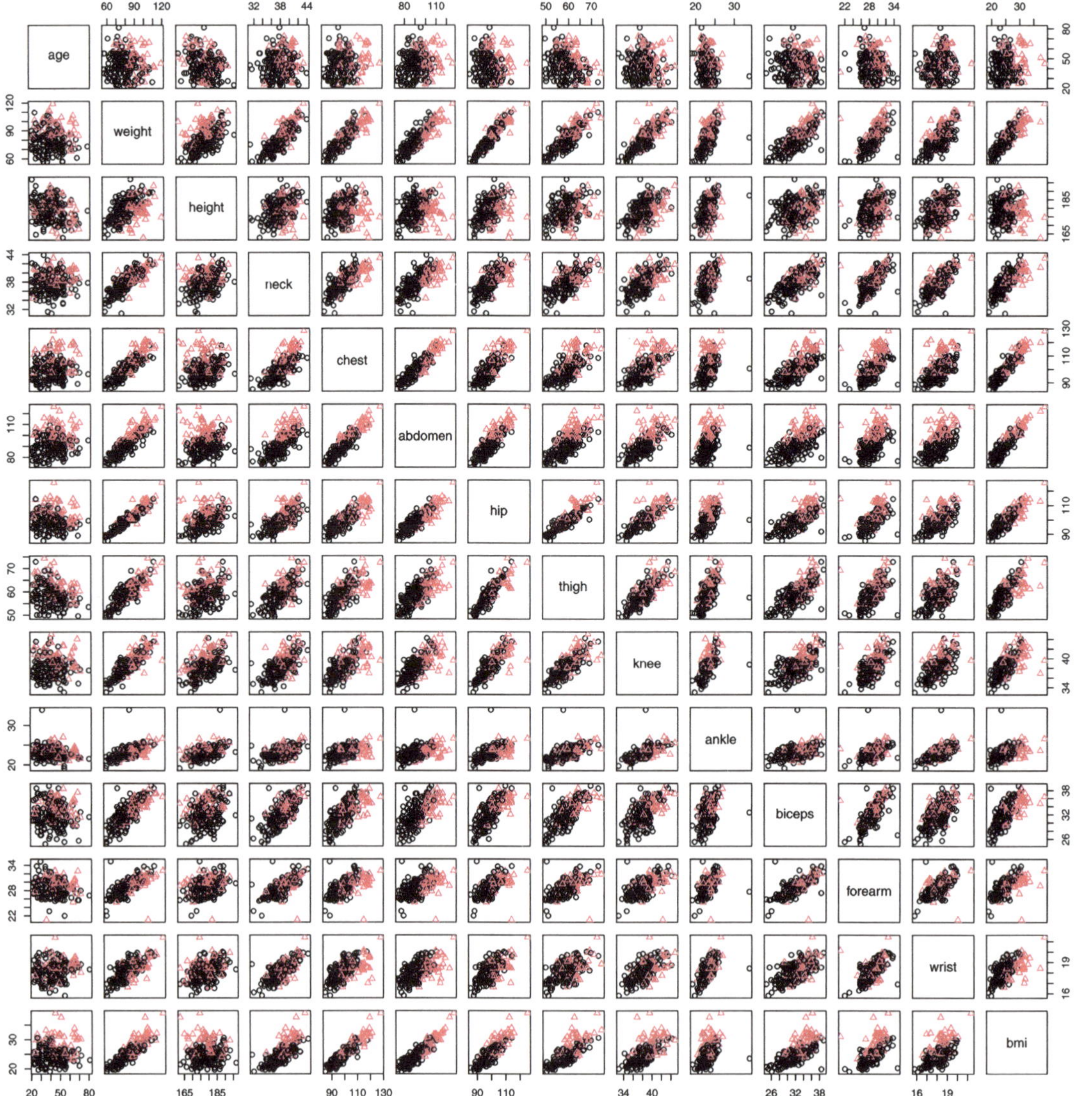

Figura 2.11: Gráfico de dispersión matricial, con colores y símbolos dependiendo de `bfan`.

```
##
## Degrees of Freedom: 195 Total (i.e. Null);  192 Residual
## Null Deviance:      229
## Residual Deviance: 116  AIC: 124
```

La razón de ventajas (*odds ratio*; OR) permite cuantificar el efecto de las variables explicativas en la respuesta (incremento proporcional en la razón entre la probabilidad de éxito y la de fracaso, al aumentar una unidad la variable manteniendo las demás fijas):

```r
exp(coef(modelo))   # Razones de ventajas ("odds ratios")
```

```
## (Intercept)      abdomen        wrist       height
##     6.41847      1.40621      0.40402      0.90082
```

Para obtener un resumen más completo del ajuste se puede utilizar `summary()`:

```r
summary(modelo)
```

```
## Call:
## glm(formula = bfan ~ abdomen + wrist + height, family = binomial,
##     data = train)
##
## Coefficients:
##             Estimate Std. Error z value Pr(>|z|)
## (Intercept)   1.8592     7.3354    0.25    0.800
## abdomen       0.3409     0.0562    6.07  1.3e-09 ***
## wrist        -0.9063     0.3697   -2.45    0.014 *
## height       -0.1044     0.0445   -2.35    0.019 *
## ---
## Signif. codes:  0 '***' 0.001 '**' 0.01 '*' 0.05 '.' 0.1 ' ' 1
##
## (Dispersion parameter for binomial family taken to be 1)
##
##     Null deviance: 228.80  on 195  degrees of freedom
## Residual deviance: 116.14  on 192  degrees of freedom
## AIC: 124.1
##
## Number of Fisher Scoring iterations: 6
```

La desvianza (*deviance*) es una medida de la bondad del ajuste de un modelo lineal generalizado (sería equivalente a la suma de cuadrados residual de un modelo lineal; valores más altos indican peor ajuste). La *null deviance* se correspondería con un modelo solo con la constante, y la *residual deviance*, con el modelo ajustado. En este caso hay una reducción de 112.65 con una pérdida de 3 grados de libertad (una reducción significativa).

Para contrastar globalmente el efecto de las covariables también podemos emplear:

```r
modelo.null <- glm(bfan ~ 1, binomial, data = train)
anova(modelo.null, modelo, test = "Chi")
```

```
## Analysis of Deviance Table
##
## Model 1: bfan ~ 1
## Model 2: bfan ~ abdomen + wrist + height
##   Resid. Df Resid. Dev Df Deviance Pr(>Chi)
```

```
## 1            195          229
## 2            192          116  3        113     <2e-16 ***
## ---
## Signif. codes:  0 '***' 0.001 '**' 0.01 '*' 0.05 '.' 0.1 ' ' 1
```

2.2.1 Selección de variables explicativas

El objetivo es conseguir un buen ajuste con el menor número de variables explicativas posible. Al igual que en el caso del modelo de regresión lineal múltiple, se puede seguir un proceso interactivo, eliminando o añadiendo variables con la función `update()`, aunque también están disponibles métodos automáticos de selección de variables.

Para obtener el modelo "óptimo" lo ideal sería evaluar todos los modelos posibles. En este caso no se puede emplear la función `regsubsets()` del paquete `leaps` (solo disponible para modelos lineales), pero el paquete `bestglm` proporciona una herramienta equivalente, `bestglm()`. También se puede emplear la función `stepwise()` del paquete `RcmdrMisc` para seleccionar un modelo por pasos según criterio AIC o BIC:

```r
# library(RcmdrMisc)
modelo.completo <- glm(bfan ~ ., family = binomial, data = train)
modelo <- stepwise(modelo.completo, direction = "forward/backward",
                   criterion = "BIC")
```

```
## Direction:  forward/backward
## Criterion:  BIC
##
## Start:  AIC=234.07
## bfan ~ 1
##
##              Df Deviance AIC
## + abdomen  1          132 142
## + bmi      1          156 167
## + chest    1          163 174
## + hip      1          176 186
## + weight   1          180 190
## + knee     1          195 206
## + thigh    1          197 207
## + neck     1          197 208
## + biceps   1          201 212
## + forearm  1          216 226
## + wrist    1          218 229
## + age      1          219 230
## + ankle    1          223 234
## <none>                229 234
## + height   1          229 239
```

```
## 
## Step:  AIC=142.07
## bfan ~ abdomen
## 
##            Df Deviance AIC
## + weight   1      117 133
## + wrist    1      122 138
## + height   1      123 138
## + ankle    1      125 141
## <none>            132 142
## + age      1      127 143
## + hip      1      127 143
## + thigh    1      127 143
## + forearm  1      128 143
## + neck     1      128 144
## + chest    1      128 144
## + biceps   1      129 145
## + knee     1      129 145
## + bmi      1      131 147
## - abdomen  1      229 234
## 
## Step:  AIC=133.06
## bfan ~ abdomen + weight
## 
##            Df Deviance AIC
## <none>            117 133
## + wrist    1      114 135
## + knee     1      116 137
## + hip      1      116 137
## + bmi      1      116 137
## + height   1      117 138
## + biceps   1      117 138
## + neck     1      117 138
## + ankle    1      117 138
## + age      1      117 138
## + chest    1      117 138
## + thigh    1      117 138
## + forearm  1      117 138
## - weight   1      132 142
## - abdomen  1      180 190

summary(modelo)


## Call:
## glm(formula = bfan ~ abdomen + weight, family = binomial, data = train)
## 
```

```
## Coefficients:
##              Estimate Std. Error z value Pr(>|z|)
## (Intercept) -30.2831     4.6664   -6.49  8.6e-11 ***
## abdomen       0.4517     0.0817    5.53  3.2e-08 ***
## weight       -0.1644     0.0487   -3.38  0.00073 ***
## ---
## Signif. codes:  0 '***' 0.001 '**' 0.01 '*' 0.05 '.' 0.1 ' ' 1
##
## (Dispersion parameter for binomial family taken to be 1)
##
##     Null deviance: 228.80  on 195  degrees of freedom
## Residual deviance: 117.22  on 193  degrees of freedom
## AIC: 123.2
##
## Number of Fisher Scoring iterations: 6
```

2.2.2 Análisis e interpretación del modelo

Las hipótesis estructurales del modelo son similares al caso de regresión lineal (aunque algunas como la linealidad se suponen en la escala transformada). Si no se verifican, los resultados basados en la teoría estadística pueden no ser fiables o ser totalmente erróneos.

Con el método `plot()` se pueden generar gráficos de interés para la diagnosis del modelo (ver Figura 2.12):

```
plot(modelo)
```

Su interpretación es similar a la de los modelos lineales (consultar las referencias incluidas al principio de la sección para más detalles). En este caso destacan dos posibles datos atípicos, aunque aparentemente no son muy influyentes a posteriori (en el modelo ajustado). Adicionalmente, se pueden generar gráficos parciales de residuos, por ejemplo con la función `crPlots()` del paquete `car` (ver Figura 2.13):

```
outliers <- which(abs(residuals(modelo, type = "pearson")) > 3)
crPlots(modelo, id = list(method = outliers, col = 2), main = "")
```

Se pueden emplear las mismas funciones vistas en los modelos lineales para obtener medidas de diagnosis de interés (tablas 2.1 y 2.2). Por ejemplo, `residuals(model, type = "deviance")` proporcionará los residuos *deviance*. Por supuesto, también pueden aparecer problemas de colinealidad, y podemos emplear las mismas herramientas para detectarla:

```
vif(modelo)
```

```
## abdomen  weight
##  4.5443  4.5443
```

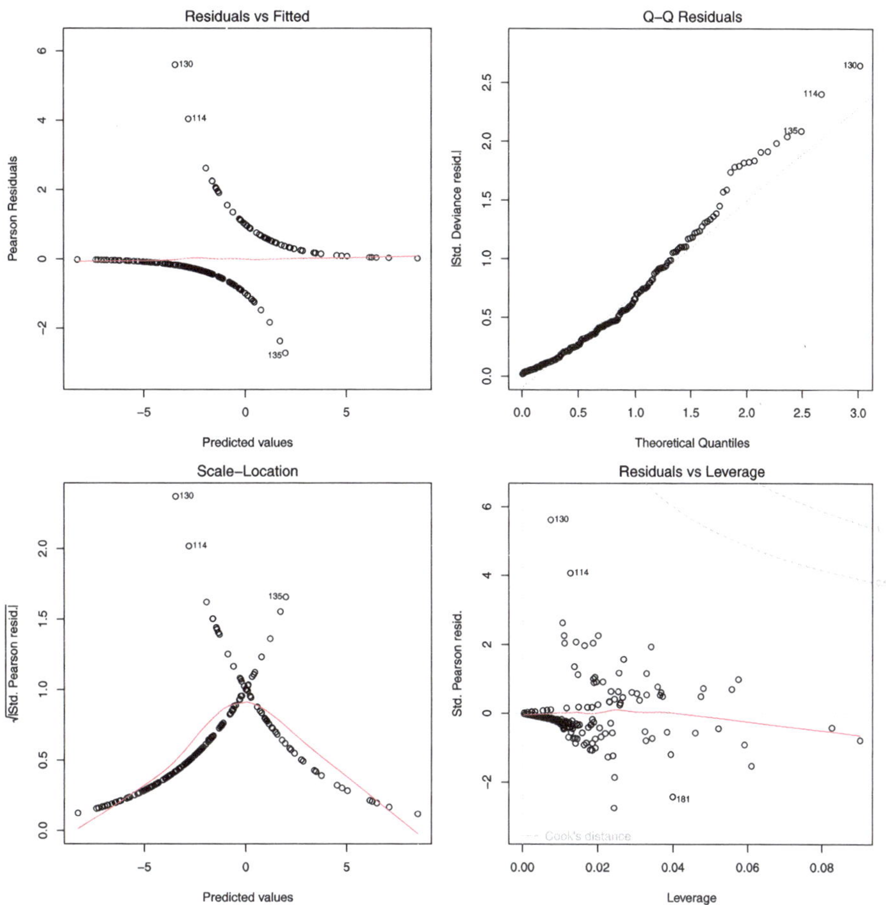

Figura 2.12: Gráficos de diagnóstico del ajuste lineal generalizado.

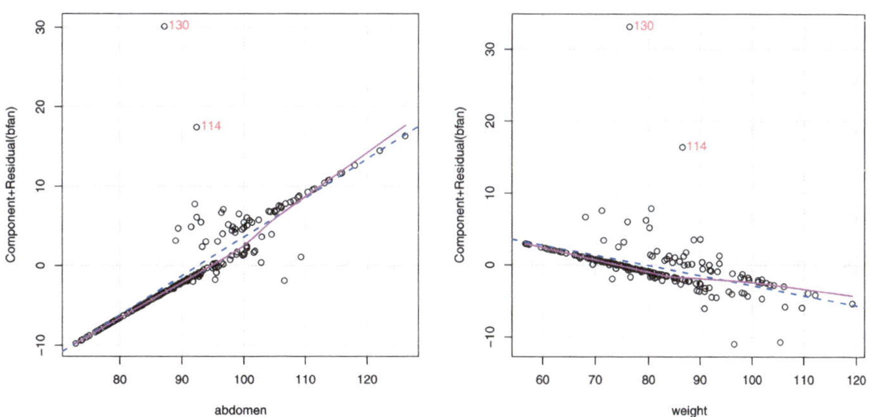

Figura 2.13: Gráficos parciales de residuos del ajuste generalizado.

Si no se satisfacen los supuestos básicos, también se pueden intentar distintas alternativas (se puede cambiar la función de enlace y la familia de distribuciones, que puede incluir parámetros para modelar dispersión, además de las descritas en la Sección 2.1.3), incluyendo emplear modelos más flexibles o técnicas de aprendizaje estadístico que no dependan de ellas (sustancialmente). En el Capítulo 6 (y siguientes) se tratarán extensiones de este modelo.

Ejercicio 2.3

Vuelve a ajustar el modelo anterior eliminando las observaciones atípicas determinadas por `outliers <- which(abs(residuals(modelo, type = "pearson")) > 3)` y estudia si hay grandes cambios en las estimaciones de los coeficientes. Repite también el proceso de selección de variables para confirmar que estas observaciones no influyen en el resultado[11].

2.2.3   Evaluación de la precisión

Para evaluar la calidad de la predicción en nuevas observaciones podemos seguir los pasos mostrados en la Sección 1.3.5. Las estimaciones de la probabilidad (de la segunda categoría) se obtienen empleando `predict()` con `type = "response"`:

```r
p.est <- predict(modelo, type = "response", newdata = test)
pred.glm <- factor(p.est > 0.5, labels = c("No", "Yes"))
```

y las medidas de precisión de la predicción (además de los criterios AIC o BIC tradicionales):

```r
caret::confusionMatrix(pred.glm, test$bfan, positive = "Yes",
                       mode = "everything")
```

```
## Confusion Matrix and Statistics
##
##           Reference
## Prediction No Yes
##        No  27   5
##        Yes  2  16
##
##                Accuracy : 0.86
##                  95% CI : (0.733, 0.942)
##     No Information Rate : 0.58
##     P-Value [Acc > NIR] : 1.96e-05
##
##                   Kappa : 0.707
##
##  Mcnemar's Test P-Value : 0.45
```

---

[11] Normalmente se sigue un proceso iterativo, eliminando la más atípica (o influyente) en cada paso, hasta que ninguna observación se identifique como atípica (o influyente). En este caso podríamos emplear `which.max(abs(residuals(modelo, type = "pearson")))`.

```
##
##              Sensitivity : 0.762
##              Specificity : 0.931
##           Pos Pred Value : 0.889
##           Neg Pred Value : 0.844
##                Precision : 0.889
##                   Recall : 0.762
##                       F1 : 0.821
##               Prevalence : 0.420
##           Detection Rate : 0.320
##     Detection Prevalence : 0.360
##        Balanced Accuracy : 0.846
##
##         'Positive' Class : Yes
```

o de las estimaciones de las probabilidades (como el AUC).

Ejercicio 2.4

En este ejercicio se empleará el conjunto de datos `winetaste` del paquete `mpae` (Cortez *et al.*, 2009) que contiene información fisico-química y sensorial de una muestra de 1250 vinos portugueses de la variedad *vinho verde* (para más detalles, consultar las secciones 3.3.1 y 3.3.2). Considerando como respuesta la variable `taste`, que clasifica los vinos en "good" o "bad" a partir de evaluaciones realizadas por expertos:

a) Particiona los datos, considerando un 80 % de las observaciones como muestra de entrenamiento y el resto como muestra de test.

b) Ajusta dos modelos de regresión logística empleando los datos de entrenamiento, uno seleccionando las variables por pasos hacia delante (`forward`) y otro hacia atrás (`backward`).

c) Estudia si hay problemas de colinealidad en los modelos.

d) Evalúa la capacidad predictiva de ambos modelos en la muestra `test`.

2.3   Otros métodos de clasificación

En regresión logística, y en la mayoría de los métodos de clasificación (por ejemplo, en los que veremos en capítulos siguientes), un objetivo fundamental es estimar la probabilidad a posteriori

$$P(Y = k | \mathbf{X} = \mathbf{x})$$

de que una observación correspondiente a $\mathbf{x}$ pertenezca a la categoría k, sin preocuparse por la distribución de las variables predictoras. Estos métodos son conocidos en la terminología de *machine learning* como métodos discriminadores (*discriminative methods*; p. ej. Ng y Jordan, 2001) y en la estadística como modelos de diseño fijo.

En esta sección vamos a ver métodos que reciben el nombre genérico de métodos generadores (*generative methods*)[12]. Se caracterizan porque calculan las probabilidades a posteriori utilizando la distribución conjunta de $(\mathbf{X}, Y)$ y el teorema de Bayes:

$$P(Y = k | \mathbf{X} = \mathbf{x}) = \frac{P(Y = k) f_k(\mathbf{x})}{\sum_{l=1}^{K} P(Y = l) f_l(\mathbf{x})}$$

donde $f_k(\mathbf{x})$ es la función de densidad del vector aleatorio $\mathbf{X} = (X_1, X_2, ..., X_p)$ para una observación perteneciente a la clase k, es decir, es una forma abreviada de escribir $f(\mathbf{X} = \mathbf{x} | Y = k)$. En la jerga bayesiana a esta función se la conoce como *verosimilitud* (es la función de verosimilitud sin más que considerar que la observación muestral $\mathbf{x}$ es fija y la variable es k) y se resume la fórmula anterior como[13]

$$posterior \propto prior \times verosimilitud$$

Una vez estimadas las probabilidades a priori $P(Y = k)$ y las densidades (verosimilitudes) $f_k(\mathbf{x})$, tenemos las probabilidades a posteriori. Para estimar las funciones de densidad se puede utilizar un método paramétrico o uno no paramétrico. En el primer caso, lo más habitual es modelizar la distribución del vector de variables predictoras como normales multivariantes.

A continuación vamos a ver, desde el punto de vista aplicado, tres casos particulares de este enfoque, siempre suponiendo normalidad (para más detalles ver, por ejemplo, el Capítulo 11 de Dalpiaz, 2020).

2.3.1   Análisis discriminante lineal

El análisis discriminante lineal (LDA) se inicia en Fisher (1936), pero es Welch (1939) quien lo enfoca utilizando el teorema de Bayes. Asumiendo que $X | Y = k \sim N(\mu_k, \Sigma)$, es decir, que todas las categorías comparten la misma matriz Σ, se obtienen las funciones discriminantes, lineales en $\mathbf{x}$,

$$\mathbf{x}^t \Sigma^{-1} \mu_k - \frac{1}{2} \mu_k^t \Sigma^{-1} \mu_k + \log(P(Y = k))$$

La dificultad técnica del método LDA reside en el cálculo de Σ^{-1}. Cuando hay más variables predictoras que datos, o cuando las variables predictoras están fuertemente correlacionadas, hay

---

[12] Ng y Jordan (2001) afirman, ya en la introducción del artículo, que: "Se debe resolver el problema (de clasificación) directamente y nunca resolver un problema más general como un paso intermedio (como modelar, también, $P(\mathbf{X} = \mathbf{x} | Y = k)$). De hecho, dejando a un lado detalles computacionales y cuestiones como la gestión de los datos faltantes, el consenso predominante parece ser que los clasificadores discriminadores son casi siempre preferibles a los generadores".

[13] Donde $\propto$ indica "proporcional a", igual salvo una constante multiplicadora; en este caso $1/c$, donde $c = f(\mathbf{X} = \mathbf{x})$ es la denominada *constante normalizadora*.

un problema. Una solución pasa por aplicar análisis de componentes principales (PCA) para reducir la dimensión y tener predictores incorrelados antes de utilizar LDA. Aunque la solución anterior se utiliza mucho, hay que tener en cuenta que la reducción de la dimensión se lleva a cabo sin tener en cuenta la información de las categorías, es decir, la estructura de los datos en categorías. Una alternativa consiste en utilizar *partial least squares discriminant analysis* (PLSDA, Berntsson y Wold, 1986). La idea consiste en realizar una regresión por mínimos cuadrados parciales (PLSR), que se tratará en la Sección 6.2, siendo las categorías la respuesta, con el objetivo de reducir la dimensión a la vez que se maximiza la correlación con las respuestas.

Una generalización de LDA es el *mixture discriminant analysis* (Hastie y Tibshirani, 1996), en el que, siempre con la misma matriz Σ, se contempla la posibilidad de que dentro de cada categoría haya múltiples subcategorías que únicamente difieren en la media. Las distribuciones dentro de cada clase se agregan mediante una mixtura de las distribuciones multivariantes.

A continuación se muestra un ejemplo de análisis discriminante lineal empleando la función `MASS::lda()`, considerando el problema de clasificación empleado en la Sección 2.2 anterior, en el que la respuesta es `bfan`, con la misma partición y los mismos predictores (para comparar los resultados).

```r
library(MASS)
ld <- lda(bfan ~ abdomen + weight, data = train)
ld
```

```
## Call:
## lda(bfan ~ abdomen + weight, data = train)
##
## Prior probabilities of groups:
##       No      Yes
## 0.72959 0.27041
##
## Group means:
##      abdomen weight
## No     88.25 77.150
## Yes   103.06 90.487
##
## Coefficients of linear discriminants:
##                 LD1
## abdomen   0.186094
## weight   -0.056329
```

En este caso, al haber solo dos categorías se construye una única función discriminante lineal. Podemos examinar la distribución de los valores que toma esta función en la muestra de entrenamiento mediante el método `plot.lda()` (ver Figura 2.14):

```
plot(ld)
```

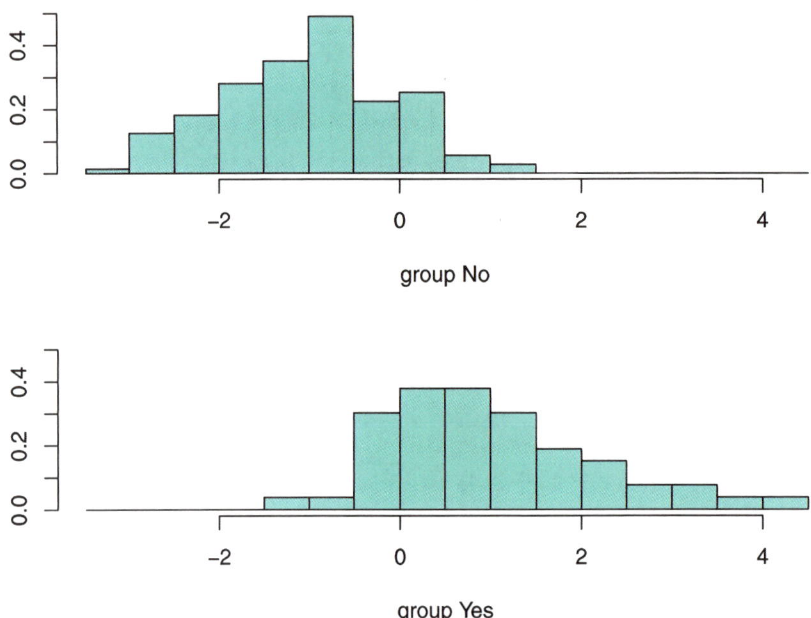

Figura 2.14: Distribución de los valores de la función discriminante lineal en cada clase.

Podemos evaluar la precisión en la muestra de test empleando la matriz de confusión:

```
pred <- predict(ld, newdata = test)
pred.ld <- pred$class
caret::confusionMatrix(pred.ld, test$bfan, positive = "Yes")
```

```
## Confusion Matrix and Statistics
##
##           Reference
## Prediction No Yes
##        No  27   6
##        Yes  2  15
##
##               Accuracy : 0.84
##                 95% CI : (0.709, 0.928)
##    No Information Rate : 0.58
##    P-Value [Acc > NIR] : 7.98e-05
##
##                  Kappa : 0.663
##
```

```
## Mcnemar's Test P-Value : 0.289
##
##             Sensitivity : 0.714
##             Specificity : 0.931
##          Pos Pred Value : 0.882
##          Neg Pred Value : 0.818
##              Prevalence : 0.420
##          Detection Rate : 0.300
##    Detection Prevalence : 0.340
##       Balanced Accuracy : 0.823
##
##        'Positive' Class : Yes
```

También podríamos examinar las probabilidades estimadas:

```
p.est <- pred$posterior
```

2.3.2 Análisis discriminante cuadrático

El análisis discriminante cuadrático (QDA) relaja la suposición de que todas las categorías tengan la misma estructura de covarianzas, es decir, $X|Y = k \sim N(\mu_k, \Sigma_k)$, obteniendo como solución

$$-\frac{1}{2}(\mathbf{x} - \mu_k)^t \Sigma_k^{-1}(\mathbf{x} - \mu_k) - \frac{1}{2}\log(|\Sigma_k|) + \log(P(Y = k))$$

Vemos que este método da lugar a fronteras discriminantes cuadráticas.

Si el número de variables predictoras es próximo al tamaño muestral, en la práctica QDA se vuelve impracticable, ya que el número de variables predictoras tiene que ser menor que el número de datos en cada una de las categorías. Una recomendación básica es utilizar LDA y QDA únicamente cuando hay muchos más datos que predictores. Y al igual que en LDA, si dentro de las clases los predictores presentan mucha colinealidad el modelo va a funcionar mal.

Al ser QDA una generalización de LDA podemos pensar que siempre va a ser preferible, pero eso no es cierto, ya que QDA requiere estimar muchos más parámetros que LDA y por tanto tiene más riesgo de sobreajustar. Al ser menos flexible, LDA da lugar a modelos más simples: menos varianza pero más sesgo. LDA suele funcionar mejor que QDA cuando hay pocos datos y es por tanto muy importante reducir la varianza. Por el contrario, QDA es recomendable cuando hay muchos datos.

Una solución intermedia entre LDA y QDA es el análisis discriminante regularizado (RDA; Friedman, 1989), que utiliza el hiperparámetro λ para definir la matriz

$$\Sigma'_{k,\lambda} = \lambda\Sigma_k + (1 - \lambda)\Sigma$$

También hay una versión con dos hiperparámetros, λ y γ,

$$\Sigma'_{k,\lambda,\gamma} = (1 - \gamma)\Sigma'_{k,\lambda} + \gamma\frac{1}{p}\mathrm{tr}(\Sigma'_{k,\lambda})I$$

De modo análogo al caso lineal, podemos realizar un análisis discriminante cuadrático empleando la función `MASS::qda()`:

```r
qd <- qda(bfan ~ abdomen + weight, data = train)
qd
```

```
## Call:
## qda(bfan ~ abdomen + weight, data = train)
##
## Prior probabilities of groups:
##       No     Yes
## 0.72959 0.27041
##
## Group means:
##      abdomen weight
## No     88.25 77.150
## Yes   103.06 90.487
```

y evaluar la precisión en la muestra de test:

```r
pred <- predict(qd, newdata = test)
pred.qd <- pred$class
# p.est <- pred$posterior
caret::confusionMatrix(pred.qd, test$bfan, positive = "Yes")
```

```
## Confusion Matrix and Statistics
##
##           Reference
## Prediction No Yes
##        No  27   6
##        Yes  2  15
##
##                Accuracy : 0.84
##                  95% CI : (0.709, 0.928)
##     No Information Rate : 0.58
##     P-Value [Acc > NIR] : 7.98e-05
##
##                   Kappa : 0.663
##
##  Mcnemar's Test P-Value : 0.289
##
##             Sensitivity : 0.714
```

```
##              Specificity : 0.931
##           Pos Pred Value : 0.882
##           Neg Pred Value : 0.818
##               Prevalence : 0.420
##           Detection Rate : 0.300
##     Detection Prevalence : 0.340
##        Balanced Accuracy : 0.823
## 
##         'Positive' Class : Yes
```

En este caso vemos que se obtiene el mismo resultado que con el discriminante lineal del ejemplo anterior.

2.3.3 Bayes naíf

El método Bayes naíf (*naive Bayes*, Bayes ingenuo) es una simplificación de los métodos discriminantes anteriores en la que se asume que las variables explicativas son independientes. Esta es una suposición extremadamente fuerte y en la práctica difícilmente nos encontraremos con un problema en el que los predictores sean independientes, pero a cambio se va a reducir mucho la complejidad del modelo. Esta simplicidad del modelo le va a permitir manejar un gran número de predictores, incluso con un tamaño muestral moderado, en situaciones en las que puede ser imposible utilizar LDA o QDA. Otra ventaja asociada con su simplicidad es que el cálculo de las predicciones va a poder hacerse muy rápido incluso para tamaños muestrales muy grandes. Además, y quizás esto sea lo más sorprendente, en ocasiones su rendimiento es muy competitivo.

Asumiendo normalidad, este modelo no es más que un caso particular de QDA con matrices Σ_k diagonales. Cuando las variables predictoras son categóricas, lo más habitual es modelizar su distribución utilizando distribuciones multinomiales. Siguiendo con los ejemplos anteriores, empleamos la función `e1071::naiveBayes()` para realizar la clasificación:

```r
library(e1071)
nb <- naiveBayes(bfan ~ abdomen + weight, data = train)
nb

## Naive Bayes Classifier for Discrete Predictors
## 
## Call:
## naiveBayes.default(x = X, y = Y, laplace = laplace)
## 
## A-priori probabilities:
## Y
##      No     Yes
## 0.72959 0.27041
```

```
##
## Conditional probabilities:
##       abdomen
## Y          [,1]    [,2]
##    No    88.25 7.4222
##    Yes 103.06 8.7806
##
##       weight
## Y          [,1]    [,2]
##    No    77.150 10.527
##    Yes 90.487 11.144
```

En las tablas correspondientes a los predictores[14], se muestran la media y la desviación típica de sus distribuciones condicionadas a las distintas clases.

En este caso los resultados obtenidos en la muestra de test son peores:

```r
pred.nb <- predict(nb, newdata = test)
# p.est <- predict(nb, newdata = test, type = "raw")
caret::confusionMatrix(pred.nb, test$bfan, positive = "Yes")
```

```
## Confusion Matrix and Statistics
##
##           Reference
## Prediction No Yes
##        No  25   7
##        Yes  4  14
##
##                 Accuracy : 0.78
##                   95% CI : (0.64, 0.885)
##      No Information Rate : 0.58
##      P-Value [Acc > NIR] : 0.00248
##
##                    Kappa : 0.539
##
##   Mcnemar's Test P-Value : 0.54649
##
##              Sensitivity : 0.667
##              Specificity : 0.862
##           Pos Pred Value : 0.778
##           Neg Pred Value : 0.781
##               Prevalence : 0.420
##           Detection Rate : 0.280
##     Detection Prevalence : 0.360
##        Balanced Accuracy : 0.764
```

---

[14] Aunque al imprimir los resultados aparece `Naive Bayes Classifier for Discrete Predictors`, se trata de un error. En este caso, todos los predictores son continuos.

```
## 
##           'Positive' Class : Yes
```

Para finalizar, utilizamos `mpae::pred.plot()` para comparar los resultados de los distintos métodos empleados en este capítulo (ver Figura 2.15). Los mejores (globalmente) se obtuvieron con el modelo de regresión logística de la Sección 2.2.

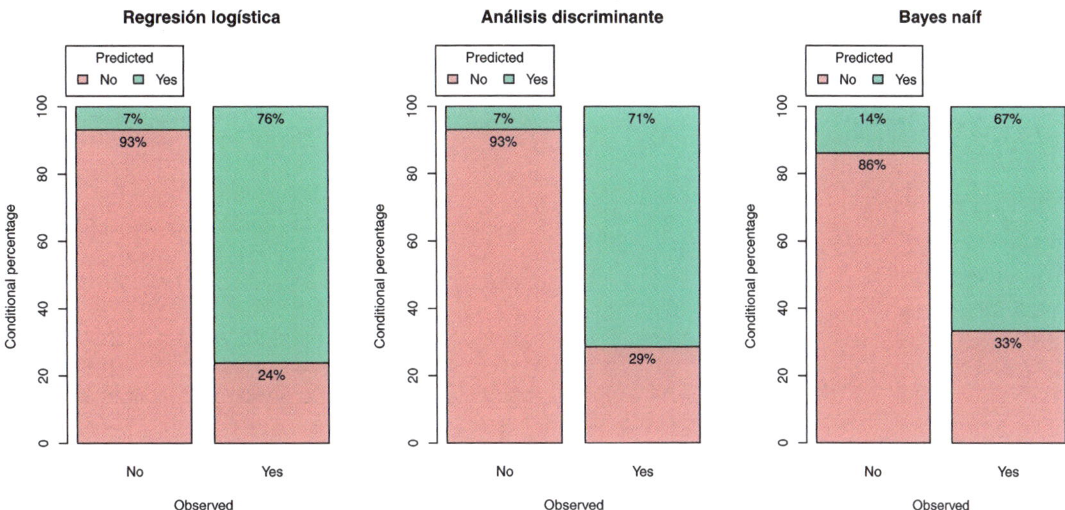

Figura 2.15: Resultados de la clasificación en la muestra de test obtenidos con los distintos métodos (distribuciones de las predicciones condicionadas a los valores observados).

Ejercicio 2.5

Continuando el Ejercicio 2.4, con los datos de calidad del vino `winetaste`, clasifica la calidad `taste` de los vinos mediante análisis discriminante lineal, análisis discriminante cuadrático y Bayes naíf. Compara los resultados de los distintos métodos, empleando la misma partición de los datos.

Capítulo 3

Árboles de decisión

Los *árboles de decisión* son uno de los métodos más simples y fáciles de interpretar para realizar predicciones en problemas de clasificación y de regresión. Se desarrollan a partir de los años 70 del siglo pasado como una alternativa versátil a los métodos clásicos de la estadística, fuertemente basados en las hipótesis de linealidad y de normalidad, y enseguida se convierten en una técnica básica del aprendizaje automático. Aunque su calidad predictiva es mediocre (especialmente en el caso de regresión), constituyen la base de otros métodos altamente competitivos (bagging, bosques aleatorios, boosting) en los que se combinan múltiples árboles para mejorar la predicción, pagando el precio, eso sí, de hacer más difícil la interpretación del modelo resultante.

La idea de este método consiste en la segmentación (partición) del *espacio predictor* (es decir, del conjunto de posibles valores de las variables predictoras) en regiones tan simples que el proceso se pueda representar mediante un árbol binario. Se parte de un nodo inicial que representa a toda la muestra de entrenamiento, del que salen dos ramas que dividen la muestra en dos subconjuntos, cada uno representado por un nuevo nodo. Como se muestra en la Figura 3.1, este proceso se repite un número finito de veces hasta obtener las hojas del árbol, es decir, los nodos terminales, que son los que se utilizan para realizar la predicción. Una vez construido el árbol, la predicción se realizará en cada nodo terminal utilizando, típicamente, la media en un problema de regresión y la moda en un problema de clasificación.

Al final de este proceso iterativo, el espacio predictor se ha particionado en regiones de forma rectangular en las que la predicción de la respuesta es constante (ver Figura 3.2). Si la relación entre las variables predictoras y la variable respuesta no se puede describir adecuadamente mediante rectángulos, la calidad predictiva del árbol será limitada. Como vemos, la simplicidad del modelo es su principal argumento, pero también su talón de Aquiles.

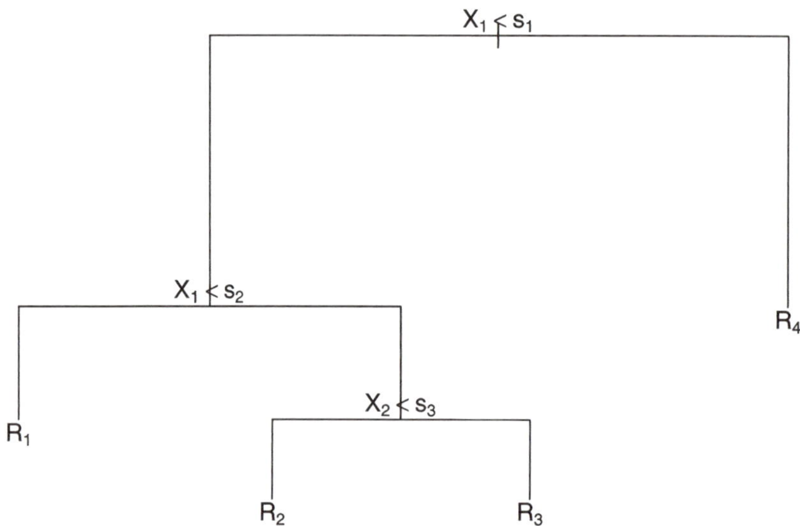

Figura 3.1: Ejemplo de un árbol de decisión obtenido al realizar una partición binaria recursiva de un espacio bidimensional.

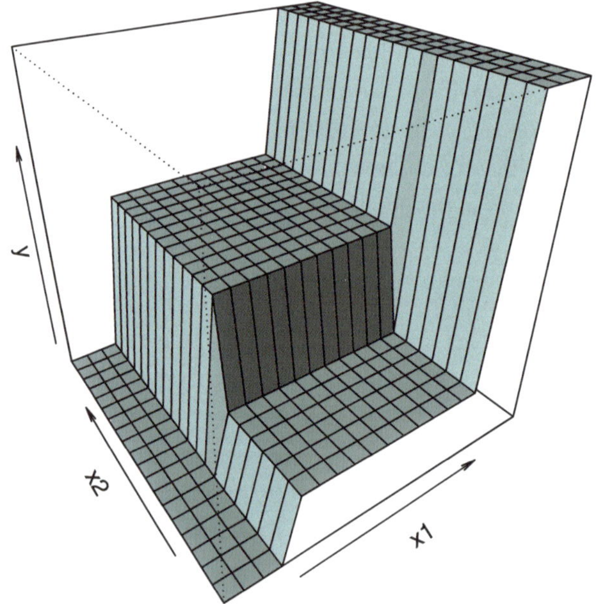

Figura 3.2: Ejemplo de la superficie de predicción correspondiente a un árbol de decisión.

Como se ha dicho antes, cada nodo padre se divide, a través de dos ramas, en dos nodos hijos. Esto se hace seleccionando una variable predictora y dando respuesta a una pregunta dicotómica sobre ella. Por ejemplo, ¿es el sueldo anual menor que 30000 euros?, o ¿es el género igual a *mujer*?

El objetivo de esta partición recursiva es que los nodos terminales sean homogéneos respecto a la variable respuesta Y.

Por ejemplo, en un problema de clasificación, la homogeneidad de los nodos terminales significaría que en cada uno de ellos solo hay elementos de una clase (categoría), y diríamos que los nodos son *puros*. En la práctica, esto siempre se puede conseguir construyendo árboles suficientemente profundos, con muchas hojas. Sin embargo, esta solución no es interesante, ya que va a dar lugar a un modelo excesivamente complejo y por tanto sobreajustado y de difícil interpretación. Por lo tanto, se hace necesario encontrar un equilibrio entre la complejidad del árbol y la pureza de los nodos terminales.

En resumen:

- Métodos simples y fácilmente interpretables.

- Se representan mediante árboles binarios.

- Técnica clásica de aprendizaje automático.

- Válidos para regresión y para clasificación.

- Válidos para predictores numéricos y categóricos.

La metodología CART (*Classification and Regresion Trees*; Breiman *et al.*, 1984) es la más popular para la construcción de árboles de decisión y es la que se va a explicar con algo de detalle en las siguientes secciones.

En primer lugar se tratarán los *árboles de regresión* (árboles de decisión en un problema de regresión, en el que la variable respuesta Y es numérica) y a continuación veremos los *árboles de clasificación* (con variable respuesta categórica), que son los más utilizados en la práctica. Los árboles de regresión se emplean principalmente con fines descriptivos o como base de métodos más complejos. Las variables predictoras $\mathbf{X} = (X_1, X_2, \ldots, X_p)$ pueden ser tanto numéricas como categóricas. Además, con la metodología CART, las variables explicativas podrían contener datos faltantes. Se pueden establecer "particiones sustitutas" (*surrogate splits*), de forma que cuando falta un valor en una variable que determina una división, se usa una variable alternativa que produce una partición similar.

3.1 Árboles de regresión CART

Como se comentó previamente, la construcción del modelo se hace a partir de la muestra de entrenamiento, y consiste en la partición del espacio predictor en J regiones $R_1, R_2, \ldots, R_J$, para cada una de las cuales se va a calcular una constante: la media de la variable respuesta Y para las observaciones de entrenamiento que caen en la región. Estas constantes son las que se van a utilizar para la predicción de nuevas observaciones; para ello solo hay que comprobar cuál es la región que le corresponde.

La cuestión clave es cómo se elige la partición del espacio predictor, para lo que vamos a utilizar como criterio de error la suma de los residuos al cuadrado (RSS, por sus siglas en inglés). Como hemos dicho, vamos a modelizar la respuesta en cada región como una constante, por tanto en la región R_j nos interesa el $min_{c_j} \sum_{i \in R_j} (y_i - c_j)^2$, que se alcanza en la media de las respuestas y_i (de la muestra de entrenamiento) en la región R_j, a la que llamaremos $\hat{y}_{R_j}$. Por tanto, se deben seleccionar las regiones $R_1, R_2, ..., R_J$ que minimicen

$$RSS = \sum_{j=1}^{J} \sum_{i \in R_j} (y_i - \hat{y}_{R_j})^2$$

(Obsérvese el abuso de notación $i \in R_j$, que significa las observaciones $i \in N$ que verifican $x_i \in R_j$).

Pero este problema es intratable en la práctica, por lo que es necesario simplificarlo. El método CART busca un compromiso entre rendimiento, por una parte, y sencillez e interpretabilidad, por otra, y por ello en lugar de hacer una búsqueda por todas las particiones posibles sigue un proceso iterativo (recursivo) en el que va realizando cortes binarios. En la primera iteración se trabaja con todos los datos:

- Una variable explicativa X_j y un punto de corte s definen dos hiperplanos $R_1 = \{X : X_j \leq s\}$ y $R_2 = \{X : X_j > s\}$.

- Se seleccionan los valores de j y s que minimicen

$$\sum_{i \in R_1} (y_i - \hat{y}_{R_1})^2 + \sum_{i \in R_2} (y_i - \hat{y}_{R_2})^2$$

A diferencia del problema original, este se soluciona de forma muy rápida. A continuación se repite el proceso en cada una de las dos regiones R_1 y R_2, y así sucesivamente hasta alcanzar un criterio de parada.

Fijémonos en que este método hace dos concesiones importantes: no solo restringe la forma que pueden adoptar las particiones, sino que además sigue un criterio de error codicioso (*greedy*): en cada iteración busca minimizar el RSS de las dos regiones resultantes, sin preocuparse del error que se va a cometer en iteraciones sucesivas. Y fijémonos también en que este proceso se puede representar en forma de árbol binario (en el sentido de que de cada nodo salen dos ramas, o ninguna cuando se llega al final), de ahí la terminología de *hacer crecer* el árbol.

¿Y cuándo paramos? Se puede parar cuando se alcance una profundidad máxima, aunque lo más habitual es exigir un número mínimo de observaciones para dividir un nodo.

- Si el árbol resultante es demasiado grande, va a ser un modelo demasiado complejo, por tanto va a ser difícil de interpretar y, sobre todo, va a provocar un sobreajuste de los datos. Cuando se evalúe el rendimiento utilizando la muestra de validación, los resultados van a ser malos. Dicho de otra manera, tendremos un modelo con poco sesgo pero con mucha varianza y en consecuencia inestable (pequeños cambios en los datos darán lugar a modelos muy distintos). Más adelante veremos que esto justifica la utilización del bagging como técnica para reducir la varianza.

- Si el árbol es demasiado pequeño, va a tener menos varianza (menos inestable) a costa de más sesgo. Más adelante veremos que esto justifica la utilización del boosting. Los árboles pequeños son más fáciles de interpretar, ya que permiten identificar las variables explicativas que más influyen en la predicción.

Sin entrar por ahora en métodos combinados (métodos ensemble, tipo bagging o boosting), vamos a explicar cómo encontrar un equilibrio entre sesgo y varianza. Lo que se hace es construir un árbol grande para a continuación empezar a *podarlo*. Podar un árbol significa colapsar cualquier cantidad de sus nodos internos (no terminales), dando lugar a otro árbol más pequeño al que llamaremos *subárbol* del árbol original. Sabemos que el árbol completo es el que va a tener menor error si utilizamos la muestra de entrenamiento, pero lo que realmente nos interesa es encontrar el subárbol con un menor error al utilizar la muestra de validación. Lamentablemente, no es una estrategia viable evaluar todos los subárboles: simplemente, hay demasiados. Lo que se hace es, mediante un hiperparámetro (*tuning parameter* o parámetro de ajuste), controlar el tamaño del árbol, es decir, la complejidad del modelo, seleccionando el subárbol *óptimo* (para los datos disponibles). Veamos la idea con más detalle.

Dado un subárbol T con $R_1, R_2, ..., R_t$ nodos terminales, consideramos como medida del error el RSS más una penalización que depende de un hiperparámetro no negativo $\alpha \geq 0$

$$RSS_\alpha = \sum_{j=1}^{t} \sum_{i \in R_j} (y_i - \hat{y}_{R_j})^2 + \alpha t \tag{3.1}$$

Para cada valor del parámetro α existe un único subárbol *más pequeño* que minimiza este error (obsérvese que aunque hay un continuo de valores distintos de α, solo hay una cantidad finita de subárboles). Evidentemente, cuando $\alpha = 0$, ese subárbol será el árbol completo, algo que no nos interesa. Pero a medida que se incrementa α se penalizan los subárboles con muchos nodos terminales, dando lugar a una solución más pequeña (compacta). Encontrarla puede parecer muy costoso computacionalmente, pero lo cierto es que no lo es. El algoritmo consistente en ir colapsando nodos de forma sucesiva, de cada vez el nodo que produzca el menor incremento en el RSS (corregido por un factor que depende del tamaño), da lugar a una sucesión finita de subárboles que contiene, para todo α, la solución.

Para finalizar, solo resta seleccionar un valor de α. Para ello, como se comentó en la Sección 1.3.2, una posible estrategia consiste en dividir la muestra en tres subconjuntos: datos de entrenamiento, de validación y de test. Para cada valor del parámetro de complejidad α hemos utilizado la muestra de entrenamiento para obtener un árbol (en la jerga, para cada valor del hiperparámetro α se entrena un modelo). Se emplea la muestra independiente de validación para seleccionar el valor de α (y por tanto el árbol) con el que nos quedamos. Y por último emplearemos la muestra de test (independiente de las otras dos) para evaluar el rendimiento del árbol seleccionado. No obstante, lo más habitual para seleccionar el valor del hiperparámetro α es emplear validación cruzada (u otro tipo de remuestreo) en la muestra de entrenamiento en lugar de considerar una muestra adicional de validación.

Hay dos opciones muy utilizadas en la práctica para seleccionar el valor de α: se puede utilizar directamente el valor que minimice el error; o se puede forzar que el modelo sea un poco más sencillo con la regla *one-standard-error*, que selecciona el árbol más pequeño que esté a una distancia de un error estándar del árbol obtenido mediante la opción anterior.

También es habitual escribir la Ecuación (3.1) reescalando el parámetro de complejidad como $\tilde{\alpha} = \alpha/RSS_0$, siendo $RSS_0 = \sum_{i=1}^{n}(y_i - \bar{y})^2$ la variabilidad total (la suma de cuadrados residual del árbol sin divisiones):

$$RSS_{\tilde{\alpha}} = RSS + \tilde{\alpha}RSS_0 t$$

De esta forma se podría interpretar el hiperparámetro $\tilde{\alpha}$ como una penalización en la proporción de variabilidad explicada, ya que dividiendo la expresión anterior por RSS_0 obtendríamos la proporción de variabilidad residual y a partir de ella podríamos definir:

$$R_{\tilde{\alpha}}^2 = R^2 - \tilde{\alpha}t$$

3.2 Árboles de clasificación CART

En un problema de clasificación, la variable respuesta puede tomar los valores $1, 2, \ldots, K$, etiquetas que identifican las K categorías del problema. Una vez construido el árbol, se comprueba cuál es la categoría modal de cada región: considerando la muestra de entrenamiento, la categoría más frecuente. La predicción de una observación será la categoría modal de la región a la que pertenezca.

El resto del proceso es idéntico al de los árboles de regresión ya explicado, con una única salvedad: no podemos utilizar RSS como medida del error. Es necesario buscar una medida del error adaptada a este contexto. Fijada una región, vamos a denotar por $\hat{p}_k$, con $k = 1, 2, \ldots, K$, a la proporción de observaciones (de la muestra de entrenamiento) en la categoría k. Se utilizan tres medidas distintas del error en la región:

- Proporción de errores de clasificación:

$$1 - max_k(\hat{p}_k)$$

- Índice de Gini:

$$\sum_{k=1}^{K} \hat{p}_k(1 - \hat{p}_k)$$

- Entropía[1] (*cross-entropy*):

$$-\sum_{k=1}^{K} \hat{p}_k \log(\hat{p}_k)$$

Aunque la proporción de errores de clasificación es la medida del error más intuitiva, en la práctica solo se utiliza para la fase de poda. Fijémonos que en el cálculo de esta medida solo interviene $max_k(\hat{p}_k)$, mientras que en las medidas alternativas intervienen las proporciones $\hat{p}_k$ de todas las categorías. Para la fase de crecimiento se utilizan indistintamente el índice de Gini o la entropía. Cuando nos interesa el error no en una única región, sino en varias (al romper un nodo en dos, o al considerar todos los nodos terminales), se suman los errores de cada región previa ponderación por el número de observaciones que hay en cada una de ellas.

En la introducción de este tema se comentó que los árboles de decisión admiten tanto variables predictoras numéricas como categóricas, y esto es cierto tanto para árboles de regresión como para árboles de clasificación. Veamos brevemente cómo se tratarían los predictores categóricos a la hora de incorporarlos al árbol. El problema radica en qué se entiende por hacer un corte si las categorías del predictor no están ordenadas. Hay dos soluciones básicas:

- Definir variables predictoras *dummy*. Se trata de variables indicadoras, una por cada una de las categorías que tiene el predictor. Este criterio de *uno contra todos* tiene la ventaja de que estas variables son fácilmente interpretables, pero tiene el inconveniente de que puede aumentar mucho el número de variables predictoras.

- Ordenar las categorías de la variable predictora. Lo ideal sería considerar todas las ordenaciones posibles, pero eso es desde luego poco práctico: el incremento es factorial. El truco consiste en utilizar un único orden basado en algún criterio *greedy*. Por ejemplo, si la variable respuesta Y también es categórica, se puede seleccionar una de sus categorías que resulte especialmente interesante y ordenar las categorías del predictor según su proporción en la categoría de Y. Este enfoque no añade complejidad al modelo, pero puede dar lugar a resultados de difícil interpretación.

---

[1] La entropía es un concepto básico de la teoría de la información (Shannon, 1948) y se mide en *bits* (cuando en la definición se utilizan log_2).

3.3 CART con el paquete rpart

La metodología CART está implementada en el paquete **rpart** (acrónimo de *Recursive PARTitioning*)[2], implementado por Therneau *et al.* (2013).

La función principal es **rpart()** y habitualmente se emplea de la forma:

```
rpart(formula, data, method, parms, control, ...)
```

- **formula**: permite especificar la respuesta y las variables predictoras de la forma habitual; se suele establecer de la forma **respuesta ~ .** para incluir todas las posibles variables explicativas.

- **data**: **data.frame** (opcional; donde se evaluará la fórmula) con la muestra de entrenamiento.

- **method**: método empleado para realizar las particiones, puede ser **"anova"** (regresión), **"class"** (clasificación), **"poisson"** (regresión de Poisson) o **"exp"** (supervivencia), o alternativamente una lista de funciones (con componentes **init**, **split**, **eval**; ver la *vignette User Written Split Functions*). Por defecto se selecciona a partir de la variable respuesta en **formula**, por ejemplo, si es un factor (lo recomendado en clasificación) emplea **method = "class"**.

- **parms**: lista de parámetros opcionales para la partición en el caso de clasificación (o regresión de Poisson). Puede contener los componentes **prior** (vector de probabilidades previas; por defecto las frecuencias observadas), **loss** (matriz de pérdidas; con ceros en la diagonal y por defecto 1 en el resto) y **split** (criterio de error; por defecto **"gini"** o alternativamente **"information"**).

- **control**: lista de opciones que controlan el algoritmo de partición, por defecto se seleccionan mediante la función **rpart.control()**, aunque también se pueden establecer en la llamada a la función principal, y los principales parámetros son:

  ```
  rpart.control(minsplit = 20, minbucket = round(minsplit/3), cp = 0.01,
                xval = 10, maxdepth = 30, ...)
  ```

  - **cp** es el parámetro de complejidad $\tilde{\alpha}$ para la poda del árbol, de forma que un valor de 1 se corresponde con un árbol sin divisiones, y un valor de 0, con un árbol de profundidad máxima. Adicionalmente, para reducir el tiempo de computación, el algoritmo empleado no realiza una partición si la proporción de reducción del error es inferior a este valor (valores más grandes simplifican el modelo y reducen el tiempo de computación).

  - **maxdepth** es la profundidad máxima del árbol (la profundidad de la raíz sería 0).

---

[2] El paquete **tree** es una traducción del original en S.

- `minsplit` y `minbucket` son, respectivamente, los números mínimos de observaciones en un nodo intermedio para particionarlo y en un nodo terminal.

- `xval` es el número de grupos (folds) para validación cruzada.

Para más detalles, consultar la documentación de esta función o la *vignette Introduction to Rpart*.

3.3.1 Ejemplo: regresión

Emplearemos el conjunto de datos `winequality` del paquete `mpae`, que contiene información fisico-química (`fixed.acidity`, `volatile.acidity`, `citric.acid`, `residual.sugar`, `chlorides`, `free.sulfur.dioxide`, `total.sulfur.dioxide`, `density`, `pH`, `sulphates` y `alcohol`) y sensorial (`quality`) de una muestra de 1250 vinos portugueses de la variedad *vinho verde* (Cortez *et al.*, 2009)

```r
library(mpae)
# data(winequality, package = "mpae")
str(winequality)
```

```
## 'data.frame':    1250 obs. of  12 variables:
##  $ fixed.acidity       : num  6.8 7.1 6.9 7.5 8.6 7.7 5.4 6.8 6.1 5.5 ...
##  $ volatile.acidity    : num  0.37 0.24 0.32 0.23 0.36 0.28 0.59 0.16 0..
##  $ citric.acid         : num  0.47 0.34 0.13 0.49 0.26 0.63 0.07 0.36 0..
##  $ residual.sugar      : num  11.2 1.2 7.8 7.7 11.1 11.1 7 1.3 4.7 1.6 ..
##  $ chlorides           : num  0.071 0.045 0.042 0.049 0.03 0.039 0.045 ..
##  $ free.sulfur.dioxide : num  44 6 11 61 43.5 58 36 32 56 23 ...
##  $ total.sulfur.dioxide: num  136 132 117 209 171 179 147 98 140 85 ...
##  $ density             : num  0.997 0.991 0.996 0.994 0.995 ...
##  $ pH                  : num  2.98 3.16 3.23 3.14 3.03 3.08 3.34 3.02 3..
##  $ sulphates           : num  0.88 0.46 0.37 0.3 0.49 0.44 0.57 0.58 0...
##  $ alcohol             : num  9.2 11.2 9.2 11.1 12 8.8 9.7 11.3 12.5 12..
##  $ quality             : int  5 4 5 7 5 4 6 6 8 5 ...
```

Como respuesta consideraremos la variable `quality`, mediana de al menos 3 evaluaciones de la calidad del vino realizadas por expertos, que los evaluaron entre 0 (muy malo) y 10 (excelente) como puede observarse en el gráfico de barras de la Figura 3.3.

```r
barplot(table(winequality$quality), xlab = "Calidad", ylab = "Frecuencia")
```

En primer lugar se selecciona el 80 % de los datos como muestra de entrenamiento y el 20 % restante como muestra de test:

```r
set.seed(1)
nobs <- nrow(winequality)
itrain <- sample(nobs, 0.8 * nobs)
```

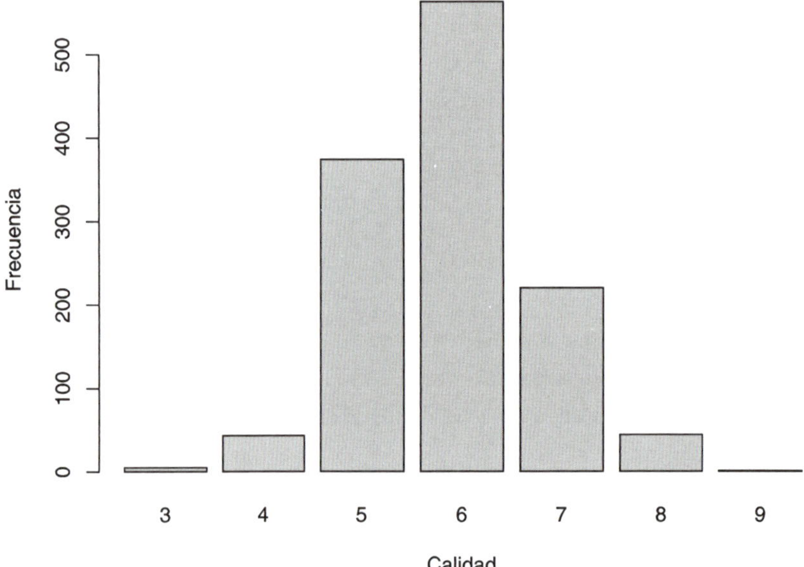

Figura 3.3: Distribución de las evaluaciones de la calidad del vino (`winequality$quality`).

```
train <- winequality[itrain, ]
test <- winequality[-itrain, ]
```

Podemos obtener el árbol de decisión con las opciones por defecto con el comando:

```
tree <- rpart(quality ~ ., data = train)
```

Al imprimirlo se muestra el número de observaciones e información sobre los distintos nodos (número de nodo, condición que define la partición, número de observaciones en el nodo, función de pérdida y predicción), marcando con un * los nodos terminales.

```
tree

## n= 1000
##
## node), split, n, deviance, yval
##       * denotes terminal node
##
##   1) root 1000 768.960 5.8620
##     2) alcohol< 10.75 622 340.810 5.5868
##       4) volatile.acidity>=0.2575 329 154.760 5.3708
##         8) total.sulfur.dioxide< 98.5 24   12.500 4.7500 *
##         9) total.sulfur.dioxide>=98.5 305 132.280 5.4197
##          18) pH< 3.315 269 101.450 5.3532 *
```

```
##             19) pH>=3.315 36   20.750 5.9167 *
##          5) volatile.acidity< 0.2575 293 153.470 5.8294
##           10) sulphates< 0.475 144   80.326 5.6597 *
##           11) sulphates>=0.475 149   64.993 5.9933 *
##       3) alcohol>=10.75 378 303.540 6.3148
##         6) alcohol< 11.775 200 173.870 6.0750
##          12) free.sulfur.dioxide< 11.5 15   10.933 4.9333 *
##          13) free.sulfur.dioxide>=11.5 185 141.810 6.1676
##            26) volatile.acidity>=0.395 7   12.857 5.1429 *
##            27) volatile.acidity< 0.395 178 121.310 6.2079
##              54) citric.acid>=0.385 31   21.935 5.7419 *
##              55) citric.acid< 0.385 147   91.224 6.3061 *
##         7) alcohol>=11.775 178 105.240 6.5843 *
```

Para representarlo se pueden emplear las herramientas del paquete **rpart** (ver Figura 3.4):

```
plot(tree)
text(tree)
```

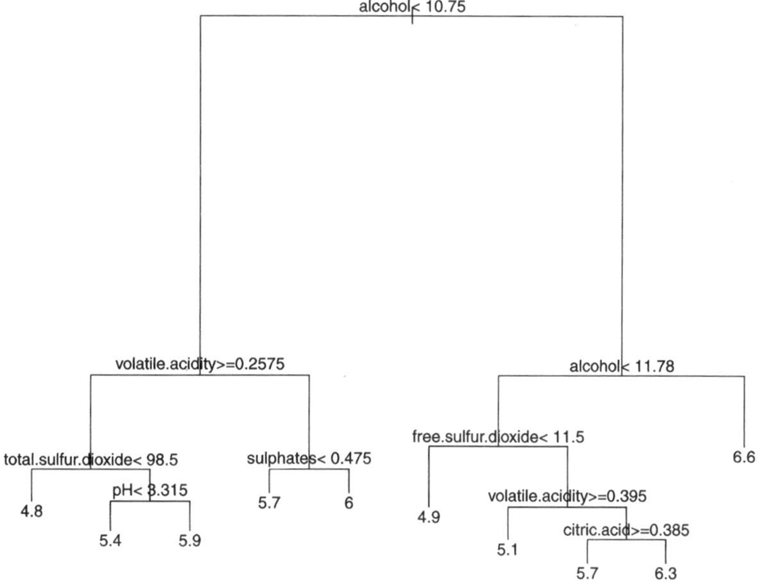

Figura 3.4: Árbol de regresión para predecir `winequality$quality` (obtenido con las opciones por defecto de `rpart()`).

Pero puede ser preferible emplear el paquete **rpart.plot** (Milborrow, 2019) (ver Figura 3.5):

```
library(rpart.plot)
rpart.plot(tree)
```

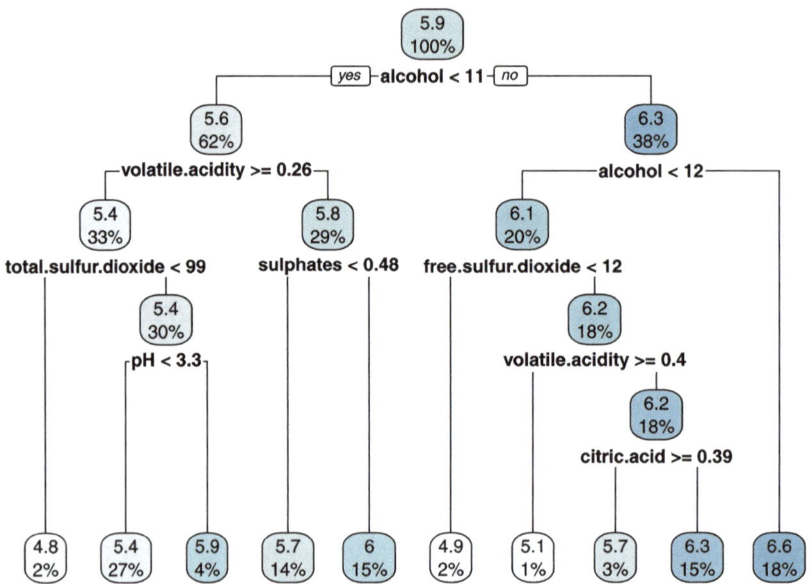

Figura 3.5: Representación del árbol de regresión generada con `rpart.plot()`.

Nos interesa conocer cómo se clasificaría a una nueva observación en los nodos terminales, junto con las predicciones correspondientes (la media de la respuesta en el nodo terminal). En los nodos intermedios, solo nos interesan las condiciones y el orden de las variables consideradas hasta llegar a las hojas. Para ello, puede ser útil imprimir las reglas:

```
rpart.rules(tree, style = "tall")
```

```
## quality is 4.8 when
##      alcohol < 11
##      volatile.acidity >= 0.26
##      total.sulfur.dioxide < 99
##
## quality is 4.9 when
##      alcohol is 11 to 12
##      free.sulfur.dioxide < 12
##
## quality is 5.1 when
##      alcohol is 11 to 12
##      volatile.acidity >= 0.40
##      free.sulfur.dioxide >= 12
##
## quality is 5.4 when
##      alcohol < 11
##      volatile.acidity >= 0.26
```

```
##      total.sulfur.dioxide >= 99
##      pH < 3.3
## 
## quality is 5.7 when
##      alcohol < 11
##      volatile.acidity < 0.26
##      sulphates < 0.48
## 
## quality is 5.7 when
##      alcohol is 11 to 12
##      volatile.acidity < 0.40
##      free.sulfur.dioxide >= 12
##      citric.acid >= 0.39
## 
## quality is 5.9 when
##      alcohol < 11
##      volatile.acidity >= 0.26
##      total.sulfur.dioxide >= 99
##      pH >= 3.3
## 
## quality is 6.0 when
##      alcohol < 11
##      volatile.acidity < 0.26
##      sulphates >= 0.48
## 
## quality is 6.3 when
##      alcohol is 11 to 12
##      volatile.acidity < 0.40
##      free.sulfur.dioxide >= 12
##      citric.acid < 0.39
## 
## quality is 6.6 when
##      alcohol >= 12
```

Por defecto, el árbol se poda considerando `cp = 0.01`, que puede ser adecuado en muchas situaciones. Sin embargo, para seleccionar el valor óptimo de este hiperparámetro se puede emplear validación cruzada.

En primer lugar habría que establecer `cp = 0` para construir el árbol completo, a la profundidad máxima. La profundidad máxima viene determinada por los valores de `minsplit` y `minbucket`, los cuales pueden ser ajustados manualmente dependiendo del número de observaciones o tratados como hiperparámetros; esto último no está implementado en **rpart**, ni en principio en `caret`[3].

---

[3] Los parámetros `maxsurrogate`, `usesurrogate` y `surrogatestyle` serían de utilidad si hay datos faltantes.

```r
tree <- rpart(quality ~ ., data = train, cp = 0)
```

Posteriormente, podemos emplear la función `printcp()` para obtener los valores de CP para los árboles (óptimos) de menor tamaño, junto con su error de validación cruzada `xerror` (reescalado de forma que el máximo de `rel error` es 1):

```r
printcp(tree)
```

```
## Regression tree:
## rpart(formula = quality ~ ., data = train, cp = 0)
##
## Variables actually used in tree construction:
##  [1] alcohol             chlorides          citric.acid
##  [4] density             fixed.acidity      free.sulfur.dioxide
##  [7] pH                  residual.sugar     sulphates
## [10] total.sulfur.dioxide volatile.acidity
##
## Root node error: 769/1000 = 0.769
##
## n= 1000
##
##            CP nsplit rel error xerror   xstd
## 1  0.162047      0     1.000   1.002 0.0486
## 2  0.042375      1     0.838   0.858 0.0436
## 3  0.031765      2     0.796   0.828 0.0435
## 4  0.027487      3     0.764   0.813 0.0428
## 5  0.013044      4     0.736   0.770 0.0397
## 6  0.010596      6     0.710   0.782 0.0394
## 7  0.010266      7     0.700   0.782 0.0391
## 8  0.008408      9     0.679   0.782 0.0391
## 9  0.008139     10     0.671   0.801 0.0399
## 10 0.007806     11     0.663   0.800 0.0405
## 11 0.006842     13     0.647   0.798 0.0402
## 12 0.006738     15     0.633   0.814 0.0409
##  [ reached getOption("max.print") -- omitted 48 rows ]
```

También `plotcp()` para representarlos[4] (ver Figura 3.6):

```r
plotcp(tree)
```

La tabla con los valores de las podas (óptimas, dependiendo del parámetro de complejidad) está almacenada en la componente `$cptable`:

---

[4] Realmente en la tabla de texto se muestra el valor mínimo de CP, ya que se obtendría la misma solución para un rango de valores de CP (desde ese valor hasta el anterior, sin incluirlo), mientras que en el gráfico generado por `plotcp()` se representa la media geométrica de los extremos de ese intervalo.

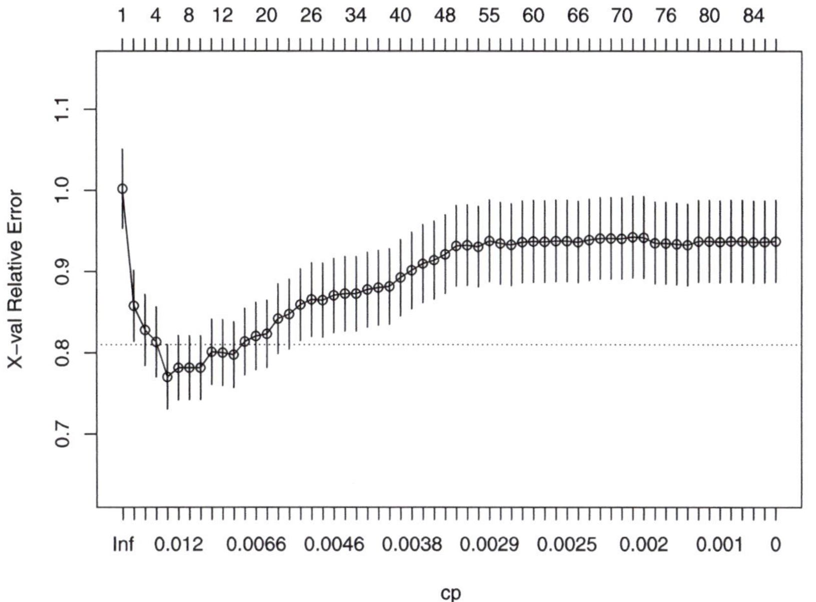

Figura 3.6: Error de validación cruzada (reescalado) dependiendo del parámetro de complejidad CP empleado en el ajuste del árbol de decisión.

```
head(tree$cptable, 10)
```

```
##             CP nsplit rel error   xerror      xstd
## 1  0.1620471        0   1.00000  1.00203  0.048591
## 2  0.0423749        1   0.83795  0.85779  0.043646
## 3  0.0317653        2   0.79558  0.82810  0.043486
## 4  0.0274870        3   0.76381  0.81350  0.042814
## 5  0.0130437        4   0.73633  0.77038  0.039654
## 6  0.0105961        6   0.71024  0.78168  0.039353
## 7  0.0102661        7   0.69964  0.78177  0.039141
## 8  0.0084080        9   0.67911  0.78172  0.039123
## 9  0.0081392       10   0.67070  0.80117  0.039915
## 10 0.0078057       11   0.66256  0.80020  0.040481
```

A partir de esta misma tabla podríamos seleccionar el valor óptimo de forma automática, siguiendo el criterio de un error estándar de Breiman *et al.* (1984):

```
xerror <- tree$cptable[,"xerror"]
imin.xerror <- which.min(xerror)
tree$cptable[imin.xerror, ] # Valor óptimo
```

```
##        CP    nsplit rel error    xerror      xstd
##  0.013044  4.000000  0.736326  0.770380  0.039654
```

```r
# Límite superior "oneSE rule" y complejidad mínima por debajo de ese valor
upper.xerror <- xerror[imin.xerror] + tree$cptable[imin.xerror, "xstd"]
icp <- min(which(xerror <= upper.xerror))
cp <- tree$cptable[icp, "CP"]
```

Para obtener el modelo final (ver Figura 3.7) podamos el árbol con el valor de complejidad obtenido 0.01304 (que en este caso coincide con el valor óptimo).

```r
tree <- prune(tree, cp = cp)
rpart.plot(tree)
```

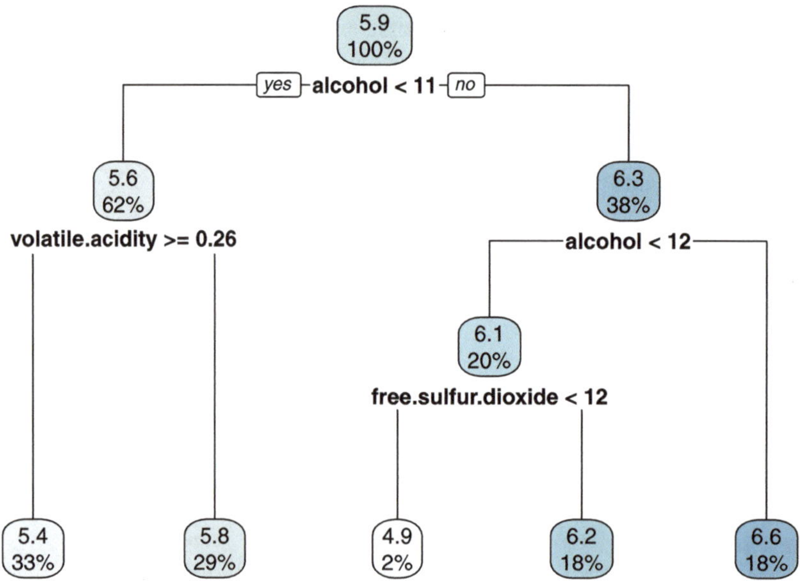

Figura 3.7: Árbol de regresión resultante después de la poda (modelo final).

Podríamos estudiar el modelo final, por ejemplo, mediante el método **summary.rpart()**. Este método muestra, entre otras cosas, una medida (en porcentaje) de la importancia de las variables explicativas para la predicción de la respuesta (teniendo en cuenta todas las particiones, principales y secundarias, en las que se emplea cada variable explicativa). Como alternativa, podríamos emplear el siguiente código:

```r
importance <- tree$variable.importance # Equivalente a caret::varImp(tree)
importance <- round(100*importance/sum(importance), 1)
importance[importance >= 1]
```

```
##        alcohol          density         chlorides
##          36.1            21.7             11.3
```

```
##        volatile.acidity total.sulfur.dioxide   free.sulfur.dioxide
##                     8.7                  8.5                   5.0
##          residual.sugar            sulphates            citric.acid
##                     4.0                  1.9                   1.1
##                      pH
##                     1.1
```

El último paso sería evaluarlo en la muestra de test siguiendo los pasos descritos en la Sección 1.3.4. Representamos los valores observados frente a las predicciones (ver Figura 3.8):

```r
obs <- test$quality
pred <- predict(tree, newdata = test)
# plot(pred, obs, xlab = "Predicción", ylab = "Observado")
plot(jitter(pred), jitter(obs), xlab = "Predicción", ylab = "Observado")
abline(a = 0, b = 1)
```

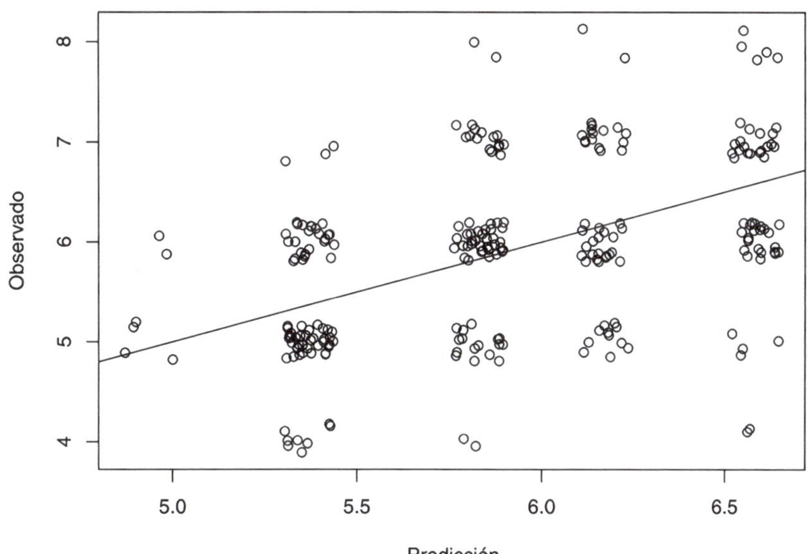

Figura 3.8: Gráfico de observaciones frente a predicciones (`test$quality`; se añade una perturbación para mostrar la distribución de los valores).

y calculamos medidas de error de las predicciones, bien empleando el paquete `caret`:

```r
caret::postResample(pred, obs)
```

```
##     RMSE Rsquared      MAE
##  0.81456  0.19695  0.65743
```

o con la función `accuracy()`:

```
accuracy(pred, test$quality)
```

```
##          me       rmse        mae         mpe       mape   r.squared
## -0.0012694  0.8145614  0.6574264  -1.9523422  11.5767160   0.1920077
```

Como se puede observar, el ajuste del modelo es bastante deficiente. Esto es habitual en árboles de regresión, especialmente si son tan pequeños, y por ello solo se utilizan, por lo general, en un análisis exploratorio inicial o como base para modelos más avanzados como los mostrados en el siguiente capítulo. En problemas de clasificación es más habitual que se puedan llegar a obtener buenos ajustes con árboles de decisión.

Ejercicio 3.1

Como se comentó en la introducción del Capítulo 1, al emplear el procedimiento habitual en AE de particionar los datos no se garantiza la reproducibilidad/repetibilidad de los resultados, ya que dependen de la semilla. El modelo ajustado puede variar con diferentes semillas, especialmente si el conjunto de entrenamiento es pequeño, aunque generalmente no se observan cambios significativos en las predicciones.

Podemos ilustrar el efecto de la semilla en los resultados empleando el ejemplo anterior. Para ello, repite el ajuste de un árbol de regresión considerando distintas semillas y compara los resultados obtenidos.

La dificultad podría estar en cómo comparar los resultados. Una posible solución sería mantener fija la muestra de test, de modo que no dependa de la semilla utilizada. Por comodidad, considera las primeras **ntest** observaciones del conjunto de datos como muestra de test. Posteriormente, para cada semilla, selecciona la muestra de entrenamiento de la forma habitual y ajusta un árbol. Finalmente, evalúa los resultados en la muestra de test.

Como base se puede utilizar el siguiente código:

```r
ntest <- 10
test <- winequality[1:ntest, ]
df <- winequality[-(1:ntest), ]
nobs <- nrow(df)
# Para las distintas semillas
set.seed(semilla)
itrain <- sample(nobs, 0.8 * nobs)
train <- df[itrain, ]
# tree <- ...
```

Como observación final, en este caso el conjunto de datos no es muy grande y tampoco se obtuvo un buen ajuste con un árbol de regresión, por lo que sería de esperar que se observaran más diferencias.

Ejercicio 3.2

Como se indicó previamente, el paquete `rpart` implementa la selección del parámetro de complejidad mediante validación cruzada. Como alternativa, siguiendo la idea del Ejercicio 1.1, y considerando de nuevo el ejemplo anterior, particiona la muestra en datos de entrenamiento (70 %), de validación (15 %) y de test (15 %), para ajustar los árboles de decisión, seleccionar el parámetro de complejidad (el hiperparámetro) y evaluar las predicciones del modelo final, respectivamente.

Ejercicio 3.3

Una alternativa a particionar en entrenamiento y validación sería emplear bootstrap. La idea consiste en emplear una remuestra bootstrap del conjunto de datos de entrenamiento para ajustar el modelo y utilizar las observaciones no seleccionadas (se suelen denominar datos *out-of-bag*) como conjunto de validación.

```r
set.seed(1)
nobs <- nrow(winequality)
itrain <- sample(nobs, 0.8 * nobs)
train <- winequality[itrain, ]
test <- winequality[-itrain, ]
# Indice muestra de entrenamiento bootstrap
set.seed(1)
ntrain <- nrow(train)
itrain.boot <- sample(ntrain, replace = TRUE)
train.boot <- train[itrain.boot, ]
```

La muestra bootstrap va a contener muchas observaciones repetidas y habrá observaciones no seleccionadas. La probabilidad de que una observación no sea seleccionada es $(1 - 1/n)^n \approx e^{-1} \approx 0.37$.

```r
# Número de casos "out of bag"
ntrain - length(unique(itrain.boot))
```

```
## [1] 370
```

```r
# Muestra "out of bag"
oob <- train[-itrain.boot, ]
```

El procedimiento restante sería análogo al caso anterior, cambiando `train` por `train.boot` y `validate` por `oob`. Sin embargo, lo recomendable sería repetir el proceso un número grande de veces y promediar los errores, especialmente cuando el tamaño muestral es pequeño (este enfoque se relaciona con el método de bagging, descrito en el siguiente capítulo). No obstante, y por simplicidad, realiza el ajuste empleando una única muestra bootstrap y evalúa las predicciones en la muestra de test.

3.3.2   Ejemplo: modelo de clasificación

Para ilustrar los árboles de clasificación CART, podemos emplear los datos anteriores de calidad
de vino, considerando como respuesta una nueva variable `taste` que clasifica los vinos en "good"
o "bad" dependiendo de si `winequality$quality >= 6` (este conjunto de datos está disponible
en `mpae::winetaste`).

```r
# data(winetaste, package = "mpae")
winetaste <- winequality[, colnames(winequality)!="quality"]
winetaste$taste <- factor(winequality$quality < 6,
                    labels = c('good', 'bad')) # levels = c('FALSE', 'TRUE')
str(winetaste)
```

```
## 'data.frame':    1250 obs. of  12 variables:
##  $ fixed.acidity       : num  6.8 7.1 6.9 7.5 8.6 7.7 5.4 6.8 6.1 5.5 ...
##  $ volatile.acidity    : num  0.37 0.24 0.32 0.23 0.36 0.28 0.59 0.16 0..
##  $ citric.acid         : num  0.47 0.34 0.13 0.49 0.26 0.63 0.07 0.36 0..
##  $ residual.sugar      : num  11.2 1.2 7.8 7.7 11.1 11.1 7 1.3 4.7 1.6 ..
##  $ chlorides           : num  0.071 0.045 0.042 0.049 0.03 0.039 0.045 ..
##  $ free.sulfur.dioxide : num  44 6 11 61 43.5 58 36 32 56 23 ...
##  $ total.sulfur.dioxide: num  136 132 117 209 171 179 147 98 140 85 ...
##  $ density             : num  0.997 0.991 0.996 0.994 0.995 ...
##  $ pH                  : num  2.98 3.16 3.23 3.14 3.03 3.08 3.34 3.02 3..
##  $ sulphates           : num  0.88 0.46 0.37 0.3 0.49 0.44 0.57 0.58 0...
##  $ alcohol             : num  9.2 11.2 9.2 11.1 12 8.8 9.7 11.3 12.5 12..
##  $ taste               : Factor w/ 2 levels "good","bad": 2 2 2 1 2 2 1..
```

```r
table(winetaste$taste)
```

```
## good  bad
##  828  422
```

Como en el caso anterior, se contruyen las muestras de entrenamiento (80 %) y de test (20 %):

```r
# set.seed(1)
# nobs <- nrow(winetaste)
# itrain <- sample(nobs, 0.8 * nobs)
train <- winetaste[itrain, ]
test <- winetaste[-itrain, ]
```

Al igual que en el caso anterior, podemos obtener el árbol de clasificación con las opciones por
defecto (`cp = 0.01` y `split = "gini"`) con el comando:

```r
tree <- rpart(taste ~ ., data = train)
```

Al imprimirlo, además de mostrar el número de nodo, la condición de la partición y el número
de observaciones en el nodo, también se incluye el número de observaciones mal clasificadas, la

predicción y las proporciones estimadas (frecuencias relativas en la muestra de entrenamiento) de las clases:

```
tree
```

```
## n= 1000
## 
## node), split, n, loss, yval, (yprob)
##       * denotes terminal node
## 
##   1) root 1000 338 good (0.66200 0.33800)
##     2) alcohol>=10.117 541 100 good (0.81516 0.18484)
##       4) free.sulfur.dioxide>=8.5 522  87 good (0.83333 0.16667)
##         8) fixed.acidity< 8.55 500  73 good (0.85400 0.14600) *
##         9) fixed.acidity>=8.55 22   8 bad (0.36364 0.63636) *
##       5) free.sulfur.dioxide< 8.5 19   6 bad (0.31579 0.68421) *
##     3) alcohol< 10.117 459 221 bad (0.48148 0.51852)
##       6) volatile.acidity< 0.2875 264 102 good (0.61364 0.38636)
##        12) fixed.acidity< 7.45 213  71 good (0.66667 0.33333)
##          24) citric.acid>=0.265 160  42 good (0.73750 0.26250) *
##          25) citric.acid< 0.265 53  24 bad (0.45283 0.54717)
##            50) free.sulfur.dioxide< 42.5 33  13 good (0.60606 0.39394) *
##            51) free.sulfur.dioxide>=42.5 20   4 bad (0.20000 0.80000) *
##        13) fixed.acidity>=7.45 51  20 bad (0.39216 0.60784)
##          26) total.sulfur.dioxide>=150 26  10 good (0.61538 0.38462) *
##          27) total.sulfur.dioxide< 150 25   4 bad (0.16000 0.84000) *
##       7) volatile.acidity>=0.2875 195  59 bad (0.30256 0.69744)
##        14) pH>=3.235 49  24 bad (0.48980 0.51020)
##          28) chlorides< 0.0465 18   4 good (0.77778 0.22222) *
##          29) chlorides>=0.0465 31  10 bad (0.32258 0.67742) *
##        15) pH< 3.235 146  35 bad (0.23973 0.76027) *
```

También puede ser preferible emplear el paquete `rpart.plot` para representarlo (ver Figura 3.9):

```r
library(rpart.plot)
rpart.plot(tree) # Alternativa: rattle::fancyRpartPlot
```

Nos interesa cómo se clasificaría a una nueva observación, es decir, cómo se llegaría a los nodos terminales, así como su probabilidad estimada, que representa la frecuencia relativa de la clase más frecuente en el correspondiente nodo terminal. Para lograrlo, se puede modificar la información que se muestra en cada nodo (ver Figura 3.10):

```r
rpart.plot(tree,
           extra = 104,         # show fitted class, probs, percentages
           box.palette = "GnBu", # color scheme
```

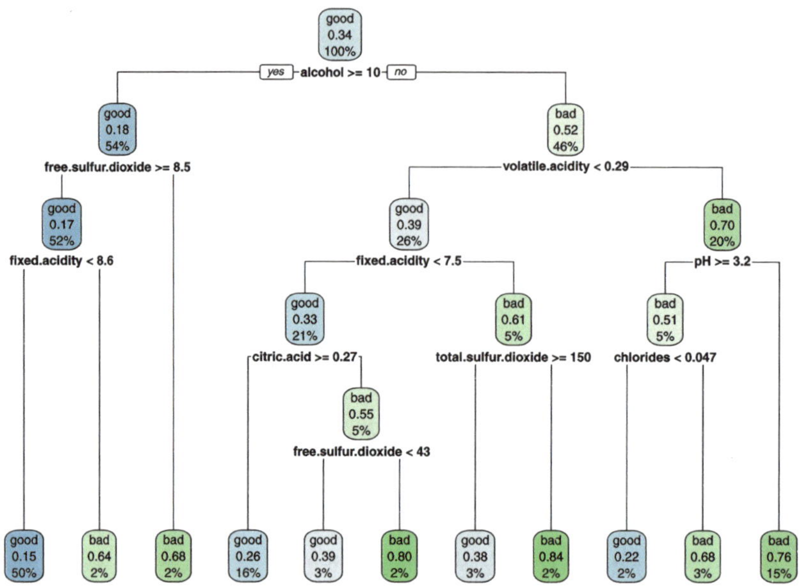

Figura 3.9: Árbol de clasificación de `winetaste$taste` (obtenido con las opciones por defecto).

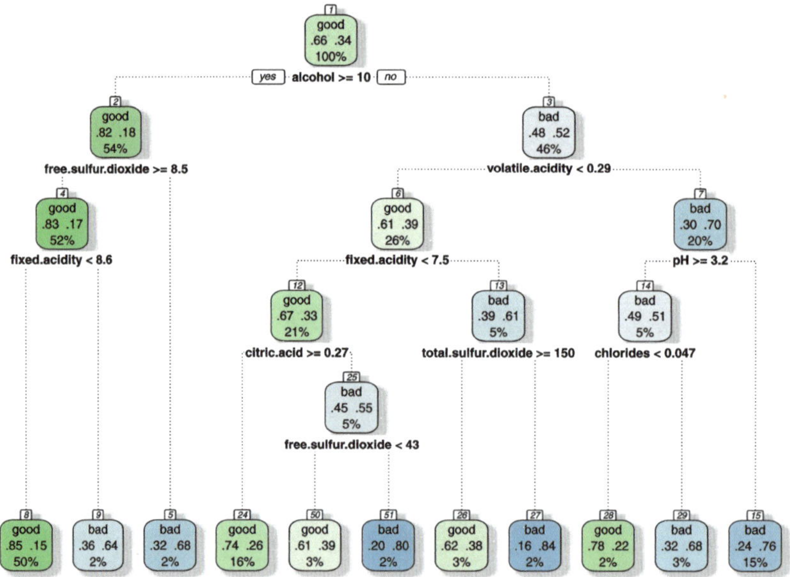

Figura 3.10: Representación del árbol de clasificación de `winetaste$taste` con opciones adicionales.

```
        branch.lty = 3,         # dotted branch lines
        shadow.col = "gray",    # shadows under the node boxes
        nn = TRUE)              # display the node numbers
```

Al igual que en el caso de regresión, puede ser de utilidad imprimir las reglas con `rpart.rules(tree, style = "tall")`.

También se suele emplear el mismo procedimiento para seleccionar un valor óptimo para el hiperparámetro de complejidad: se construye un árbol de decisión completo y se emplea validación cruzada para podarlo. Además, si el número de observaciones es grande y las clases están más o menos balanceadas, se podría aumentar los valores mínimos de observaciones en los nodos intermedios y terminales[5], por ejemplo:

```
tree <- rpart(taste ~ ., data = train, cp = 0, minsplit = 30, minbucket = 10)
```

En este caso mantenemos el resto de valores por defecto:

```
tree <- rpart(taste ~ ., data = train, cp = 0)
```

Representamos los errores (reescalados) de validación cruzada (ver Figura 3.11):

```
plotcp(tree)
```

Para obtener el modelo final, seleccionamos el valor óptimo de complejidad siguiendo el criterio de un error estándar de Breiman *et al.* (1984) y podamos el árbol (ver Figura 3.12).

```
xerror <- tree$cptable[,"xerror"]
imin.xerror <- which.min(xerror)
upper.xerror <- xerror[imin.xerror] + tree$cptable[imin.xerror, "xstd"]
icp <- min(which(xerror <= upper.xerror))
cp <- tree$cptable[icp, "CP"]
tree <- prune(tree, cp = cp)
rpart.plot(tree)
```

Si nos interesase estudiar la importancia de los predictores, podríamos utilizar el mismo código de la Sección 3.3.1 (no evaluado):

```
caret::varImp(tree)
importance <- tree$variable.importance
importance <- round(100*importance/sum(importance), 1)
importance[importance >= 1]
```

El último paso sería evaluar el modelo en la muestra de test siguiendo los pasos descritos en la Sección 1.3.5.

---

[5] Otra opción, más interesante para regresión, sería considerar estos valores como hiperparámetros.

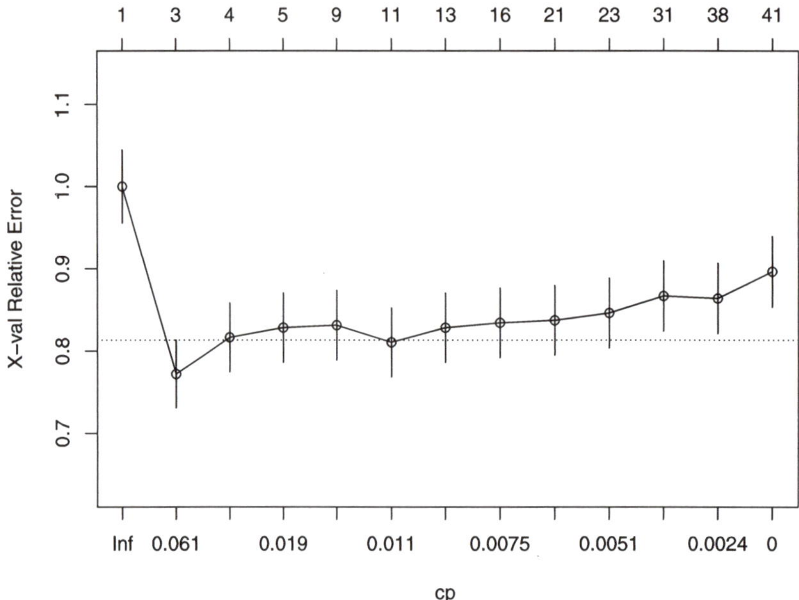

Figura 3.11: Evolución del error (reescalado) de validación cruzada en función del parámetro de complejidad.

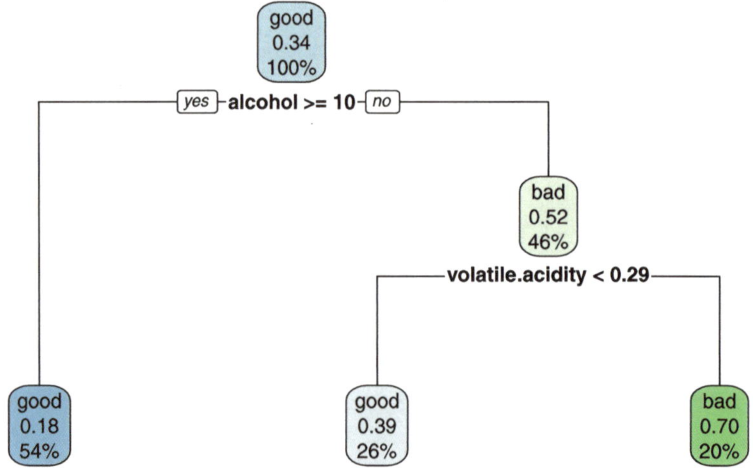

Figura 3.12: Árbol de clasificación de `winetaste$taste` obtenido después de la poda (modelo final).

El método `predict.rpart()` devuelve por defecto (`type = "prob"`) una matriz con las probabilidades de cada clase, por lo que habría que establecer `type = "class"` para obtener la clase predicha (consultar la ayuda de esta función para más detalles).

```r
obs <- test$taste
head(predict(tree, newdata = test))
```

```
##        good      bad
## 1   0.30256 0.69744
## 4   0.81516 0.18484
## 9   0.81516 0.18484
## 10 0.81516 0.18484
## 12 0.81516 0.18484
## 16 0.81516 0.18484
```

```r
pred <- predict(tree, newdata = test, type = "class")
table(obs, pred)
```

```
##         pred
## obs    good bad
##   good  153  13
##   bad    54  30
```

```r
caret::confusionMatrix(pred, obs)
```

```
## Confusion Matrix and Statistics
##
##           Reference
## Prediction good bad
##       good  153  54
##       bad    13  30
##
##                Accuracy : 0.732
##                  95% CI : (0.673, 0.786)
##     No Information Rate : 0.664
##     P-Value [Acc > NIR] : 0.0125
##
##                   Kappa : 0.317
##
##  Mcnemar's Test P-Value : 1.02e-06
##
##             Sensitivity : 0.922
##             Specificity : 0.357
##          Pos Pred Value : 0.739
##          Neg Pred Value : 0.698
##              Prevalence : 0.664
##          Detection Rate : 0.612
##    Detection Prevalence : 0.828
##       Balanced Accuracy : 0.639
##
##        'Positive' Class : good
```

Ejercicio 3.4

En este ejercicio se empleará el conjunto de datos `mpae::bfan` del paquete `mpae` utilizado anteriormente en las secciones 2.2 y 2.3. Considerando como respuesta la variable indicadora `bfan`, que clasifica a los individuos en `Yes` o `No` dependiendo de si su porcentaje de grasa corporal es superior al rango normal:

a) Particiona los datos, considerando un 80 % de las observaciones como muestra de aprendizaje y el 20 % restante como muestra de test.

b) Ajusta un árbol de decisión a los datos de entrenamiento seleccionando el parámetro de complejidad mediante la regla de un error estándar de Breiman.

c) Representa e interpreta el árbol resultante, estudiando la importancia de las variables predictoras.

d) Evalúa la precisión de las predicciones en la muestra de test (precisión, sensibilidad y especificidad) y la estimación de las probabilidades mediante el AUC.

3.3.3   Interfaz de caret

En `caret` podemos ajustar un árbol CART seleccionando `method = "rpart"`. Por defecto, `caret` realiza bootstrap de las observaciones para seleccionar el valor óptimo del hiperparámetro `cp` (considerando únicamente tres posibles valores). Si queremos emplear validación cruzada, como se hizo en el caso anterior, podemos emplear la función auxiliar `trainControl()`, y para considerar un mayor rango de posibles valores podemos hacer uso del argumento `tuneLength` (ver Figura 3.13).

```r
library(caret)
# modelLookup("rpart")  # Información sobre hiperparámetros
set.seed(1)
trControl <- trainControl(method = "cv", number = 10)
caret.rpart <- train(taste ~ ., method = "rpart", data = train,
                     tuneLength = 20, trControl = trControl)
caret.rpart

## CART
##
## 1000 samples
##   11 predictor
##    2 classes: 'good', 'bad'
##
## No pre-processing
## Resampling: Cross-Validated (10 fold)
## Summary of sample sizes: 901, 900, 900, 900, 900, 900, ...
## Resampling results across tuning parameters:
```

```
##
##      cp           Accuracy   Kappa
##      0.000000     0.70188    0.34873
##      0.005995     0.73304    0.38706
##      0.011990     0.74107    0.38785
##      0.017985     0.72307    0.33745
##      0.023980     0.73607    0.36987
##      0.029975     0.73407    0.35064
##      0.035970     0.73207    0.34182
##      0.041965     0.73508    0.34227
##      0.047960     0.73508    0.34227
##      0.053955     0.73508    0.34227
##      0.059950     0.73508    0.34227
##      0.065945     0.73508    0.34227
##      0.071940     0.73508    0.34227
##      0.077935     0.73508    0.34227
##      0.083930     0.73508    0.34227
##      0.089925     0.73508    0.34227
##      0.095920     0.73508    0.34227
##      0.101915     0.73508    0.34227
##      0.107910     0.72296    0.29433
##      0.113905     0.68096    0.10877
##
## Accuracy was used to select the optimal model using the largest value.
## The final value used for the model was cp = 0.01199.

ggplot(caret.rpart, highlight = TRUE)
```

El modelo final se devuelve en la componente `$finalModel` (ver Figura 3.14):

```
caret.rpart$finalModel
```

```
## n= 1000
##
## node), split, n, loss, yval, (yprob)
##       * denotes terminal node
##
##  1) root 1000 338 good (0.66200 0.33800)
##    2) alcohol>=10.117 541 100 good (0.81516 0.18484)
##      4) free.sulfur.dioxide>=8.5 522  87 good (0.83333 0.16667)
##        8) fixed.acidity< 8.55 500  73 good (0.85400 0.14600) *
##        9) fixed.acidity>=8.55 22   8 bad (0.36364 0.63636) *
##      5) free.sulfur.dioxide< 8.5 19   6 bad (0.31579 0.68421) *
##    3) alcohol< 10.117 459 221 bad (0.48148 0.51852)
##      6) volatile.acidity< 0.2875 264 102 good (0.61364 0.38636)
##       12) fixed.acidity< 7.45 213  71 good (0.66667 0.33333)
##         24) citric.acid>=0.265 160  42 good (0.73750 0.26250) *
```

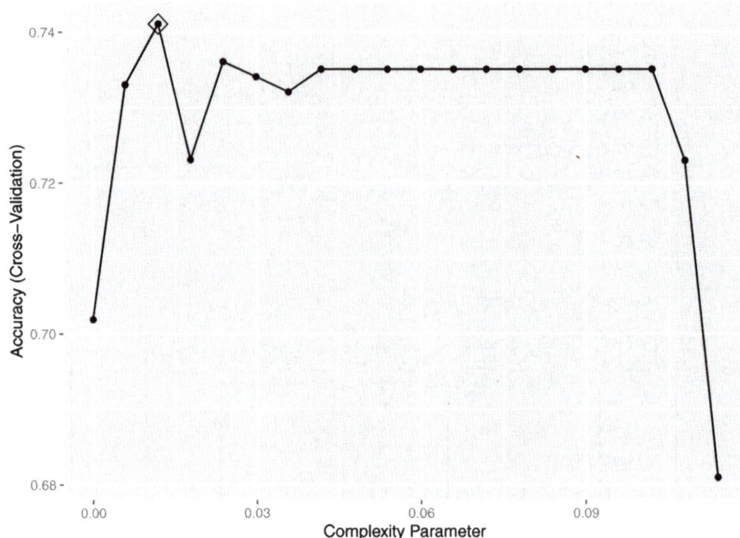

Figura 3.13: Evolución de la precisión (obtenida mediante validación cruzada) dependiendo del parámetro de complejidad, resaltando el valor óptimo.

```
##              25) citric.acid< 0.265 53   24 bad (0.45283 0.54717)
##               50) free.sulfur.dioxide< 42.5 33   13 good (0.60606 0.39394) *
##               51) free.sulfur.dioxide>=42.5 20    4 bad (0.20000 0.80000) *
##           13) fixed.acidity>=7.45 51   20 bad (0.39216 0.60784)
##             26) total.sulfur.dioxide>=150 26   10 good (0.61538 0.38462) *
##             27) total.sulfur.dioxide< 150 25    4 bad (0.16000 0.84000) *
##         7) volatile.acidity>=0.2875 195   59 bad (0.30256 0.69744)
##         14) pH>=3.235 49   24 bad (0.48980 0.51020)
##           28) chlorides< 0.0465 18    4 good (0.77778 0.22222) *
##           29) chlorides>=0.0465 31   10 bad (0.32258 0.67742) *
##         15) pH< 3.235 146   35 bad (0.23973 0.76027) *
```

```
rpart.plot(caret.rpart$finalModel)
```

Para utilizar la regla de "un error estándar" se puede añadir `selectionFunction = "oneSE"` en las opciones de entrenamiento[6]:

```r
set.seed(1)
trControl <- trainControl(method = "cv", number = 10,
                          selectionFunction = "oneSE")
caret.rpart <- train(taste ~ ., method = "rpart", data = train,
                     tuneLength = 20, trControl = trControl)
```

---

[6] En principio también se podría utilizar la regla de un error estándar estableciendo `method = "rpart1SE"` en la llamada a `train()`, pero `caret` implementa internamente este método y en ocasiones no se obtienen los resultados esperados.

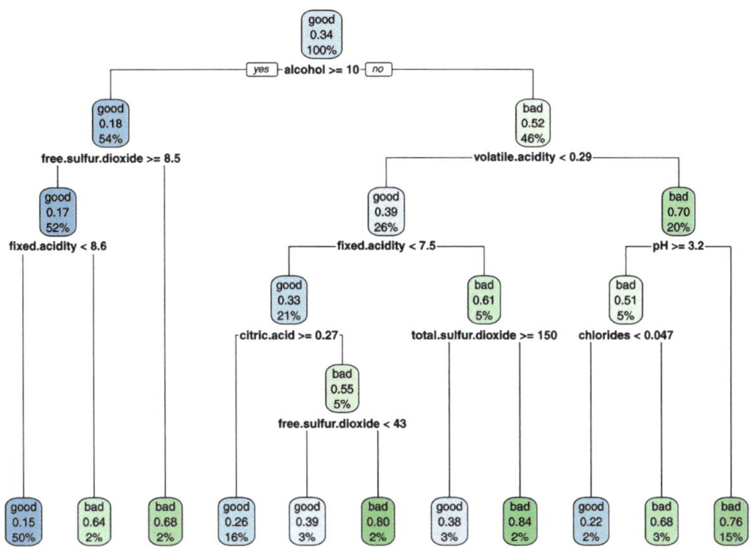

Figura 3.14: Árbol de clasificación de **winetaste$taste**, obtenido con la complejidad "óptima" (empleando **caret**).

```
# ggplot(caret.rpart, highlight = TRUE)
caret.rpart
```

```
## CART
##
## 1000 samples
##   11 predictor
##    2 classes: 'good', 'bad'
##
## No pre-processing
## Resampling: Cross-Validated (10 fold)
## Summary of sample sizes: 901, 900, 900, 900, 900, 900, ...
## Resampling results across tuning parameters:
##
##   cp        Accuracy  Kappa
##   0.000000  0.70188   0.34873
##   0.005995  0.73304   0.38706
##   0.011990  0.74107   0.38785
##   0.017985  0.72307   0.33745
##   0.023980  0.73607   0.36987
##   0.029975  0.73407   0.35064
##   0.035970  0.73207   0.34182
##   0.041965  0.73508   0.34227
##   0.047960  0.73508   0.34227
```

```
##    0.053955  0.73508   0.34227
##    0.059950  0.73508   0.34227
##    0.065945  0.73508   0.34227
##    0.071940  0.73508   0.34227
##    0.077935  0.73508   0.34227
##    0.083930  0.73508   0.34227
##    0.089925  0.73508   0.34227
##    0.095920  0.73508   0.34227
##    0.101915  0.73508   0.34227
##    0.107910  0.72296   0.29433
##    0.113905  0.68096   0.10877
##
## Accuracy was used to select the optimal model using  the one SE rule.
## The final value used for the model was cp = 0.10192.
```

Como cabría esperar, el modelo resultante es más simple (ver Figura 3.15):

```
rpart.plot(caret.rpart$finalModel)
```

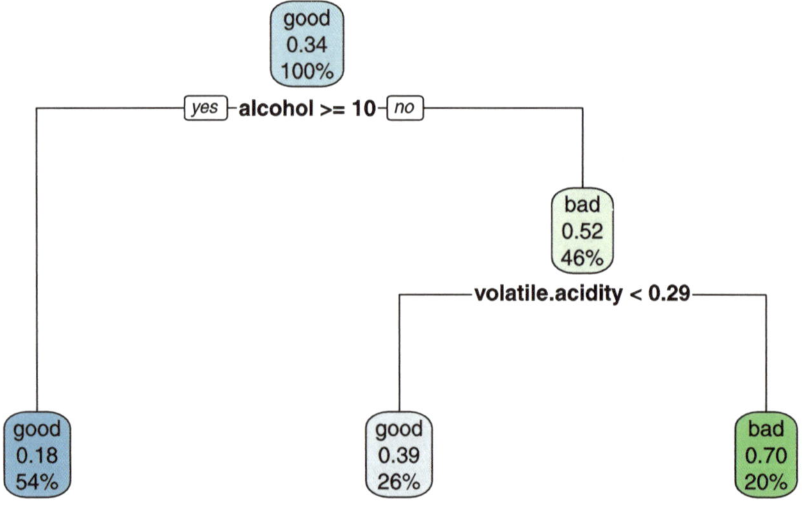

Figura 3.15: Árbol de clasificación de `winetaste$taste`, obtenido con la regla de un error estándar para seleccionar la complejidad (empleando `caret`).

Adicionalmente, representamos la importancia de los predictores (ver Figura 3.16):

```
var.imp <- varImp(caret.rpart)
plot(var.imp)
```

Finalmente, calculamos las predicciones con el método **predict.train()** y posteriormente evaluamos su precisión con **confusionMatrix()**:

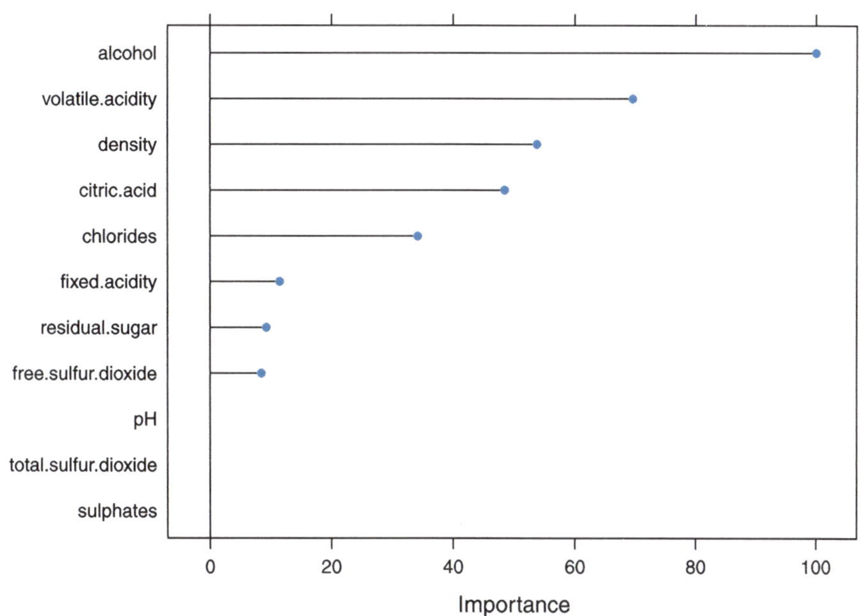

Figura 3.16: Importancia de los (posibles) predictores según el modelo obtenido con la regla de un error estándar.

```r
pred <- predict(caret.rpart, newdata = test)
confusionMatrix(pred, test$taste)
```

```
## Confusion Matrix and Statistics
##
##           Reference
## Prediction good bad
##       good   153  54
##       bad     13  30
##
##               Accuracy : 0.732
##                 95% CI : (0.673, 0.786)
##     No Information Rate : 0.664
##     P-Value [Acc > NIR] : 0.0125
##
##                  Kappa : 0.317
##
##  Mcnemar's Test P-Value : 1.02e-06
##
##            Sensitivity : 0.922
##            Specificity : 0.357
##         Pos Pred Value : 0.739
```

```
##             Neg Pred Value : 0.698
##                 Prevalence : 0.664
##             Detection Rate : 0.612
##       Detection Prevalence : 0.828
##          Balanced Accuracy : 0.639
##
##           'Positive' Class : good
```

También podríamos calcular las estimaciones de las probabilidades (añadiendo el argumento
`type = "prob"`) y, por ejemplo, generar la curva ROC con `pROC::roc()` (ver Figura 3.17):

```r
library(pROC)
p.est <- predict(caret.rpart, newdata = test, type = "prob")
roc_tree <- roc(response = obs, predictor = p.est$good)
roc_tree
```

```
## Call:
## roc.default(response = obs, predictor = p.est$good)
##
## Data: p.est$good in 166 controls (obs good) > 84 cases (obs bad).
## Area under the curve: 0.72
```

```r
plot(roc_tree, xlab = "Especificidad", ylab = "Sensibilidad")
```

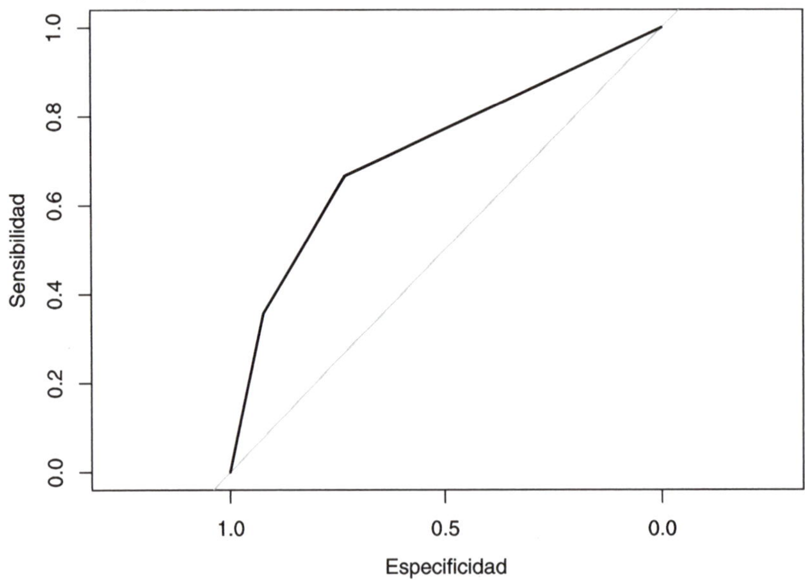

Figura 3.17: Curva ROC correspondiente al árbol de clasificación de `winetaste$taste`.

A la vista de los resultados, los árboles de clasificación no parecen muy adecuados para este problema. Sobre todo por la mala clasificación en la categoría `"bad"` (en este último ajuste se obtuvo un valor de especificidad de 0.3571 en la muestra de test), lo que podría ser debido a que las clases están desbalanceadas y en el ajuste recibe mayor peso el error en la clase mayoritaria. Para tratar de evitarlo, se podría emplear una matriz de pérdidas a través del componente `loss` del argumento `parms` (en el Ejercicio 5.1 se propone una aproximación similar). También se podría pensar en cambiar el criterio de optimalidad. Por ejemplo, emplear el coeficiente kappa en lugar de la precisión (solo habría que establecer `metric = "Kappa"` en la llamada a la función `train()`), o el área bajo la curva ROC (ver Ejercicio 5.3).

Ejercicio 3.5

Continuando con el Ejercicio 3.4, emplea `caret` para clasificar los individuos mediante un árbol de decisión. Utiliza la misma partición de los datos, seleccionando el parámetro de complejidad mediante validación cruzada con 10 grupos y el criterio de un error estándar de Breiman. Representa e interpreta el árbol resultante (comentando la importancia de las variables) y evalúa la precisión de las predicciones en la muestra de test.

3.4 Alternativas a los árboles CART

Una de las alternativas más populares es la metodología C4.5 (Quinlan, 1993), evolución de ID3 (Quinlan, 1986), que en estos momentos se encuentra en la versión C5.0 (y es ya muy similar a CART). C5.0 se utiliza solo para clasificación e incorpora boosting (que veremos en el tema siguiente). Esta metodología está implementada en el paquete `C50` (Kuhn *et al.*, 2014).

Ross Quinlan desarrolló también la metodologia M5 (Quinlan, 1992) para regresión. Su principal característica es que los nodos terminales, en lugar de contener un número, contienen un modelo (de regresión) lineal. El paquete `Cubist` (Kuhn y Quinlan, 2023) es una evolución de M5 que incorpora un método ensemble similar a boosting.

La motivación detrás de M5 es que, si la predicción que aporta un nodo terminal se limita a un único número (como hace la metodología CART), entonces el modelo va a predecir muy mal los valores que *realmente* son muy extremos, ya que el número de posibles valores predichos está limitado por el número de nodos terminales, y en cada uno de ellos se utiliza una media. Por ello, M5 le asocia a cada nodo un modelo de regresión lineal, para cuyo ajuste se utilizan los datos del nodo y todas las variables que están en la ruta del nodo. Para evaluar los posibles cortes que conducen al siguiente nodo, se utilizan los propios modelos lineales para calcular la medida del error.

Una vez se ha construido todo el árbol, para realizar la predicción se puede utilizar el modelo lineal que está en el nodo terminal correspondiente, pero funciona mejor si se utiliza una combinación lineal del modelo del nodo terminal y de todos sus nodos ascendientes (es decir, los que están en su camino).

Otra opción es CHAID (*CHi-squared Automated Interaction Detection*; Kass, 1980), que se basa en una idea diferente. Es un método de construcción de árboles de clasificación que se utiliza cuando las variables predictoras son cualitativas o discretas; en caso contrario, deben ser categorizadas previamente. Y se basa en el contraste chi-cuadrado de independencia para tablas de contingencia.

Para cada par (X_i, Y), se considera su tabla de contingencia y se calcula el p-valor del contraste chi-cuadrado, seleccionándose la variable predictora que tenga un p-valor más pequeño, ya que se asume que las variables predictoras más relacionadas con la respuesta Y son las que van a tener p-valores más pequeños y darán lugar a mejores predicciones. Se divide el nodo de acuerdo con los distintos valores de la variable predictora seleccionada, y se repite el proceso mientras haya variables *significativas*. Dado que el método exige que el p-valor sea menor que 0.05 (o el nivel de significación que se elija), y hay que hacer muchas comparaciones, es necesario aplicar una corrección para comparaciones múltiples, por ejemplo la de Bonferroni.

Lo que acabamos de explicar daría lugar a árboles no necesariamente binarios. Como se desea trabajar con árboles binarios (si se admite que de un nodo salga cualquier número de ramas, con muy pocos niveles de profundidad del árbol ya nos quedaríamos sin datos), es necesario hacer algo más: forzar a que las variables predictoras tengan solo dos categorías mediante un proceso de fusión. Se van haciendo pruebas chi-cuadrado entre pares de categorías y la variable respuesta, y se fusiona el par con el p-valor más alto, ya que se trata de fusionar las categorías que sean más similares.

Para árboles de regresión hay metodologías que, al igual que CHAID, se basan en el cálculo de p-valores, en este caso de contrastes de igualdad de medias. Una de las más utilizadas son los *conditional inference trees* (Hothorn *et al.*, 2006)[7], implementada en la función `ctree()` del paquete `party` (Hothorn *et al.*, 2010).

Un problema conocido de los árboles CART es que sufren un sesgo de selección de variables: los predictores con más valores distintos son favorecidos. Esta es una de las motivaciones de utilizar estos métodos basados en contrastes de hipótesis. Por otra parte, hay que ser consciente de que los contrastes de hipótesis y la calidad predictiva son cosas distintas.

A modo de ejemplo, siguiendo con el problema de clasificación anterior, podríamos ajustar un árbol de decisión empleando la metodología de *inferencia condicional* mediante el siguiente código:

---

[7] Otra alternativa es GUIDE (*Generalized, Unbiased, Interaction Detection and Estimation*; Loh, 2002).

```
library(party)
tree2 <- ctree(taste ~ ., data = train)
plot(tree2)
```

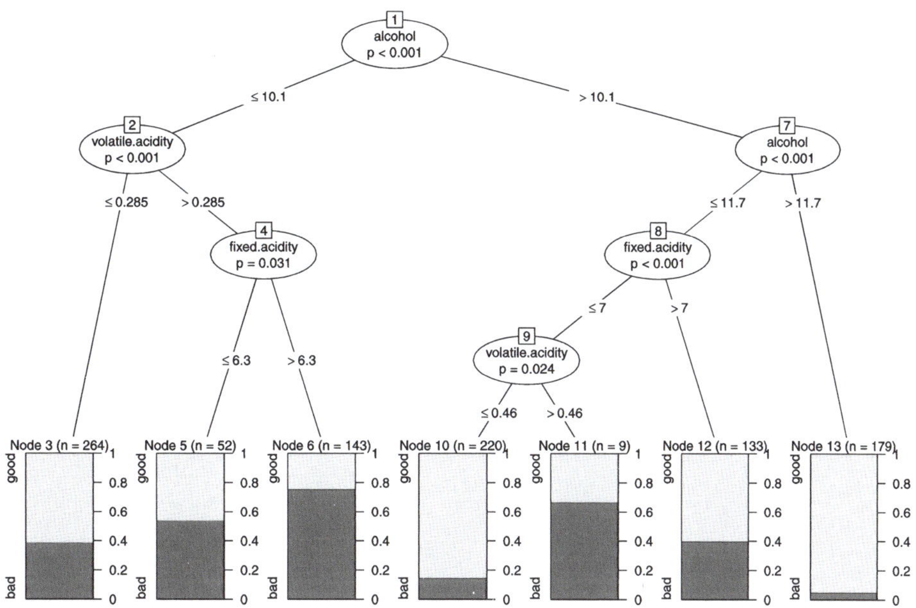

Figura 3.18: Árbol de decisión para clasificar la calidad del vino (`winetaste$taste`) obtenido con el método condicional.

En la representación del árbol (ver Figura 3.18) se muestra el *p*-valor (ajustado por Bonferroni) en cada nodo interno y se representa la proporción de cada clase en los nodos terminales. Para más detalles, ver la *vignette* del paquete *party: A Laboratory for Recursive Partytioning*.

Capítulo 4

Bagging y boosting

Tanto el *bagging* como el *boosting* son procedimientos generales para la reducción de la varianza de un método estadístico de aprendizaje.

La idea básica consiste en combinar métodos de predicción sencillos (métodos débiles, que poseen una capacidad predictiva limitada), para obtener un método de predicción muy potente (y robusto). Estas ideas se pueden aplicar tanto a problemas de regresión como de clasificación.

Estos procedimientos son muy empleados con árboles de decisión, ya que estos son predictores débiles y se generan de forma rápida. Lo que se hace es construir muchos modelos (crecer muchos árboles) que luego se combinan para producir predicciones (o bien promediando o por consenso).

4.1 Bagging

En la década de 1990 empiezan a utilizarse los métodos *ensemble* (métodos combinados), esto es, métodos predictivos que se basan en combinar las predicciones de un gran número de modelos. Uno de los primeros métodos combinados que se utilizó fue el bagging (nombre que viene de *bootstrap aggregation*), propuesto en Breiman (1996). Es un método general de reducción de la varianza que se basa en la utilización del remuestreo bootstrap junto con un modelo de regresión o de clasificación, como puede ser un árbol de decisión.

La idea es muy sencilla. Si disponemos de muchas muestras de entrenamiento, podemos utilizar cada una de ellas para entrenar un modelo que después nos servirá para hacer una predicción. De este modo tendremos tantas predicciones como modelos y, por tanto, tantas predicciones como muestras de entrenamiento. El procedimiento consistente en promediar todas las predicciones anteriores tiene dos ventajas importantes: simplifica la solución y reduce mucho la varianza.

El problema es que en la práctica no suele disponerse más que de una única muestra de entrenamiento. Aquí es donde entra en juego el bootstrap, técnica especialmente útil para estimar varianzas, pero que en esta aplicación se utiliza para reducir la varianza. Lo que se hace es generar cientos o miles de muestras bootstrap a partir de la muestra de entrenamiento, y después utilizar cada una de estas muestras bootstrap como una muestra de entrenamiento (*bootstrapped training data set*).

Para un modelo que tenga intrínsecamente poca variabilidad, como puede ser una regresión lineal, aplicar bagging puede ser poco interesante, ya que hay poco margen para mejorar el rendimiento. Por contra, es un método muy importante para los árboles de decisión, porque un árbol con mucha profundidad (sin podar) tiene mucha variabilidad: si modificamos ligeramente los datos de entrenamiento, es muy posible que se obtenga un nuevo árbol completamente distinto al anterior; y esto se ve como un inconveniente. Por esa razón, en este contexto encaja perfectamente la metodología bagging.

Así, para árboles de regresión se hacen crecer muchos árboles (sin poda) y se calcula la media de las predicciones. En el caso de los árboles de clasificación, lo más sencillo es sustituir la media por la moda y utilizar el criterio del voto mayoritario; cada modelo tiene el mismo peso y por tanto cada modelo aporta un voto. Además, la proporción de votos de cada categoría es una estimación de su probabilidad.

Una ventaja adicional del bagging es que permite estimar el error de la predicción de forma directa, sin necesidad de utilizar una muestra de test o de aplicar validación cruzada u, otra vez, remuestreo, y se obtiene un resultado similar al que obtendríamos con estos métodos. Es bien sabido que una muestra bootstrap va a contener muchas observaciones repetidas y que, en promedio, solo utiliza aproximadamente dos tercios de los datos (para ser más precisos, $1 - (1 - 1/n)^n$ que, a medida que el tamaño del conjunto de datos de entrenamiento aumenta, es aproximadamente $1 - e^{-1} = 0.6321$). Un dato que no es utilizado para construir un árbol se denomina un dato *out-of-bag* (OOB). De este modo, para cada observación se pueden utilizar los árboles para los que esa observación es out-of-bag (aproximadamente una tercera parte de los árboles construidos) para generar una única predicción para ella. Repitiendo el proceso para todas las observaciones se obtiene una medida del error.

Una decisión que hay que adoptar es cuántas muestras bootstrap se toman (o lo que es lo mismo, cuántos árboles se construyen). En la práctica, es habitual realizar un estudio gráfico de la convergencia del error OOB a medida que se incrementa el número de árboles (para más detalles, véase por ejemplo Fernández-Casal *et al.*, 2023, Sección 4.1). Si aparentemente hay convergencia con unos pocos cientos de árboles, no va a variar mucho el nivel de error al aumentar el número de remuestras. Por tanto, aumentar mucho el número de árboles no mejora las predicciones, aunque tampoco aumenta el riesgo de sobreajuste. Los costes computacionales aumentan con el número de árboles, pero la construcción y evaluación del modelo son fácilmente paralelizables (aunque pueden llegar a requerir mucha memoria si el conjunto de datos es muy grande). Por otra parte, si el número de árboles es demasiado pequeño puede que se obtengan pocas (o incluso ninguna) predicciones OOB para alguna de las observaciones de la muestra de entrenamiento.

Una ventaja bien conocida de los árboles de decisión es su fácil interpretabilidad. En un árbol resulta evidente cuáles son los predictores más influyentes. Al utilizar bagging se mejora (mucho) la predicción, pero se pierde la interpretabilidad. Aun así, hay formas de calcular la importancia de las covariables. Por ejemplo, si fijamos un predictor y una medida del error, podemos, para cada uno de los árboles, medir la reducción del error que se consigue cada vez que hay un corte que utilice ese predictor particular. Promediando sobre todos los árboles generados se obtiene una medida global de la importancia: un valor alto en la reducción del error sugiere que el predictor es importante.

En resumen:

- Se remuestrea repetidamente el conjunto de datos de entrenamiento.

- Con cada conjunto de datos se entrena un modelo.

- Las predicciones finales se obtienen promediando las predicciones de los modelos (en el caso de clasificación, utilizando la decisión mayoritaria).

- Se puede estimar la precisión de las predicciones con el error OOB (out-of-bag).

4.2   Bosques aleatorios

Los bosques aleatorios (*random forest*) son una variante de bagging específicamente diseñados para trabajar con árboles de decisión. Las muestras bootstrap que se generan al hacer bagging introducen un elemento de aleatoriedad que en la práctica provoca que todos los árboles sean distintos, pero en ocasiones no son lo *suficientemente* distintos. Es decir, suele ocurrir que los árboles tengan estructuras muy similares, especialmente en la parte alta, aunque después se vayan diferenciando según se desciende por ellos. Esta característica se conoce como correlación entre árboles y se da cuando el árbol es un modelo adecuado para describir la relación entre los predictores y la respuesta, y también cuando uno de los predictores es muy fuerte, es decir, es especialmente relevante, con lo cual casi siempre va a estar en el primer corte. Esta correlación entre árboles se va a traducir en una correlación entre sus predicciones (más formalmente, entre los predictores).

Promediar variables altamente correladas produce una reducción de la varianza mucho menor que si promediamos variables incorreladas. La solución pasa por añadir aleatoriedad al proceso de construcción de los árboles, para que estos dejen de estar correlados. Hubo varios intentos, entre los que destaca Dietterich (2000) al proponer la idea de introducir aleatorieadad en la selección de las variables de cada corte. Posteriormente, Breiman (2001b) propuso un algoritmo unificado al que llamó bosques aleatorios. En la construcción de cada uno de los árboles que finalmente constituirán el bosque, se van haciendo cortes binarios, y para cada corte hay que seleccionar una variable predictora. La modificación introducida fue que antes de hacer cada uno de los cortes, de todas las p variables predictoras, se seleccionan al azar $m < p$ predictores que van a ser los candidatos para el corte.

El hiperparámetro de los bosques aleatorios es m, y se puede seleccionar mediante las técnicas habituales. Como puntos de partida razonables se pueden considerar $m = \sqrt{p}$ (para problemas de clasificación) y $m = p/3$ (para problemas de regresión). El número de árboles que van a constituir el bosque también puede tratarse como un hiperparámetro, aunque es más frecuente tratarlo como un problema de convergencia. En general, van a hacer falta más árboles que en bagging. En ocasiones, también se trata como hiperparámetro la selección del tamaño mínimo de los nodos terminales de los árboles.

Los bosques aleatorios son computacionalmente más eficientes que el bagging porque, aunque como acabamos de decir requieren más árboles, la construcción de cada árbol es mucho más rápida al evaluarse solo unos pocos predictores en cada corte.

Este método también se puede emplear en aprendizaje no supervisado. Por ejemplo, se puede construir una matriz de proximidad entre observaciones a partir de la proporción de veces que están en un mismo nodo terminal (para más detalles ver Liaw y Wiener, 2002).

En resumen:

- Los bosques aleatorios son una modificación del bagging para el caso de árboles de decisión.

- También se introduce aleatoriedad en las variables, no solo en las observaciones.

- Para evitar dependencias, los posibles predictores se seleccionan al azar en cada nodo (p. ej. $m = \sqrt{p}$).

- Se utilizan árboles sin podar.

- La interpretación del modelo es difícil.

- Se puede medir la importancia de las variables (índices de importancia).

    - Por ejemplo, para cada árbol se suman las reducciones en el índice de Gini correspondientes a las divisiones de un predictor y posteriormente se promedian los valores de todos los árboles.

    — Alternativamente, se puede medir el incremento en el error de predicción OOB al permutar aleatoriamente los valores de la variable explicativa en las muestras OOB, manteniendo el resto sin cambios (Breiman, 2001b).

4.3   Bagging y bosques aleatorios en R

Estos algoritmos son de los más populares en AE y están implementados en numerosos paquetes de R, aunque la referencia es el paquete `randomForest` (Liaw y Wiener, 2002), que emplea el código Fortran desarrollado por Leo Breiman y Adele Cutler. La función principal es `randomForest()` y se suele emplear de la forma:

```
randomForest(formula, data, ntree, mtry, nodesize, ...)
```

- `formula` y `data` (opcional): permiten especificar la respuesta y las variables predictoras de la forma habitual (típicamente `respuesta ~ .`), aunque si el conjunto de datos es muy grande puede ser preferible emplear una matriz o un data.frame para establecer los predictores y un vector para la respuesta (sustituyendo estos argumentos por `x` e `y`). Si la variable respuesta es un factor asumirá que se trata de un problema de clasificación, y en caso contrario de regresión.

- `ntree`: número de árboles que se crecerán; por defecto 500.

- `mtry`: número de predictores seleccionados al azar en cada división; por defecto `max(floor(p/3), 1)` en el caso de regresión y `floor(sqrt(p))` en clasificación, siendo `p = ncol(x) = ncol(data) - 1` el número de predictores.

- `nodesize`: número mínimo de observaciones en un nodo terminal; por defecto 1 en clasificación y 5 en regresión. Si el conjunto de datos es muy grande, es recomendable incrementarlo para evitar problemas de sobreajuste, disminuir el tiempo de computación y los requerimientos de memoria. Puede ser tratado como un hiperparámetro.

Otros argumentos que pueden ser de interés[1] son:

- `maxnodes`: número máximo de nodos terminales. Puede utilizarse como alternativa para controlar la complejidad del modelo.

- `importance = TRUE`: permite obtener medidas adicionales de la importancia de las variables predictoras.

- `proximity = TRUE`: permite obtener una matriz de proximidades (componente `$proximity`) entre las observaciones (frecuencia con la que los pares de observaciones están en el mismo nodo terminal).

---

[1] Si se quiere minimizar el uso de memoria, por ejemplo mientras se seleccionan hiperparámetros, se puede establecer `keep.forest=FALSE`.

- `na.action = na.fail`: por defecto, no admite datos faltantes con la interfaz de fórmulas. Si los hubiese, se podrían imputar estableciendo `na.action = na.roughfix` (empleando medias o modas) o llamando previamente a `rfImpute()` (que emplea proximidades obtenidas con un bosque aleatorio).

Para obtener más información, puede consultarse la documentación de la función y Liaw y Wiener (2002).

Entre las numerosas alternativas disponibles, además de las implementadas en paquetes que integran colecciones de métodos como `h2o` o `RWeka`, una de las más utilizadas son los bosques aleatorios con *conditional inference trees*, implementada en la función `cforest()` del paquete `party`.

4.3.1 Ejemplo: clasificación con bagging

Como ejemplo consideraremos el conjunto de datos de calidad de vino empleado previamente en la Sección 3.3.2, y haremos comparaciones con el ajuste de un único árbol.

```r
data(winetaste, package = "mpae")
set.seed(1)
df <- winetaste
nobs <- nrow(df)
itrain <- sample(nobs, 0.8 * nobs)
train <- df[itrain, ]
test <- df[-itrain, ]
```

Al ser bagging con árboles un caso particular de bosques aleatorios, cuando $m = p$, también podemos emplear `randomForest`:

```r
library(randomForest)
set.seed(4) # NOTA: Fijamos esta semilla para ilustrar dependencia
bagtrees <- randomForest(taste ~ ., data = train, mtry = ncol(train) - 1)
bagtrees
```

```
## Call:
##  randomForest(formula = taste ~ ., data = train, mtry = ncol(train) -      1)
##                Type of random forest: classification
##                      Number of trees: 500
## No. of variables tried at each split: 11
##
##         OOB estimate of  error rate: 23.5%
## Confusion matrix:
##      good bad class.error
## good  565  97     0.14653
## bad   138 200     0.40828
```

Con el método `plot()` podemos examinar la convergencia del error en las muestras OOB. Este método emplea `matplot()` para representar la componente `$err.rate`, como se muestra en la Figura 4.1:

```r
plot(bagtrees, main = "")
legend("right", colnames(bagtrees$err.rate), lty = 1:5, col = 1:6)
```

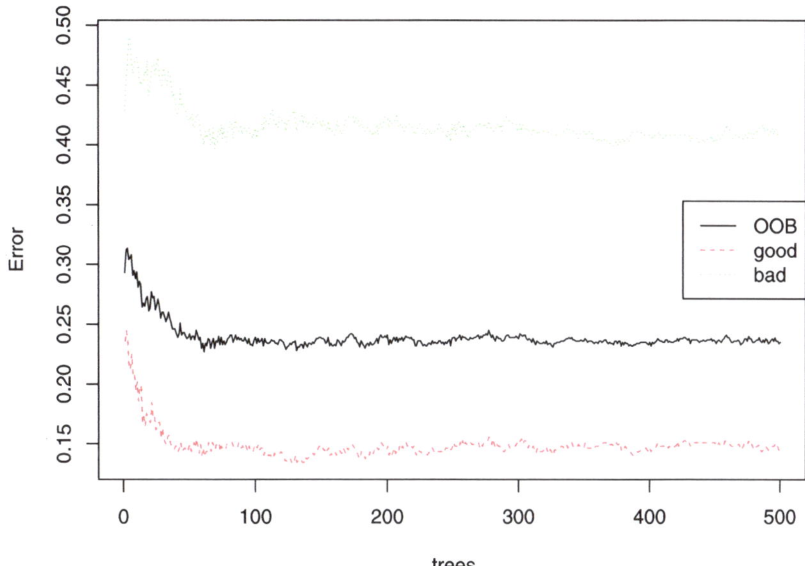

Figura 4.1: Evolución de las tasas de error OOB al emplear bagging para la predicción de `winetaste$taste`.

Como se observa, los errores tienden a estabilizarse, lo que sugiere que hay convergencia en el proceso (aunque situaciones de alta dependencia entre los árboles dificultarían su interpretación).

Con la función `getTree()` podemos extraer los árboles individuales. Por ejemplo, el siguiente código permite extraer la variable seleccionada para la primera división:

```r
split_var_1 <- sapply(seq_len(bagtrees$ntree), function(i)
                   getTree(bagtrees, i, labelVar = TRUE)[1, "split var"])
```

En este caso concreto, podemos observar que la variable seleccionada para la primera división es siempre la misma, lo que indicaría una alta dependencia entre los distintos árboles:

```
table(split_var_1)
```

```
## split_var_1
##              alcohol           chlorides          citric.acid
##                  500                   0                    0
##              density       fixed.acidity  free.sulfur.dioxide
##                    0                   0                    0
##                   pH       residual.sugar            sulphates
##                    0                   0                    0
## total.sulfur.dioxide     volatile.acidity
##                    0                   0
```

Por último, evaluamos la precisión en la muestra de test:

```
pred <- predict(bagtrees, newdata = test)
caret::confusionMatrix(pred, test$taste)
```

```
## Confusion Matrix and Statistics
##
##           Reference
## Prediction good bad
##       good  145  42
##       bad    21  42
##
##               Accuracy : 0.748
##                 95% CI : (0.689, 0.801)
##    No Information Rate : 0.664
##    P-Value [Acc > NIR] : 0.00254
##
##                  Kappa : 0.398
##
##  Mcnemar's Test P-Value : 0.01174
##
##            Sensitivity : 0.873
##            Specificity : 0.500
##         Pos Pred Value : 0.775
##         Neg Pred Value : 0.667
##             Prevalence : 0.664
##         Detection Rate : 0.580
##   Detection Prevalence : 0.748
##      Balanced Accuracy : 0.687
##
##       'Positive' Class : good
```

4.3.2   Ejemplo: clasificación con bosques aleatorios

Continuando con el ejemplo anterior, empleamos la función **randomForest()** con las opciones
por defecto para ajustar un bosque aleatorio a la muestra de entrenamiento:

```
set.seed(1)
rf <- randomForest(taste ~ ., data = train)
rf


## Call:
##  randomForest(formula = taste ~ ., data = train)
##                  Type of random forest: classification
##                        Number of trees: 500
## No. of variables tried at each split: 3
##
##          OOB estimate of  error rate: 22%
## Confusion matrix:
##       good bad class.error
## good   578  84     0.12689
## bad    136 202     0.40237
```

En la Figura 4.2 podemos observar que aparentemente hay convergencia, igual que sucedía en
el ejemplo anterior, y por tanto tampoco sería necesario aumentar el número de árboles.

```
plot(rf, main = "")
legend("right", colnames(rf$err.rate), lty = 1:5, col = 1:6)
```

Podemos mostrar la importancia de las variables predictoras (utilizadas en el bosque aleatorio
y sus sustitutas) con la función **importance()** o representarlas con **varImpPlot()** (ver Figura
4.3):

```
importance(rf)


##                      MeanDecreaseGini
## fixed.acidity                  37.772
## volatile.acidity               43.998
## citric.acid                    41.501
## residual.sugar                 36.799
## chlorides                      33.621
## free.sulfur.dioxide            42.291
## total.sulfur.dioxide           39.637
## density                        45.387
## pH                             32.314
## sulphates                      30.323
## alcohol                        63.892
```

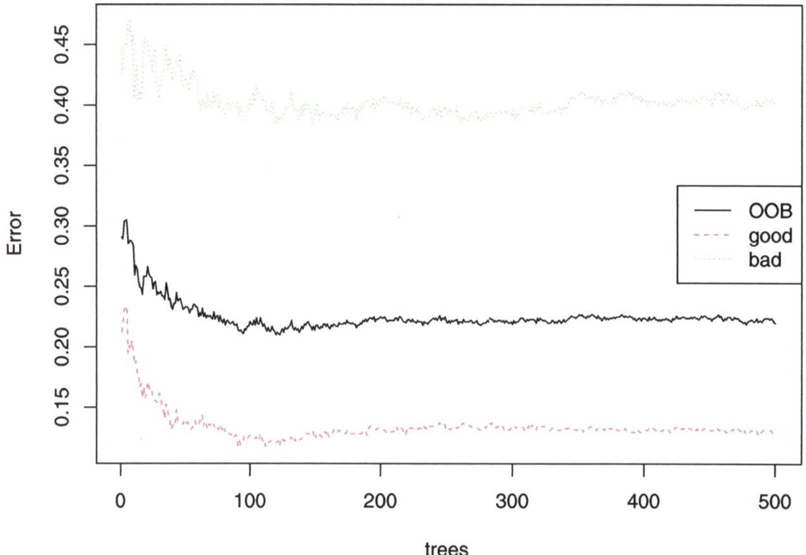

Figura 4.2: Evolución de las tasas de error OOB al usar bosques aleatorios para la predicción de `winetaste$taste` (empleando `randomForest()` con las opciones por defecto).

```r
varImpPlot(rf)
```

Si evaluamos la precisión en la muestra de test podemos observar un ligero incremento en la precisión en comparación con el método anterior:

```r
pred <- predict(rf, newdata = test)
caret::confusionMatrix(pred, test$taste)
```

```
## Confusion Matrix and Statistics
##
##           Reference
## Prediction good bad
##       good  153  43
##       bad    13  41
##
##                Accuracy : 0.776
##                  95% CI : (0.719, 0.826)
##     No Information Rate : 0.664
##     P-Value [Acc > NIR] : 7.23e-05
##
##                   Kappa : 0.449
##
##  Mcnemar's Test P-Value : 0.000106
##
```

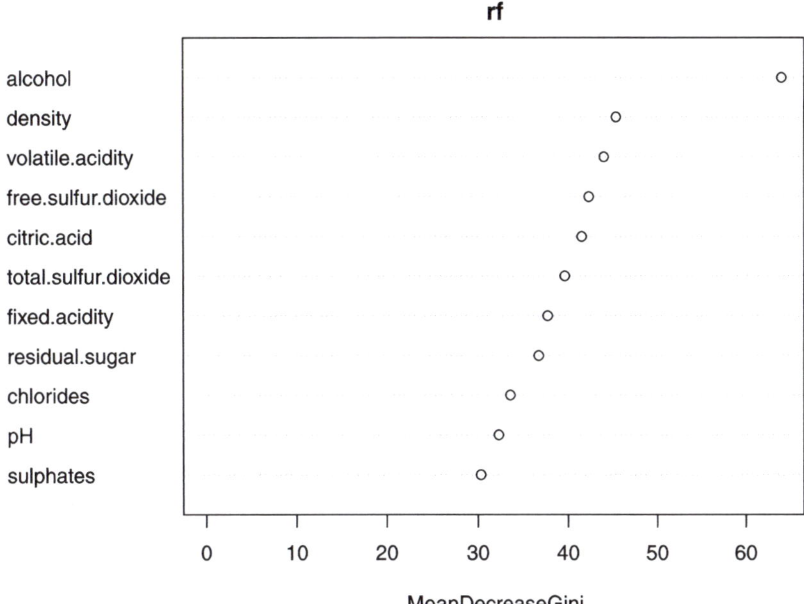

Figura 4.3: Importancia de las variables predictoras al emplear bosques aleatorios para la predicción de `winetaste$taste`.

```
##                 Sensitivity : 0.922
##                 Specificity : 0.488
##              Pos Pred Value : 0.781
##              Neg Pred Value : 0.759
##                  Prevalence : 0.664
##              Detection Rate : 0.612
##        Detection Prevalence : 0.784
##           Balanced Accuracy : 0.705
##
##            'Positive' Class : good
```

Esta mejora sería debida a que en este caso la dependencia entre los árboles es menor:

```r
split_var_1 <- sapply(seq_len(rf$ntree),
             function(i) getTree(rf, i, labelVar = TRUE)[1, "split var"])
table(split_var_1)
```

```
## split_var_1
##           alcohol              chlorides            citric.acid
##               150                     49                     38
##           density          fixed.acidity     free.sulfur.dioxide
##               114                     23                     20
##                pH          residual.sugar               sulphates
```

```
##                      11                    0                   5
## total.sulfur.dioxide     volatile.acidity
##                      49                   41
```

El análisis e interpretación del modelo puede resultar más complicado en este tipo de métodos. Para estudiar el efecto de los predictores en la respuesta se suelen emplear algunas de las herramientas descritas en la Sección 1.5. Por ejemplo, empleando la función `pdp::partial()` (Greenwell, 2022) podemos generar gráficos PDP con las estimaciones de los efectos individuales de los principales predictores (ver Figura 4.4):

```r
library(pdp)
library(gridExtra)
pdp1 <- partial(rf, "alcohol")
p1 <- plotPartial(pdp1)
pdp2 <- partial(rf, c("density"))
p2 <- plotPartial(pdp2)
grid.arrange(p1, p2, ncol = 2)
```

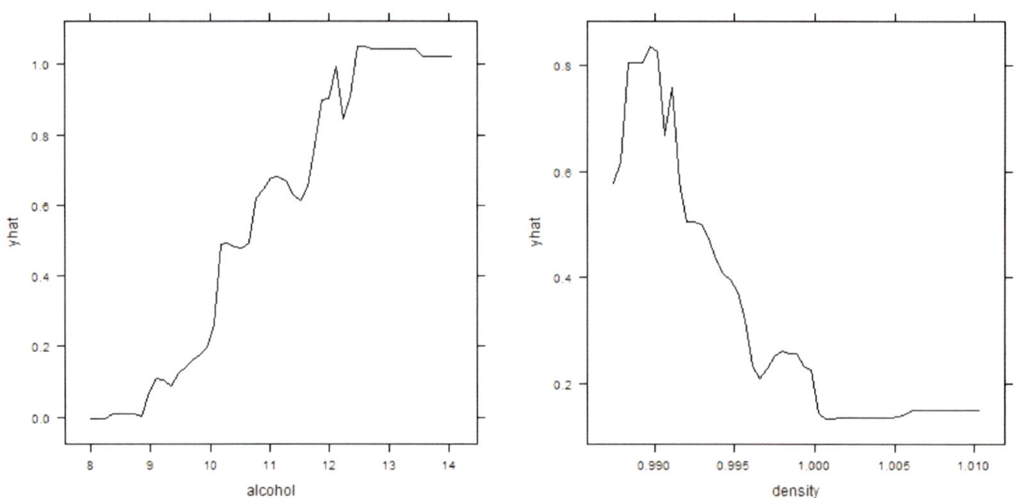

Figura 4.4: Efecto parcial del alcohol (panel izquierdo) y la densidad (panel derecho) sobre la respuesta.

Adicionalmente, estableciendo `ice = TRUE` se calculan las curvas de expectativa condicional individual (ICE). Estos gráficos ICE extienden los PDP, ya que, además de mostrar la variación del promedio (línea roja en Figura 4.5), también muestra la variación de los valores predichos para cada observación (líneas negras en Figura 4.5).

```r
ice1 <- partial(rf, pred.var = "alcohol", ice = TRUE)
ice2 <- partial(rf, pred.var = "density", ice = TRUE)
```

```r
p1 <- plotPartial(ice1, alpha = 0.5)
p2 <- plotPartial(ice2, alpha = 0.5)
gridExtra:::grid.arrange(p1, p2, ncol = 2)
```

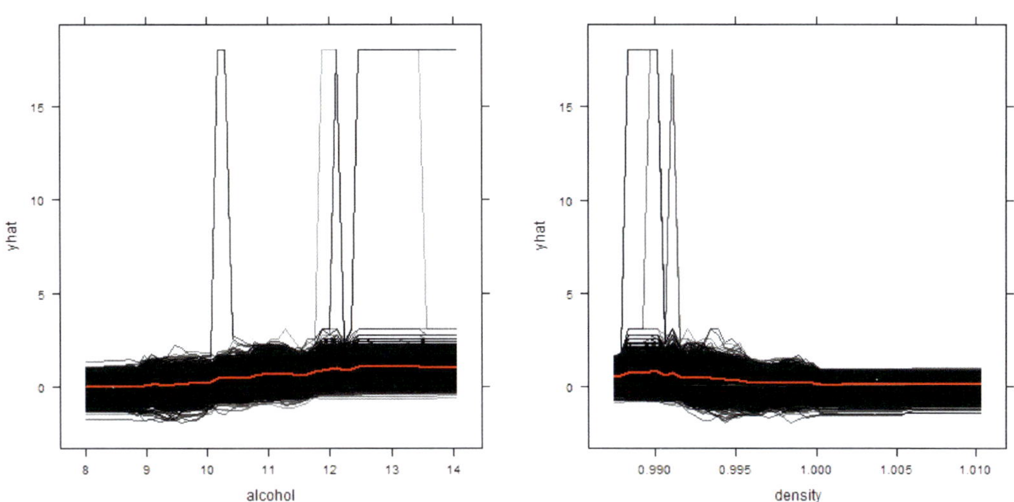

Figura 4.5: Efecto individual de cada observación de alcohol (panel izquierdo) y densidad (panel derecho) sobre la respuesta.

Se pueden crear gráficos similares utilizando los otros paquetes indicados en la Sección 1.5. Por ejemplo, la Figura 4.6, generada con el paquete `vivid` (Inglis *et al.*, 2023), muestra medidas de la importancia de los predictores (*Vimp*) en la diagonal y de la fuerza de las interacciones (*Vint*) fuera de la diagonal.

```r
library(vivid)
fit_rf <- vivi(data = train, fit = rf, response = "taste",
               importanceType = "%IncMSE")
viviHeatmap(mat = fit_rf[1:5,1:5])
```

Alternativamente, también se pueden visualizar las relaciones mediante un gráfico de red (ver Figura 4.7).

```r
require(igraph)
viviNetwork(mat = fit_rf)
```

En este caso, la interación entre `alcohol` y `citric.acid` es aparentemente la más importante. Podemos representarla mediante un gráfico PDP (ver Figura 4.8). La generación de este gráfico puede requerir mucho tiempo de computación.

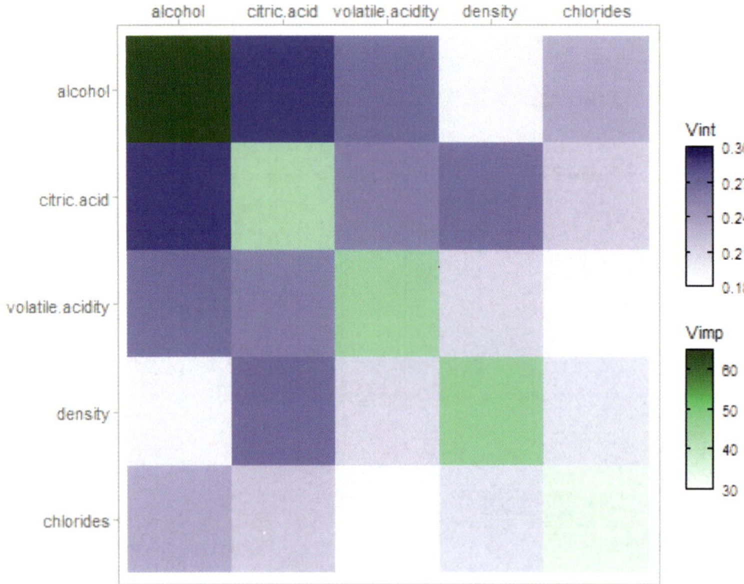

Figura 4.6: Mapa de calor de la importancia e interaciones de los predictores del ajuste mediante bosques aleatorios.

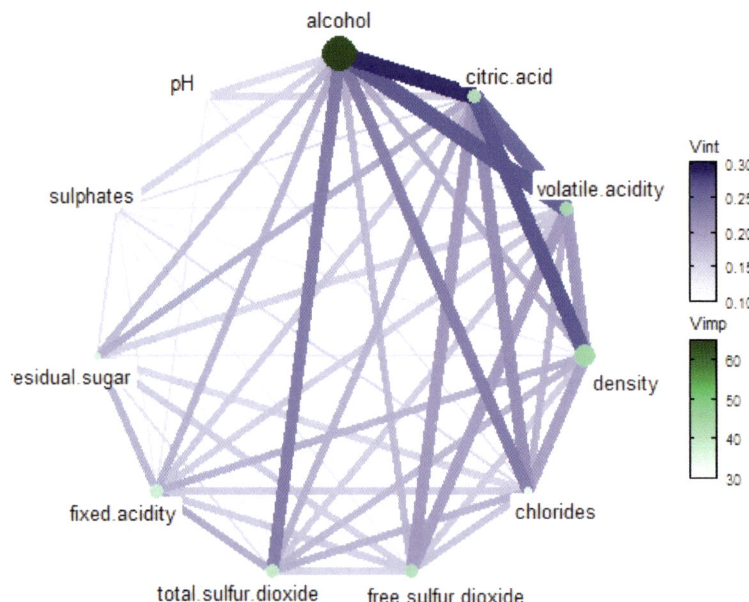

Figura 4.7: Gráfico de red para la importancia e interaciones del ajuste mediante bosques aleatorios.

```r
pdp12 <- partial(rf, c("alcohol", "citric.acid"))
plotPartial(pdp12)
```

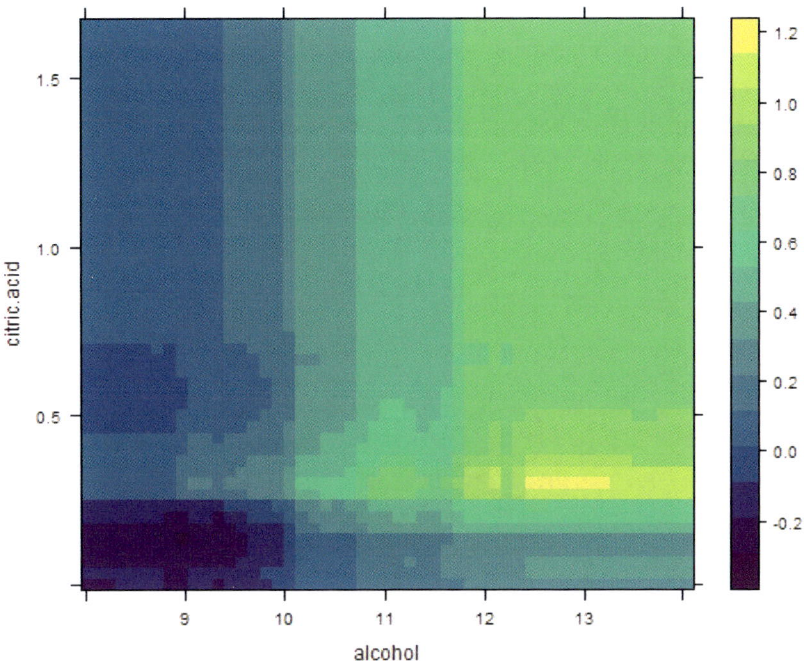

Figura 4.8: Efecto parcial de la interacción del alcohol y el ácido cítrico sobre la respuesta.

4.3.3   Ejemplo: bosques aleatorios con `caret`

En el paquete `caret` hay varias implementaciones de bagging y bosques aleatorios[2], incluyendo el algoritmo del paquete `randomForest` considerando como hiperparámetro el número de predictores seleccionados al azar en cada división, `mtry`. Para ajustar este modelo a una muestra de entrenamiento hay que establecer `method = "rf"` en la llamada a `train()`.

```r
library(caret)
# str(getModelInfo("rf", regex = FALSE))
modelLookup("rf")
```

```
##   model parameter                          label forReg forClass
## 1    rf      mtry #Randomly Selected Predictors   TRUE     TRUE
##   probModel
## 1      TRUE
```

---

[2] Se puede hacer una búsqueda en la tabla del Capítulo 6: Available Models del manual.

Con las opciones por defecto únicamente evalúa tres valores posibles del hiperparámetro (ver
Figura 4.9). Opcionalmente se podría aumentar el número de valores a evaluar con `tuneLength`
o especificarlos directamente con `tuneGrid`. Sin embargo, el tiempo de computación puede ser
demasiado alto, por lo que es recomendable reducir el valor de `nodesize`, paralelizar los cálculos
o emplear otros paquetes con implementaciones más eficientes. Además, en este caso es preferible
emplear el método por defecto para la selección de hiperparámetros, el remuestreo (que sería
equivalente a `trainControl(method = "oob")`), para aprovechar los cálculos realizados durante
la construcción de los modelos.

```
set.seed(1)
rf.caret <- train(taste ~ ., data = train, method = "rf")
ggplot(rf.caret, highlight = TRUE)
```

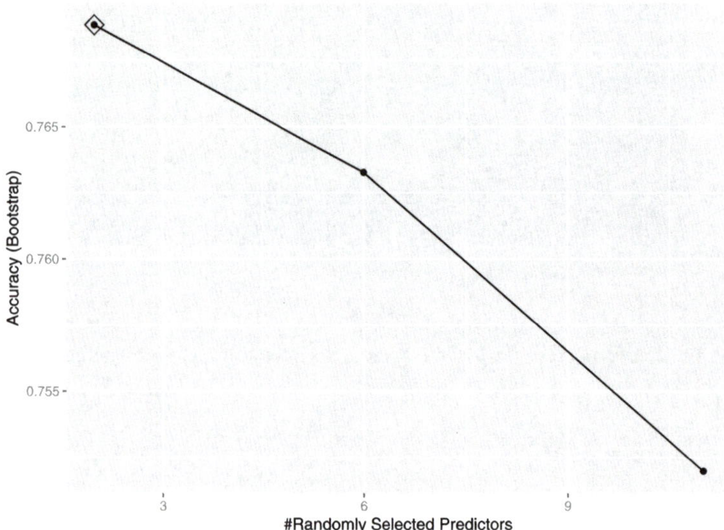

Figura 4.9: Evolución de la precisión de un bosque aleatorio dependiendo del número
de predictores seleccionados.

Breiman (2001a) sugiere emplear el valor por defecto para `mtry`, así como la mitad y el doble
de este valor (ver Figura 4.10).

```
mtry.class <- sqrt(ncol(train) - 1)
tuneGrid <- data.frame(mtry =
                       floor(c(mtry.class/2, mtry.class, 2*mtry.class)))
set.seed(1)
rf.caret <- train(taste ~ ., data = train,
                  method = "rf", tuneGrid = tuneGrid)
ggplot(rf.caret, highlight = TRUE)
```

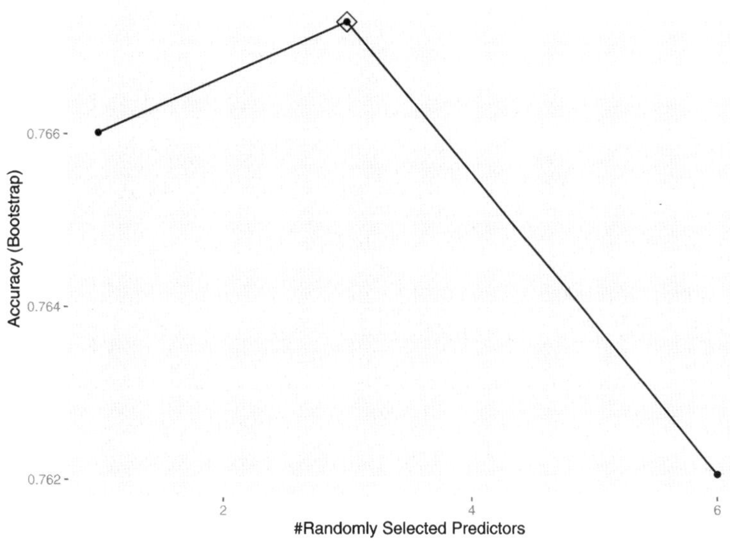

Figura 4.10: Evolución de la precisión de un bosque aleatorio con `caret` usando el argumento `tuneGrid`.

Ejercicio 4.1

Como acabamos de ver, `caret` permite ajustar un bosque aleatorio considerando `mtry` como único hiperparámetro, pero también nos podría interesar buscar valores adecuados para otros parámetros, como por ejemplo **nodesize**. Esto se puede realizar fácilmente empleando directamente la función `randomForest()`. En primer lugar, habría que construir la rejilla de búsqueda con las combinaciones de los valores de los hiperparámetros que se quieren evaluar (para ello se puede utilizar la función `expand.grid()`). Posteriormente, se ajustaría un bosque aleatorio en la muestra de entrenamiento con cada una de las combinaciones (por ejemplo utilizando un bucle `for`) y se emplearía el error OOB para seleccionar la combinación óptima (al que podemos acceder empleando `with(fit, err.rate[ntree, "OOB"])`, suponiendo que `fit` contiene el bosque aleatorio ajustado).

Continuando con el mismo conjunto de datos de calidad de vino, emplea la función `randomForest()` para ajustar un bosque aleatorio con el fin de clasificar la calidad del vino (`taste`), considerando 500 árboles y empleando el error OOB para seleccionar los valores "óptimos" de los hiperparámetros. Para ello, utiliza las posibles combinaciones de `mtry = floor(c(mtry.class/2, mtry.class, 2*mtry.class))` (siendo `mtry.class <- sqrt(ncol(train) - 1)`) y `nodesize = c(1, 3, 5, 10)`.

Ejercicio 4.2

Utilizando el conjunto de datos `mpae::bfan`, emplea el método `"rf"` del paquete `caret` para clasificar los individuos según su nivel de grasa corporal (`bfan`):

a) Particiona los datos, considerando un 80 % de las observaciones como muestra de aprendizaje y el 20 % restante como muestra de test.

b) Ajusta un bosque aleatorio con 300 árboles a los datos de entrenamiento, seleccionando el número de predictores empleados en cada división `mtry = c(1, 2, 4, 6)` mediante validación cruzada con 10 grupos y empleando el criterio de un error estándar de Breiman.

c) Estudia la convergencia del error en las muestras OOB.

d) Estudia la importancia de las variables. Estima el efecto individual del predictor más importante mediante un gráfico PDP e interpreta el resultado.

e) Evalúa la precisión de las predicciones en la muestra de test.

4.4   Boosting

La metodología boosting es una metodología general de aprendizaje lento en la que se combinan muchos modelos obtenidos mediante un método con poca capacidad predictiva para, *impulsados*, dar lugar a un mejor predictor. Los árboles de decisión pequeños (construidos con poca profundidad) resultan perfectos para esta tarea, al ser realmente malos predictores (*weak learners*), fáciles de combinar y generarse de forma muy rápida.

El boosting nació en el contexto de los problemas de clasificación y tardó varios años en poderse extender a los problemas de regresión. Por ese motivo vamos a empezar viendo el boosting en clasificación.

La idea del boosting la desarrollaron Valiant (1984) y Kearns y Valiant (1994), pero encontrar una implementación efectiva fue una tarea difícil que no se resolvió satisfactoriamente hasta que Freund y Schapire (1996) presentaron el algoritmo *AdaBoost*, que rápidamente se convirtió en un éxito.

Veamos, de forma muy esquemática, en que consiste el algoritmo AdaBoost para un problema de clasificación en el que solo hay dos categorías y en el que se utiliza como clasificador débil un árbol de decisión con pocos nodos terminales, solo marginalmente superior a un clasificador aleatorio. En este caso, resulta más cómodo recodificar la variable indicadora Y como 1 si éxito y -1 si fracaso.

1. Seleccionar B, número de iteraciones.

2. Se les asigna el mismo peso a todas las observaciones de la muestra de entrenamiento $(1/n)$.

3. Para $b = 1, 2, ..., B$, repetir:

    a. Ajustar el árbol utilizando las observaciones ponderadas.

   b. Calcular la proporción de errores en la clasificación e_b.

   c. Calcular $s_b = \log((1 - e_b)/e_b)$.

   d. Actualizar los pesos de las observaciones. Los pesos de las observaciones correctamente clasificadas no cambian; se les da más peso a las observaciones incorrectamente clasificadas, multiplicando su peso anterior por $(1 - e_b)/e_b$.

4. Dada una observación $\mathbf{x}$, si denotamos por $\hat{y}_b(\mathbf{x})$ su clasificación utilizando el árbol b-ésimo, entonces $\hat{y}(\mathbf{x}) = signo\left(\sum_b s_b \hat{y}_b(\mathbf{x})\right)$ (si la suma es positiva, se clasifica la observación como perteneciente a la clase $+1$; en caso contrario, a la clase -1).

Vemos que el algoritmo AdaBoost no combina árboles independientes (como sería el caso de los bosques aleatorios, por ejemplo), sino que estos se van generando en una secuencia en la que cada árbol depende del anterior. Se utiliza siempre el mismo conjunto de datos (de entrenamiento), pero a estos datos se les van poniendo unos pesos en cada iteración que dependen de lo que ha ocurrido en la iteración anterior: se les da más peso a las observaciones mal clasificadas para que en sucesivas iteraciones se clasifiquen bien. Finalmente, la combinación de los árboles se hace mediante una suma ponderada de las B clasificaciones realizadas. Los pesos de esta suma son los valores s_b. Un árbol que clasifique de forma aleatoria $e_b = 0.5$ va a tener un peso $s_b = 0$ y cuanto mejor clasifique el árbol mayor será su peso. Al estar utilizando clasificadores débiles (árboles pequeños) es de esperar que los pesos sean en general próximos a cero.

El siguiente hito fue la aparición del método *gradient boosting machine* (Friedman, 2001), perteneciente a la familia de los métodos iterativos de descenso de gradientes. Entre otras muchas ventajas, este método permitió resolver no solo problemas de clasificación, sino también de regresión; y permitió la conexión con lo que se estaba haciendo en otros campos próximos como pueden ser los modelos aditivos o la regresión logística. La idea es encontrar un modelo aditivo que minimice una función de pérdida utilizando predictores débiles (por ejemplo árboles).

Se desea minimizar la función de pérdidas mediante el método de los gradientes, algo fácil de hacer si esta función es diferenciable. Si se utiliza RSS, entonces la pérdida de emplear $m(x)$ para predecir y en los datos de entrenamiento es

$$L(m) = \sum_{i=1}^{n} L(y_i, m(x_i)) = \sum_{i=1}^{n} \frac{1}{2}(y_i - m(x_i))^2$$

y los gradientes serían precisamente los residuos, ya que

$$-\frac{\partial L(y_i, m(x_i))}{\partial m(x_i)} = y_i - m(x_i) = r_i$$

Una ventaja de esta aproximación es que puede extenderse a otras funciones de pérdida; por ejemplo, si hay valores atípicos se puede considerar como función de pérdida el error absoluto.

Veamos a continuación el algoritmo para un problema de regresión utilizando árboles de decisión. Es un proceso iterativo en el que lo que se *ataca* no son los datos directamente, sino los residuos (gradientes) que van quedando con los sucesivos ajustes, siguiendo una idea *greedy* (la optimización se resuelve en cada iteración, no globalmente).

1. Seleccionar el número de iteraciones B, el parámetro de regularización λ y el número de cortes de cada árbol d.

2. Establecer una predicción inicial constante y calcular los residuos de los datos i de la muestra de entrenamiento:

$$\hat{m}(x) = 0, \ r_i = y_i$$

1. Para $b = 1, 2, \ldots, B$, repetir:

    a. Ajustar un árbol de regresión $\hat{m}^b$ con d cortes utilizando los residuos como respuesta: (X, r).

    b. Calcular la versión regularizada del árbol:

$$\lambda \hat{m}^b(x)$$

    c. Actualizar los residuos:

$$r_i \leftarrow r_i - \lambda \hat{m}^b(x_i)$$

2. Calcular el modelo boosting:

$$\hat{m}(x) = \sum_{b=1}^{B} \lambda \hat{m}^b(x)$$

Comprobamos que este método depende de tres hiperparámetros: B, d y λ, susceptibles de ser seleccionados de forma *óptima*:

- B es el número de árboles. Un valor muy grande podría llegar a provocar un sobreajuste (algo que no ocurre ni con bagging ni con bosques aleatorios, ya que estos son métodos en los que se construyen árboles independientes). En cada iteración, el objetivo es ajustar de forma óptima el gradiente (en nuestro caso, los residuos), pero este enfoque *greedy* no garantiza el óptimo global y puede dar lugar a sobreajustes.

- Al ser necesario que el aprendizaje sea lento, se utilizan árboles muy pequeños. Esto consigue que poco a poco se vayan cubriendo las zonas en las que es más difícil predecir bien. En muchas situaciones funciona bien utilizar $d = 1$, es decir, con un único corte. En este caso, en cada $\hat{m}^b$ interviene una única variable y por tanto $\hat{m}$ es un ajuste de un modelo aditivo. Si $d > 1$ se puede interpretar como un parámetro que mide el orden de interacción entre las variables.

- λ es el parámetro de regularización, $0 < \lambda < 1$. Las primeras versiones del algoritmo utilizaban $\lambda = 1$, pero no funcionaba bien del todo. Se mejoró mucho el rendimiento *ralentizando* aún más el aprendizaje al incorporar al modelo el parámetro λ, que se puede interpretar como una proporción de aprendizaje (la velocidad a la que aprende, *learning rate*). Valores pequeños de λ evitan el problema del sobreajuste, siendo habitual utilizar $\lambda = 0.01$ o $\lambda = 0.001$. Como ya se ha dicho, lo ideal es seleccionar su valor utilizando, por ejemplo, validación cruzada. Por supuesto, cuanto más pequeño sea el valor de λ, más lento va a ser el proceso de aprendizaje y serán necesarias más iteraciones, lo cual incrementa los tiempos de cómputo.

El propio Friedman propuso una mejora de su algoritmo (Friedman, 2002), inspirado por la técnica bagging de Breiman. Esta variante, conocida como *stochastic gradient boosting* (SGB), es a día de hoy una de las más utilizadas. La única diferencia respecto al algoritmo anterior se encuentra en la primera línea dentro del bucle: al hacer el ajuste de (X, r), no se considera toda la muestra de entrenamiento, sino que se selecciona al azar un subconjunto. Esto incorpora un nuevo hiperparámetro a la metodología, la fracción de datos utilizada. Lo ideal es seleccionar un valor por algún método automático (*tunearlo*) tipo validación cruzada; una selección manual típica es 0.5. Hay otras variantes, como por ejemplo la selección aleatoria de predictores antes de crecer cada árbol o antes de cada corte (ver por ejemplo la documentación de `h2o::gbm`).

Este sería un ejemplo de un método con muchos hiperparámetros y diseñar una buena estrategia para ajustarlos (*tunearlos*) puede resultar mucho más complicado (puede haber problemas de mínimos locales, problemas computacionales, etc.).

SGB ofrece dos ventajas importantes: reduce la varianza y reduce los tiempos de cómputo. En terminos de rendimiento, tanto el método SGB como *random forest* son muy competitivos y, por tanto, son muy utilizados en la práctica. Los bosques aleatorios tienen la ventaja de que, al construir árboles de forma independiente, es paralelizable y eso puede reducir los tiempos de cómputo.

Otro método reciente que está ganando popularidad es *extreme gradient boosting*, también conocido como *XGBoost* (Chen y Guestrin, 2016). Es un método más complejo que el anterior; entre otras modificaciones, utiliza una función de pérdida con una penalización por complejidad y, para evitar el sobreajuste, regulariza utilizando la hessiana de la función de pérdida (necesita calcular las derivadas parciales de primer y de segundo orden), e incorpora parámetros de regularización adicionales para evitar el sobreajuste.

Por último, la importancia de las variables se puede medir de forma similar a lo que ya hemos visto en otros métodos: dentro de cada árbol se suman las reducciones del error que consigue cada predictor, y se promedia entre todos los árboles utilizados.

En resumen:

- La idea es hacer un aprendizaje lento (gradual).

- Los arboles se crecen de forma secuencial: se trata de mejorar la clasificación anterior.

- Se utilizan arboles pequeños.

- A diferencia de bagging y bosques aleatorios, puede haber problemas de sobreajuste, especialmente si el número de árboles es grande y la tasa de aprendizaje es alta.

- Se puede pensar como una ponderación iterativa de las observaciones, asignando más peso a aquellas que resultaron más difíciles de clasificar.

- El modelo final es un modelo aditivo: es la media ponderada de los árboles.

4.5   Boosting en R

Los métodos boosting están entre los más populares en aprendizaje estadístico. Están implementados en numerosos paquetes de R, por ejemplo: `ada`, `adabag`, `mboost`, `gbm`, `xgboost`.

4.5.1   Ejemplo: clasificación con el paquete `ada`

La función `ada()` del paquete `ada` (Culp *et al.*, 2006) implementa diversos métodos boosting, incluyendo el algoritmo original AdaBoost. Emplea `rpart` para la construcción de los árboles, aunque solo admite respuestas dicotómicas y dos funciones de pérdida (exponencial y logística). Además, un posible problema al emplear esta función es que ordena alfabéticamente los niveles del factor, lo que puede llevar a una mala interpretación de los resultados.

Los principales parámetros son los siguientes:

```r
ada(formula, data, loss = c("exponential", "logistic"),
    type = c("discrete", "real", "gentle"), iter = 50,
    nu = 0.1, bag.frac = 0.5, ...)
```

- `formula` y `data` (opcional): permiten especificar la respuesta y las variables predictoras de la forma habitual (típicamente `respuesta ~ .`; también admite matrices `x` e `y` en lugar de fórmulas).

- `loss`: función de pérdida; por defecto `"exponential"` (algoritmo AdaBoost).

- `type`: algoritmo boosting; por defecto `"discrete"` que implementa el algoritmo AdaBoost original que predice la variable respuesta. Otras alternativas son `"real"`, que implementa el algoritmo *Real AdaBoost* (Friedman *et al.*, 2000) que permite estimar las probabilidades, y `"gentle"`, una versión modificada del anterior que emplea un método Newton de optimización por pasos (en lugar de optimización exacta).

- `iter`: número de iteraciones boosting; por defecto 50.

- `nu`: parámetro de regularización λ; por defecto 0.1. Disminuyendo este parámetro es de esperar que se obtenga una mejora en la precisión de las predicciones, pero requeriría aumentar `iter`, aumentando notablemente el tiempo de computación y los requerimientos de memoria.

- `bag.frac`: proporción de observaciones seleccionadas al azar para crecer cada árbol; 0.5 por defecto.

- `...`: argumentos adicionales para `rpart.control`; por defecto `rpart.control(maxdepth = 1, cp = -1, minsplit = 0, xval = 0)`.

A modo de ejemplo consideraremos el conjunto de datos de calidad de vino empleado en las secciones 3.3.2 y 4.3. Para evitar problemas reordenamos alfabéticamente los niveles de la respuesta.

```r
# data(winetaste, package = "mpae")
# Reordenar alfabéticamente los niveles de winetaste$taste
winetaste$taste <- factor(as.character(winetaste$taste))
# Partición de los datos
set.seed(1)
df <- winetaste
nobs <- nrow(df)
itrain <- sample(nobs, 0.8 * nobs)
train <- df[itrain, ]
test <- df[-itrain, ]
```

El siguiente código llama a la función `ada()` con la opción para estimar probabilidades (`type = "real"`, *Real AdaBoost*), considerando interacciones de segundo orden entre los predictores (`maxdepth = 2`), disminuyendo ligeramente el valor del parámetro de aprendizaje y aumentando el número de iteraciones:

```r
library(ada)
control <- rpart.control(maxdepth = 2, cp = 0, minsplit = 10, xval = 0)
ada.boost <- ada(taste ~ ., data = train, type = "real",
                 control = control, iter = 100, nu = 0.05)
ada.boost

## Call:
## ada(taste ~ ., data = train, type = "real", control = control,
##     iter = 100, nu = 0.05)
## Loss: exponential Method: real   Iteration: 100
```

```
## Final Confusion Matrix for Data:
##            Final Prediction
## True value bad good
##        bad  162  176
##       good   46  616
##
## Train Error: 0.222
##
## Out-Of-Bag Error:  0.233  iteration= 99
##
## Additional Estimates of number of iterations:
## train.err1 train.kap1
##         93         93
```

Con el método `plot()` podemos representar la evolución del error de clasificación al aumentar el número de iteraciones (ver Figura 4.11):

```
plot(ada.boost)
```

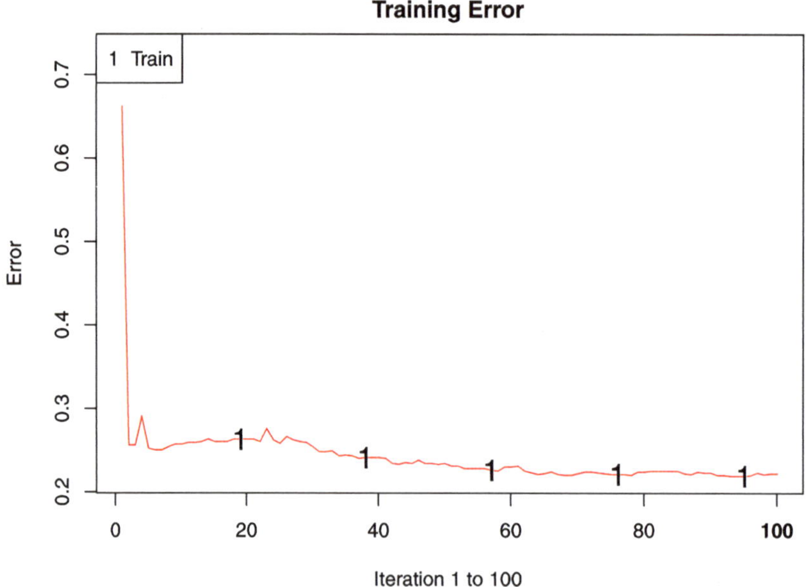

Figura 4.11: Evolución de la tasa de error utilizando `ada()`.

Podemos evaluar la precisión en la muestra de test empleando el procedimiento habitual:

```
pred <- predict(ada.boost, newdata = test)
caret::confusionMatrix(pred, test$taste, positive = "good")
```

```
## Confusion Matrix and Statistics
##
##           Reference
## Prediction bad good
##       bad   34   16
##       good  50  150
##
##                  Accuracy : 0.736
##                    95% CI : (0.677, 0.79)
##       No Information Rate : 0.664
##       P-Value [Acc > NIR] : 0.00861
##
##                     Kappa : 0.343
##
##   Mcnemar's Test P-Value : 4.87e-05
##
##               Sensitivity : 0.904
##               Specificity : 0.405
##            Pos Pred Value : 0.750
##            Neg Pred Value : 0.680
##                Prevalence : 0.664
##            Detection Rate : 0.600
##      Detection Prevalence : 0.800
##         Balanced Accuracy : 0.654
##
##          'Positive' Class : good
```

Para obtener las estimaciones de las probabilidades, habría que establecer `type = "probs"` al predecir (devolverá una matriz en la que cada columna se corresponde con un nivel):

```r
p.est <- predict(ada.boost, newdata = test, type = "probs")
head(p.est)
```

```
##         [,1]    [,2]
## 1  0.498771 0.50123
## 4  0.309222 0.69078
## 9  0.027743 0.97226
## 10 0.045962 0.95404
## 12 0.442744 0.55726
## 16 0.373759 0.62624
```

Este procedimiento también está implementado en el paquete `caret` seleccionando el método `"ada"`, que considera como hiperparámetros:

```r
library(caret)
modelLookup("ada")
```

```
##    model parameter              label forReg forClass probModel
## 1    ada      iter             #Trees  FALSE     TRUE      TRUE
## 2    ada  maxdepth Max Tree Depth  FALSE     TRUE      TRUE
## 3    ada        nu  Learning Rate  FALSE     TRUE      TRUE
```

Por defecto la función **train()** solo considera nueve combinaciones de hiperparámetros (en lugar de las 27 que cabría esperar):

```r
set.seed(1)
trControl <- trainControl(method = "cv", number = 5)
caret.ada0 <- train(taste ~ ., method = "ada", data = train,
                    trControl = trControl)
caret.ada0
```

```
## Boosted Classification Trees
##
## 1000 samples
##   11 predictor
##    2 classes: 'bad', 'good'
##
## No pre-processing
## Resampling: Cross-Validated (5 fold)
## Summary of sample sizes: 800, 801, 800, 800, 799
## Resampling results across tuning parameters:
##
##   maxdepth  iter  Accuracy  Kappa
##   1          50   0.71001   0.24035
##   1         100   0.72203   0.28249
##   1         150   0.73603   0.33466
##   2          50   0.75298   0.38729
##   2         100   0.75397   0.40196
##   2         150   0.75597   0.41420
##   3          50   0.75700   0.41128
##   3         100   0.75503   0.41500
##   3         150   0.76500   0.44088
##
## Tuning parameter 'nu' was held constant at a value of 0.1
## Accuracy was used to select the optimal model using the largest value.
## The final values used for the model were iter = 150, maxdepth = 3 and
##   nu = 0.1.
```

En la salida anterior, se observa que el parámetro nu se ha fijado en 0.1, por lo que solo se tienen los resultados para las combinaciones de **maxdepth** e **iter**. Se puede aumentar el número de combinaciones empleando **tuneLength** o **tuneGrid**, pero la búsqueda en una rejilla completa puede incrementar considerablemente el tiempo de computación. Por este motivo, se suelen seguir procedimientos alternativos de búsqueda. Por ejemplo, fijar la tasa de aprendizaje (inicialmente a un valor alto) para seleccionar primero un número de interaciones y la complejidad del árbol, y posteriormente fijar estos valores para seleccionar una nueva tasa de aprendizaje (repitiendo el proceso, si es necesario, hasta conseguir convergencia).

```r
set.seed(1)
tuneGrid <- data.frame(iter = 150, maxdepth = 3,
                       nu = c(0.3, 0.1, 0.05, 0.01, 0.005))
caret.ada1 <- train(taste ~ ., method = "ada", data = train,
                    tuneGrid = tuneGrid, trControl = trControl)
caret.ada1

## Boosted Classification Trees
##
## 1000 samples
##    11 predictor
##     2 classes: 'bad', 'good'
##
## No pre-processing
## Resampling: Cross-Validated (5 fold)
## Summary of sample sizes: 800, 801, 800, 800, 799
## Resampling results across tuning parameters:
##
##    nu     Accuracy   Kappa
##    0.005  0.74397    0.37234
##    0.010  0.74398    0.37260
##    0.050  0.75598    0.41168
##    0.100  0.76198    0.43652
##    0.300  0.75801    0.44051
##
## Tuning parameter 'iter' was held constant at a value of 150
##
## Tuning parameter 'maxdepth' was held constant at a value of 3
## Accuracy was used to select the optimal model using the largest value.
## The final values used for the model were iter = 150, maxdepth = 3 and
##   nu = 0.1.
```

Por último, podemos evaluar la precisión del modelo en la muestra de test:

```r
confusionMatrix(predict(caret.ada1, newdata = test),
                test$taste, positive = "good")

## Confusion Matrix and Statistics
##
##           Reference
## Prediction bad good
##        bad   40   21
##        good  44  145
```

```
## 
##                Accuracy : 0.74
##                  95% CI : (0.681, 0.793)
##     No Information Rate : 0.664
##     P-Value [Acc > NIR] : 0.00584
## 
##                   Kappa : 0.375
## 
##  Mcnemar's Test P-Value : 0.00636
## 
##             Sensitivity : 0.873
##             Specificity : 0.476
##          Pos Pred Value : 0.767
##          Neg Pred Value : 0.656
##              Prevalence : 0.664
##          Detection Rate : 0.580
##    Detection Prevalence : 0.756
##       Balanced Accuracy : 0.675
## 
##        'Positive' Class : good
```

Ejercicio 4.3

Continuando con el Ejercicio 4.2 y utilizando la misma partición, vuelve a clasificar los individuos según su nivel de grasa corporal (`bfan`), pero ahora empleando boosting mediante el método `"ada"` del paquete `caret`:

a) Selecciona los valores "óptimos" de los hiperparámetros considerando las posibles combinaciones de `iter =  c(75, 150)`, `maxdepth = 1:2` y `nu = c(0.5, 0.25, 0.1)`, mediante validación cruzada con 5 grupos. Representa la precisión de CV dependiendo de los valores de los hiperparámetros.

b) Representa la evolución del error de clasificación al aumentar el número de iteraciones del algoritmo.

c) Estudia la importancia de los predictores y el efecto del más importante.

d) Evalúa la precisión de las predicciones en la muestra de test y compara los resultados con los obtenidos en el Ejercicio 4.2.

4.5.2   Ejemplo: regresión con el paquete gbm

El paquete gbm (Greenwell *et al.*, 2022) implementa el algoritmo SGB de Friedman (2002) y admite varios tipos de respuesta considerando distintas funciones de pérdida (aunque en el caso de variables dicotómicas estas deben[3] tomar valores en $\{0, 1\}$). La función principal es `gbm()` y se suelen considerar los siguientes argumentos:

```r
gbm( formula, distribution = "bernoulli", data, n.trees = 100,
    interaction.depth = 1, n.minobsinnode = 10, shrinkage = 0.1,
    bag.fraction = 0.5, cv.folds = 0, n.cores = NULL)
```

- `formula` y `data` (opcional): permiten especificar la respuesta y las variables predictoras de la forma habitual (típicamente `respuesta ~ .`; también está disponible una interfaz con matrices `gbm.fit()`).

- `distribution` (opcional): texto con el nombre de la distribución (o lista con el nombre en `name` y parámetros adicionales en los demás componentes) que determina la función de pérdida. Si se omite, se establecerá a partir del tipo de la respuesta: `"bernouilli"` (regresión logística) si es una variable dicotómica 0/1, `"multinomial"` (regresión multinomial) si es un factor (no se recomienda) y `"gaussian"` (error cuadrático) en caso contrario. Otras opciones que pueden ser de interés son: `"laplace"` (error absoluto), `"adaboost"` (pérdida exponencial para respuestas dicotómicas 0/1), `"huberized"` (pérdida de Huber para respuestas dicotómicas 0/1), `"poisson"` (regresión de Poisson) y `"quantile"` (regresión cuantil).

- `ntrees`: iteraciones/número de árboles que se crecerán; por defecto 100 (se puede emplear la función `gbm.perf()` para seleccionar un valor "óptimo").

- `interaction.depth`: profundidad de los árboles; por defecto 1 (modelo aditivo).

- `n.minobsinnode`: número mínimo de observaciones en un nodo terminal; por defecto 10.

- `shrinkage`: parámetro de regularización λ; por defecto 0.1.

- `bag.fraction`: proporción de observaciones seleccionadas al azar para crecer cada árbol; por defecto 0.5.

- `cv.folds`: número de grupos para validación cruzada; por defecto 0 (no se hace validación cruzada). Si se asigna un valor mayor que 1, se realizará validación cruzada y se devolverá el error en la componente `$cv.error` (se puede emplear para seleccionar hiperparámetros).

- `n.cores`: número de núcleos para el procesamiento en paralelo.

Como ejemplo emplearemos el conjunto de datos `winequality`, considerando la variable `quality` como respuesta:

```r
data(winequality, package = "mpae")
set.seed(1)
```

---

[3] Se puede evitar este inconveniente empleando la interfaz de `caret`.

```r
df <- winequality
nobs <- nrow(df)
itrain <- sample(nobs, 0.8 * nobs)
train <- df[itrain, ]
test <- df[-itrain, ]
```

Ajustamos el modelo SGB:

```r
library(gbm)
gbm.fit <- gbm(quality ~ ., data = train) #  distribution = "gaussian"
```

```r
## Distribution not specified, assuming gaussian ...
```

```r
gbm.fit
```

```r
## gbm(formula = quality ~ ., data = train)
## A gradient boosted model with gaussian loss function.
## 100 iterations were performed.
## There were 11 predictors of which 11 had non-zero influence.
```

El método `summary()` calcula las medidas de influencia de los predictores y las representa
gráficamente (ver Figura 4.12):

```r
summary(gbm.fit)
```

```r
##                                        var rel.inf
## alcohol                            alcohol 40.9080
## volatile.acidity          volatile.acidity 13.8391
## free.sulfur.dioxide    free.sulfur.dioxide 11.4883
## fixed.acidity                fixed.acidity  7.9147
## citric.acid                    citric.acid  6.7659
## total.sulfur.dioxide  total.sulfur.dioxide  4.8083
## residual.sugar              residual.sugar  4.7586
## chlorides                        chlorides  3.4245
## sulphates                        sulphates  3.0860
## density                            density  1.9184
## pH                                      pH  1.0882
```

Para estudiar el efecto de un predictor se pueden generar gráficos de los efectos parciales mediante el método `plot()`, que llama internamente a las herramientas del paquete `pdp`. Por ejemplo,
en la Figura 4.13 se representan los efectos parciales de los dos predictores más importantes:

```r
p1 <- plot(gbm.fit, i = "alcohol")
p2 <- plot(gbm.fit, i = "volatile.acidity")
gridExtra::grid.arrange(p1, p2, ncol = 2)
```

Finalmente, podemos evaluar la precisión en la muestra de test empleando el código habitual:

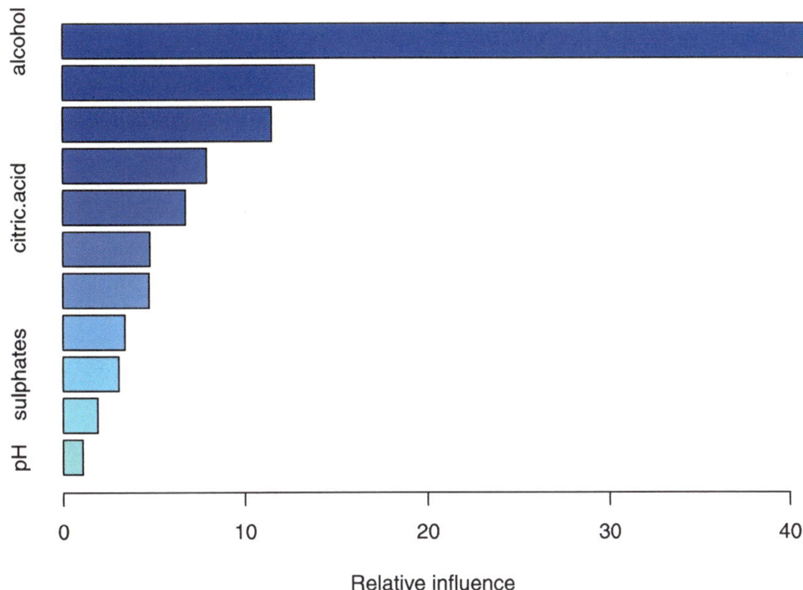

Figura 4.12: Importancia de las variables predictoras (con los valores por defecto de `gbm()`).

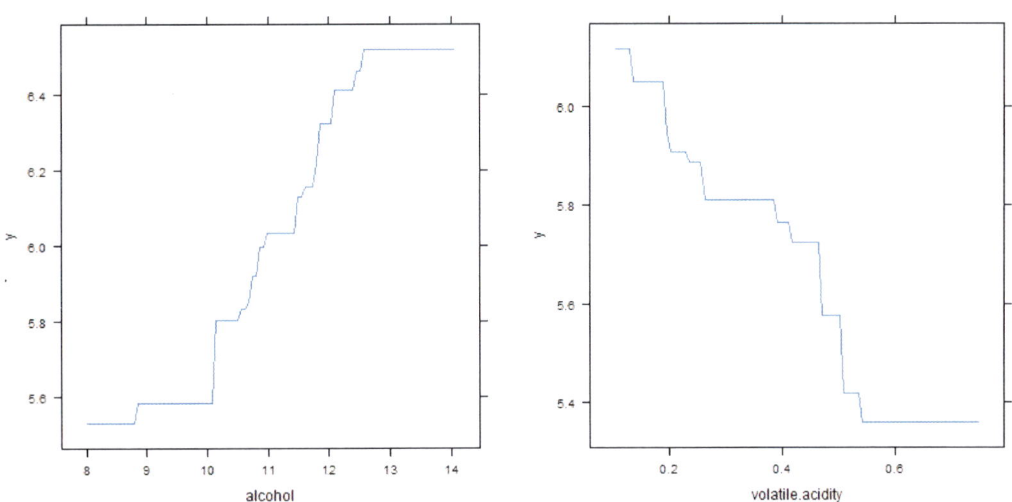

Figura 4.13: Efecto parcial del alcohol (panel izquierdo) y la acidez volátil (panel derecho) sobre la respuesta, en el modelo SGB ajustado.

```r
pred <- predict(gbm.fit, newdata = test)
obs <- test$quality
accuracy(pred, obs)
```

```
##          me      rmse       mae       mpe      mape r.squared
## -0.014637  0.758621  0.611044 -2.007021 10.697537  0.299176
```

Este procedimiento también está implementado en el paquete **caret** seleccionando el método
"gbm", que considera 4 hiperparámetros:

```
library(caret)
modelLookup("gbm")
```

```
##    model             parameter                      label forReg forClass
## 1    gbm               n.trees    # Boosting Iterations   TRUE     TRUE
## 2    gbm     interaction.depth           Max Tree Depth   TRUE     TRUE
## 3    gbm              shrinkage                Shrinkage   TRUE     TRUE
## 4    gbm        n.minobsinnode  Min. Terminal Node Size   TRUE     TRUE
##    probModel
## 1       TRUE
## 2       TRUE
## 3       TRUE
## 4       TRUE
```

Aunque por defecto la función **train()** solo considera nueve combinaciones de hiperparámetros.
Para hacer una búsqueda más completa se podría seguir un procedimiento análogo al empleado con el método anterior. Primero, seleccionamos los hiperparámetros **interaction.depth** y
n.trees (con las opciones por defecto, manteniendo **shrinkage** y **n.minobsinnode** fijos, aunque
sin imprimir el progreso durante la búsqueda):

```
set.seed(1)
trControl <- trainControl(method = "cv", number = 5)
caret.gbm0 <- train(quality ~ ., method = "gbm", data = train,
                trControl = trControl, verbose = FALSE)
caret.gbm0
```

```
## Stochastic Gradient Boosting
##
## 1000 samples
##    11 predictor
##
## No pre-processing
## Resampling: Cross-Validated (5 fold)
## Summary of sample sizes: 800, 801, 800, 800, 799
## Resampling results across tuning parameters:
##
##    interaction.depth  n.trees  RMSE     Rsquared  MAE
##    1                   50      0.74641  0.29178   0.59497
##    1                  100      0.72583  0.31710   0.57518
##    1                  150      0.72472  0.31972   0.57194
```

```
## 2                        50      0.71982  0.33077   0.57125
## 2                        100     0.71750  0.33329   0.56474
## 2                        150     0.72582  0.32220   0.57131
## 3                        50      0.72417  0.31964   0.57226
## 3                        100     0.72721  0.31913   0.57544
## 3                        150     0.73114  0.31529   0.57850
##
## Tuning parameter 'shrinkage' was held constant at a value of 0.1
## Tuning parameter 'n.minobsinnode' was held constant at a value of 10
## RMSE was used to select the optimal model using the smallest value.
## The final values used for the model were n.trees =
##  100, interaction.depth = 2, shrinkage = 0.1 and n.minobsinnode = 10.
```

A continuación elegimos **shrinkage**, fijando la selección previa de **interaction.depth** y **n.trees** (también se podría incluir **n.minobsinnode** en la búsqueda, pero lo mantenemos fijo para reducir el tiempo de computación):

```r
tuneGrid <- data.frame(n.trees =  100, interaction.depth = 2,
            n.minobsinnode = 10, shrinkage = c(0.3, 0.1, 0.05, 0.01, 0.005))
caret.gbm1 <- train(quality ~ ., method = "gbm", data = train,
               tuneGrid = tuneGrid, trControl = trControl, verbose = FALSE)
caret.gbm1
```

```
## Stochastic Gradient Boosting
##
## 1000 samples
##   11 predictor
##
## No pre-processing
## Resampling: Cross-Validated (5 fold)
## Summary of sample sizes: 800, 800, 801, 799, 800
## Resampling results across tuning parameters:
##
##    shrinkage  RMSE      Rsquared  MAE
##    0.005      0.81549   0.24191   0.62458
##    0.010      0.78443   0.26030   0.61286
##    0.050      0.72070   0.32755   0.57073
##    0.100      0.71248   0.34076   0.56317
##    0.300      0.77208   0.26138   0.60918
##
## Tuning parameter 'n.trees' was held constant at a value of 100
## Tuning parameter 'interaction.depth' was held constant at a value of 2
## Tuning parameter 'n.minobsinnode' was held constant at a value of 10
## RMSE was used to select the optimal model using the smallest value.
## The final values used for the model were n.trees =
##  100, interaction.depth = 2, shrinkage = 0.1 and n.minobsinnode = 10.
```

Por último, evaluamos el modelo resultante en la muestra de test:

```r
pred <- predict(caret.gbm1, newdata = test)
accuracy(pred, obs)
```

```
##          me       rmse        mae        mpe       mape r.squared
## -0.020136   0.740377   0.601728  -1.984661  10.530266  0.332479
```

Ejercicio 4.4

Repite los pasos del ejemplo anterior (empleando el método **gbm** del paquete **caret**, seleccionando primero los hiperparámetros `interaction.depth` y `n.trees` con las opciones por defecto, y posteriormente `shrinkage` fijando la selección previa de los otros parámetros), empleando el conjunto de datos `bodyfat` del paquete `mpae` y considerando como respuesta la variable `bodyfat` (porcentaje de grasa corporal).

4.5.3   Ejemplo: XGBoost con el paquete **caret**

El método boosting implementado en el paquete **xgboost** (Chen *et al.*, 2023) es uno de los más populares hoy en día. Esta implementación proporciona parámetros adicionales de regularización para controlar la complejidad del modelo y tratar de evitar el sobreajuste. También incluye criterios de parada para detener la evaluación del modelo cuando los árboles adicionales no ofrecen ninguna mejora. El paquete dispone de una interfaz simple, `xgboost()`, y otra más avanzada, `xgb.train()`, que admite funciones de pérdida y evaluación personalizadas. Normalmente es necesario un preprocesado de los datos antes de llamar a estas funciones, ya que requieren de una matriz para los predictores y de un vector para la respuesta; además, en el caso de que la respuesta sea dicotómica debe tomar valores en $\{0,1\}$). Por tanto, es necesario recodificar las variables categóricas como numéricas. Por este motivo, puede ser preferible emplear la interfaz de `caret`.

El algoritmo estándar *XGBoost*, que emplea árboles como modelo base, está implementado en el método `"xgbTree"` de `caret`[4]:

```r
library(caret)
# names(getModelInfo("xgb"))
modelLookup("xgbTree")
```

```
##      model    parameter                        label forReg
## 1  xgbTree       nrounds          # Boosting Iterations   TRUE
## 2  xgbTree     max_depth                 Max Tree Depth   TRUE
## 3  xgbTree           eta                      Shrinkage   TRUE
## 4  xgbTree         gamma          Minimum Loss Reduction   TRUE
```

---

[4] Otras alternativas son: `"xgbDART"` que también emplean árboles como modelo base, pero incluye el método DART (Vinayak y Gilad-Bachrach, 2015) para evitar sobreajuste (básicamente descarta árboles al azar en la secuencia), y `"xgbLinear"` que emplea modelos lineales.

```
## 5 xgbTree colsample_bytree       Subsample Ratio of Columns    TRUE
## 6 xgbTree min_child_weight Minimum Sum of Instance Weight    TRUE
## 7 xgbTree        subsample            Subsample Percentage    TRUE
##   forClass probModel
## 1     TRUE      TRUE
## 2     TRUE      TRUE
## 3     TRUE      TRUE
## 4     TRUE      TRUE
## 5     TRUE      TRUE
## 6     TRUE      TRUE
## 7     TRUE      TRUE
```

Este método considera los siguientes hiperparámetros:

- `"nrounds"`: número de iteraciones boosting.

- `"max_depth"`: profundidad máxima del árbol; por defecto 6.

- `"eta"`: parámetro de regularización λ; por defecto 0.3.

- `"gamma"`: mínima reducción de la pérdida para hacer una partición adicional en un nodo del árbol; por defecto 0.

- `"colsample_bytree"`: proporción de predictores seleccionados al azar para crecer cada árbol; por defecto 1.

- `"min_child_weight"`: suma mínima de peso (hessiana) para hacer una partición adicional en un nodo del árbol; por defecto 1.

- `"subsample"`: proporción de observaciones seleccionadas al azar en cada iteración boosting; por defecto 1.

Para más información sobre parámetros adicionales, se puede consultar la ayuda de **xgboost::xgboost()** o la lista detallada disponible en la Sección XGBoost Parameters del manual de XGBoost.

A modo de ejemplo, consideraremos un problema de clasificación empleando de nuevo el conjunto de datos de calidad de vino:

```r
# data(winetaste, package = "mpae")
set.seed(1)
df <- winetaste
nobs <- nrow(df)
itrain <- sample(nobs, 0.8 * nobs)
train <- df[itrain, ]
test <- df[-itrain, ]
```

En este caso, la función **train()** considera por defecto 108 combinaciones de hiperparámetros
y el tiempo de computación puede ser excesivo[5] (en este caso sería recomendable emplear
computación en paralelo, ver por ejemplo el Capítulo 9 del manual de caret, e incluso con
búsqueda aleatoria en lugar de evaluar en una rejilla completa, incluyendo **search = "random"**
en **trainControl()**[6]):

```r
caret.xgb <- train(taste ~ ., method = "xgbTree", data = train,
                   trControl = trControl, verbosity = 0)
caret.xgb

## eXtreme Gradient Boosting
##
## 1000 samples
##   11 predictor
##    2 classes: 'bad', 'good'
##
## No pre-processing
## Resampling: Cross-Validated (5 fold)
## Summary of sample sizes: 799, 801, 801, 799, 800
## Resampling results across tuning parameters:
##
##   eta  max_depth  colsample_bytree  subsample  nrounds  Accuracy
##   0.3  1          0.6               0.50        50       0.74795
##   0.3  1          0.6               0.50       100       0.75096
##   0.3  1          0.6               0.50       150       0.74802
##   0.3  1          0.6               0.75        50       0.73895
##   0.3  1          0.6               0.75       100       0.74996
##   0.3  1          0.6               0.75       150       0.75199
##   0.3  1          0.6               1.00        50       0.74794
##   0.3  1          0.6               1.00       100       0.74395
##   Kappa
##   0.39977
##   0.42264
##   0.41424
##   0.37757
##   0.41789
##   0.41944
##   0.39332
##   0.39468
##   [ reached getOption("max.print") -- omitted 100 rows ]
##
## Tuning parameter 'gamma' was held constant at a value of 0
## Tuning parameter 'min_child_weight' was held constant at a value of 1
```

---

[5] Además, se establece **verbosity = 0** para evitar (cientos de) mensajes de advertencia: **WARNING:**
src/c_api/c_api.cc:935: "ntree_limit" is deprecated, use "iteration_range" instead.

[6] El parámetro **tuneLength** especificaría el número total de combinaciones de parámetros que se evaluarían.

```
## Accuracy was used to select the optimal model using the largest value.
## The final values used for the model were nrounds = 100, max_depth =
##  2, eta = 0.4, gamma = 0, colsample_bytree = 0.8, min_child_weight =
##  1 and subsample = 1.
```

Al imprimir el resultado del ajuste, observamos que fija los valores de los hiperparámetros `gamma` y `min_child_weight`. Adicionalmente, se podría seguir una estrategia de selección de los hiperparámetros similar a la empleada en los métodos anteriores, alternando la búsqueda de los valores óptimos de distintos grupos de hiperparámetros.

```
caret.xgb$bestTune
```

```
##    nrounds max_depth eta gamma colsample_bytree min_child_weight
## 89     100         2 0.4     0              0.8                1
##    subsample
## 89         1
```

En este caso, en un siguiente paso, podríamos seleccionar `gamma` y `min_child_weight` manteniendo fijos `nrounds = 100`, `max_depth = 2`, `eta = 0.4`, `colsample_bytree = 0.8` y `subsample = 1`.

Al finalizar, evaluaríamos el modelo resultante en la muestra de test:

```
confusionMatrix(predict(caret.xgb, newdata = test), test$taste)
```

```
## Confusion Matrix and Statistics
## 
##           Reference
## Prediction bad good
##       bad   38   19
##       good  46  147
## 
##              Accuracy : 0.74
##                95% CI : (0.681, 0.793)
##    No Information Rate : 0.664
##    P-Value [Acc > NIR] : 0.00584
## 
##                  Kappa : 0.367
## 
## Mcnemar's Test P-Value : 0.00126
## 
##            Sensitivity : 0.452
##            Specificity : 0.886
##         Pos Pred Value : 0.667
##         Neg Pred Value : 0.762
##             Prevalence : 0.336
##         Detection Rate : 0.152
```

```
##      Detection Prevalence : 0.228
##         Balanced Accuracy : 0.669
##
##            'Positive' Class : bad
```

Ejercicio 4.5

Considera el ajuste anterior `caret.xgb` como un paso inicial en la selección de hiperparámetros y busca valores óptimos para todos ellos de forma iterativa hasta convergencia.

Capítulo 5

Máquinas de soporte vectorial

Las máquinas de soporte vectorial (*support vector machines*, SVM) son métodos estadísticos desarrollados por Vladimir Vapnik a mediados de la década de 1960. Inicialmente concebidos para abordar problemas de clasificación binaria (clasificación con dos categorias), se basan en la idea de separar los datos mediante hiperplanos. En la actualidad existen extensiones de esta metodología que permiten la clasificación multiclase (clasificación con más de dos categorías), así como su empleo en regresión y en detección de datos atípicos. El nombre proviene de la utilización de vectores que hacen de soporte para maximizar la separación entre los datos y el hiperplano.

La popularidad de las máquinas de soporte vectorial creció a partir de los años 90, cuando los incorpora la comunidad informática. Se considera una metodología muy flexible y con buen rendimiento en un amplio abanico de situaciones, aunque por lo general no es la que consigue los mejores rendimientos. Dos referencias clásicas que han contribuido a la comprensión y popularización de esta metodología son Vapnik (1998) y Vapnik (2000).

Siguiendo a James *et al.* (2021), distinguiremos en nuestra exposición entre clasificadores de máximo margen (*maximal margin classifiers*), clasificadores de soporte vectorial (*support vector classifiers*) y máquinas de soporte vectorial (*support vector machines*).

5.1   Clasificadores de máximo margen

Los clasificadores de máximo margen (*maximal margin classifiers*; también denominados *hard margin classifiers*) son un método de clasificación binaria que se utiliza cuando hay una frontera lineal que separa perfectamente los datos de entrenamiento de una categoría de los de la otra. Por conveniencia, etiquetamos las dos categorías como $+1/-1$, es decir, los valores de la variable respuesta $Y \in \{-1, 1\}$. Y suponemos que existe un hiperplano

$$\beta_0 + \beta_1 X_1 + \beta_2 X_2 + ... + \beta_p X_p = 0,$$

donde p es el número de variables predictoras, que tiene la propiedad de separar los datos de entrenamiento según la categoría a la que pertenecen, es decir,

$$y_i(\beta_0 + \beta_1 x_{1i} + \beta_2 x_{2i} + ... + \beta_p x_{pi}) > 0$$

para todo $i = 1, 2, ..., n$, siendo n el número de datos de entrenamiento.

Una vez tenemos el hiperplano, clasificar una nueva observación $\mathbf{x}$ se reduce a calcular el signo de

$$m(\mathbf{x}) = \beta_0 + \beta_1 x_1 + \beta_2 x_2 + ... + \beta_p x_p$$

Si el signo es positivo, la observación se clasifica como perteneciente a la categoría $+1$, y si es negativo a la categoría -1. Además, el valor absoluto de $m(\mathbf{x})$ nos da una idea de la distancia entre la observación y la frontera que define el hiperplano. En concreto

$$\frac{y_i}{\sqrt{\sum_{j=1}^{p} \beta_j^2}}(\beta_0 + \beta_1 x_{1i} + \beta_2 x_{2i} + ... + \beta_p x_{pi})$$

sería la distancia de la observación i-ésima al hiperplano. Por supuesto, aunque clasifique los datos de entrenamiento sin error, no hay ninguna garantía de que clasifique bien nuevas observaciones, por ejemplo los datos de test. De hecho, si p es grande, es fácil que haya un sobreajuste.

En realidad, si existe al menos un hiperplano que separa perfectamente los datos de entrenamiento de las dos categorías, entonces va a haber infinitos. El objetivo es seleccionar un hiperplano que separe los datos lo mejor posible, en el sentido que exponemos a continuación. Dado un hiperplano de separación, se calculan sus distancias a todos los datos de entrenamiento y se define el *margen* como la menor de esas distancias. El método *maximal margin classifier* lo que hace es seleccionar, de entre los infinitos hiperplanos, aquel que tiene el mayor margen. Fijémonos en que siempre va a haber varias observaciones que equidistan del hiperplano de máximo margen, y cuya distancia es precisamente el margen. Esas observaciones reciben el nombre de *vectores soporte* (podemos obtener el hiperplano a partir de ellas) y son las que dan nombre a esta metodología (ver Figura 5.1).

Matemáticamente, dadas las n observaciones de entrenamiento $\mathbf{x}_1, \mathbf{x}_2, ..., \mathbf{x}_n$, el clasificador de máximo margen es la solución del problema de optimización

$$max_{\beta_0, \beta_1, ..., \beta_p} M$$

sujeto a

$$\sum_{j=1}^{p} \beta_j^2 = 1$$

$$y_i(\beta_0 + \beta_1 x_{1i} + \beta_2 x_{2i} + ... + \beta_p x_{pi}) \geq M \quad \forall i$$

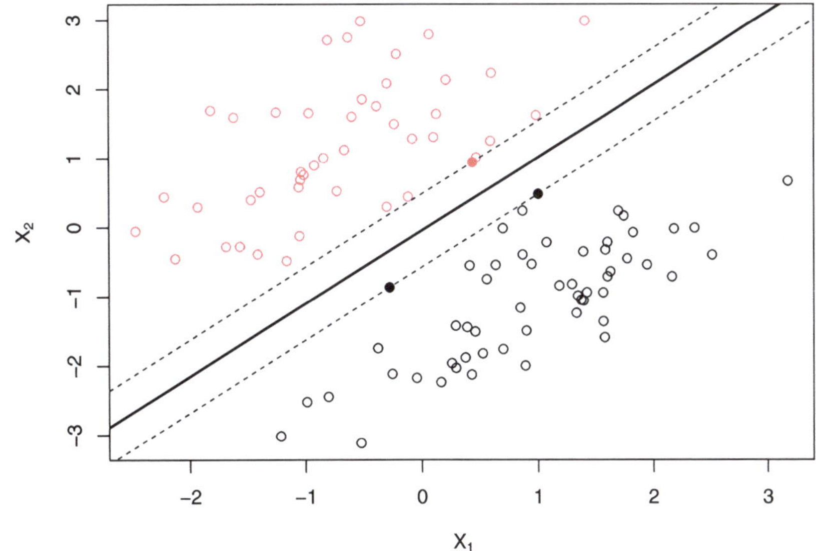

Figura 5.1: Ilustración de un clasificador de máximo margen con dos predictores (con datos simulados; los puntos se corresponden con las observaciones y el color, negro o rojo, con la clase). La línea sólida es el hiperplano de máximo margen y los puntos sólidos son los vectores de soporte (las líneas discontinuas se corresponden con la máxima distancia del hiperplano a las observaciones).

Si, como estamos suponiendo en esta sección, los datos de entrenamiento son perfectamente separables mediante un hiperplano, entonces el problema anterior va a tener solución con $M > 0$, y M va a ser el margen.

Una forma equivalente (y más conveniente) de formular el problema anterior, utilizando $M = 1/\|\boldsymbol{\beta}\|$ con $\boldsymbol{\beta} = (\beta_1, \beta_2, ..., \beta_p)$, es

$$\min_{\beta_0, \boldsymbol{\beta}} \|\boldsymbol{\beta}\|$$

sujeto a

$$y_i(\beta_0 + \beta_1 x_{1i} + \beta_2 x_{2i} + ... + \beta_p x_{pi}) \geq 1 \quad \forall i$$

El problema anterior de optimización es convexo, dado que la función objetivo es cuadrática y las restricciones son lineales.

Hay una característica de este método que es de destacar: así como en otros métodos, si se modifica cualquiera de los datos se modifica también el modelo, en este caso el modelo solo depende de los (pocos) datos que son vector soporte, y la modificación de cualquier otro dato no afecta a la construcción del modelo (siempre que, al *moverse* el dato, no cambie el margen).

5.2 Clasificadores de soporte vectorial

Los clasificadores de soporte vectorial (*support vector classifiers*; también denominados *soft margin classifiers*) fueron introducidos en Cortes y Vapnik (1995). Son una extensión del problema anterior que se utiliza cuando se desea clasificar mediante un hiperplano, pero no existe ninguno que separe perfectamente los datos de entrenamiento según su categoría. En este caso no queda más remedio que admitir errores en la clasificación de algunos datos de entrenamiento (como hemos visto que pasa con todas las metodologías), que van a estar en el lado equivocado del hiperplano. Y en lugar de hablar de un margen, se habla de un margen débil (*soft margin*).

Este enfoque, consistente en aceptar que algunos datos de entrenamiento van a estar mal clasificados, puede ser preferible aunque exista un hiperplano que resuelva el problema de la sección anterior, ya que los clasificadores de soporte vectorial son más robustos que los clasificadores de máximo margen.

Veamos la formulación matemática del problema:

$$\max_{\beta_0,\beta_1,...,\beta_p,\epsilon_1,...,\epsilon_n} M$$

sujeto a

$$\sum_{j=1}^{p} \beta_j^2 = 1$$

$$y_i(\beta_0 + \beta_1 x_{1i} + \beta_2 x_{2i} + ... + \beta_p x_{pi}) \geq M(1 - \epsilon_i) \quad \forall i$$

$$\sum_{i=1}^{n} \epsilon_i \leq K$$

$$\epsilon_i \geq 0 \quad \forall i$$

Las variables ϵ_i son las variables de holgura (*slack variables*). Quizás resultase más intuitivo introducir las holguras en términos absolutos, como $M - \epsilon_i$, pero eso daría lugar a un problema no convexo, mientras que escribiendo la restricción en términos relativos como $M(1 - \epsilon_i)$ el problema pasa a ser convexo.

En esta formulación el elemento clave es la introducción del hiperparámetro K, necesariamente no negativo, que se puede interpretar como la tolerancia al error. De hecho, es fácil ver que no puede haber más de K datos de entrenamiento incorrectamente clasificados, ya que si un dato está mal clasificado, entonces $\epsilon_i > 1$. En el caso extremo de utilizar $K = 0$, estaríamos en el caso de un *hard margin classifier*. La elección del valor de K también se puede interpretar como una penalización por la complejidad del modelo, y por tanto en términos del balance entre el sesgo y la varianza: valores pequeños van a dar lugar a modelos muy complejos, con mucha varianza y poco sesgo (con el consiguiente riesgo de sobreajuste); y valores grandes, a modelos con mucho sesgo y poca varianza. El hiperparámetro K se puede seleccionar de modo óptimo por los procedimientos ya conocidos, tipo bootstrap o validación cruzada.

Una forma equivalente de formular el problema (cuadrático con restricciones lineales) es

$$\min_{\beta_0,\boldsymbol{\beta}} \|\boldsymbol{\beta}\|$$

sujeto a

$$y_i(\beta_0 + \beta_1 x_{1i} + \beta_2 x_{2i} + ... + \beta_p x_{pi}) \geq 1 - \epsilon_i \quad \forall i$$

$$\sum_{i=1}^{n} \epsilon_i \leq K$$

$$\epsilon_i \geq 0 \quad \forall i$$

En la práctica, por una conveniencia de cálculo, se utiliza la formulación equivalente

$$\min_{\beta_0,\boldsymbol{\beta}} \frac{1}{2}\|\boldsymbol{\beta}\|^2 + C \sum_{i=1}^{n} \epsilon_i$$

sujeto a

$$y_i(\beta_0 + \beta_1 x_{1i} + \beta_2 x_{2i} + ... + \beta_p x_{pi}) \geq 1 - \epsilon_i \quad \forall i$$

$$\epsilon_i \geq 0 \quad \forall i$$

Aunque el problema a resolver es el mismo, y por tanto también la solución, hay que tener cuidado con la interpretación, pues el hiperparámetro K se ha sustituido por C. Este nuevo parámetro es el que nos vamos a encontrar en los ejercicios prácticos y tiene una interpretación inversa a K. El parámetro C es la penalización por mala clasificación (coste que supone que un dato de entrenamiento esté mal clasificado), y por tanto el *hard margin classifier* se obtiene para valores muy grandes ($C = \infty$ se corresponde con $K = 0$), como se ilustra en la Figura 5.2. Esto es algo confuso, ya que no se corresponde con la interpretación habitual de *penalización por complejidad*.

En este contexto, los vectores soporte van a ser no solo los datos de entrenamiento que están (correctamente clasificados) a una distancia M del hiperplano, sino también aquellos que están incorrectamente clasificados e incluso los que están a una distancia inferior a M. Como se comentó en la sección anterior, estos son los datos que definen el modelo, que es por tanto robusto a las observaciones que están lejos del hiperplano.

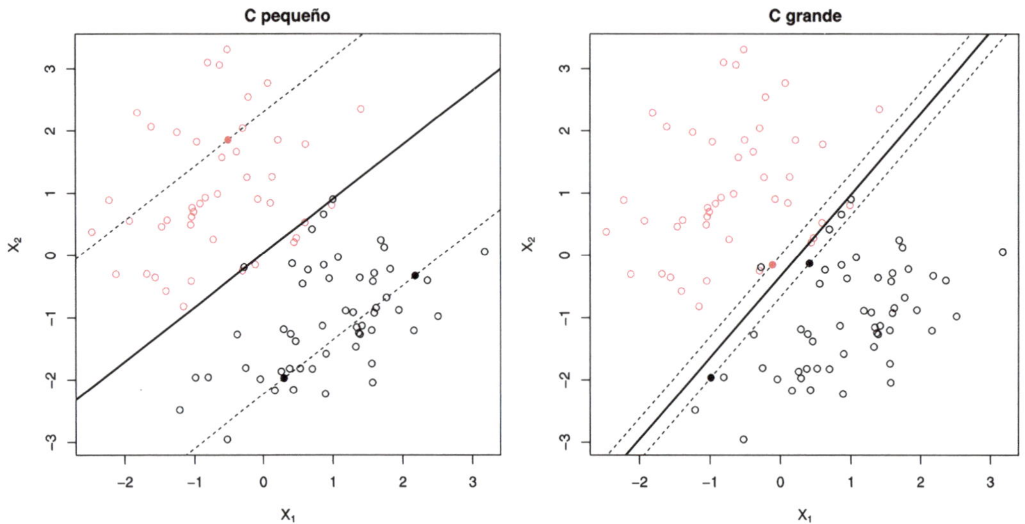

Figura 5.2: Ejemplo de clasificadores de soporte vectorial (margen débil), con parámetro de coste "pequeño" (izquierda) y "grande" (derecha).

Aunque no vamos a entrar en detalles sobre cómo se obtiene la solución del problema de optimización, sí resulta interesante destacar que el clasificador de soporte vectorial

$$m(\mathbf{x}) = \beta_0 + \beta_1 x_1 + \beta_2 x_2 + \dots + \beta_p x_p$$

puede representarse como

$$m(\mathbf{x}) = \beta_0 + \sum_{i=1}^{n} \alpha_i \mathbf{x}^t \mathbf{x}_i$$

donde $\mathbf{x}^t \mathbf{x}_i$ es el producto escalar entre el vector $\mathbf{x}$ del dato a clasificar y el vector $\mathbf{x}_i$ del dato de entrenamiento i-ésimo. Asimismo, los coeficientes $\beta_0, \alpha_1, \dots, \alpha_n$ se obtienen (exclusivamente) a partir de los productos escalares $\mathbf{x}_i^t \mathbf{x}_j$ de los distintos pares de datos de entrenamiento y de las respuestas y_i. Y más aún, el sumatorio anterior se puede reducir a los índices que corresponden a vectores soporte ($i \in S$), al ser los demás coeficientes nulos:

$$m(\mathbf{x}) = \beta_0 + \sum_{i \in S} \alpha_i \mathbf{x}^t \mathbf{x}_i$$

5.3   Máquinas de soporte vectorial

De manera similar a lo discutido en el Capítulo 3, dedicado a árboles, donde se comentó que estos serán efectivos en la medida en la que los datos se separen adecuadamente utilizando particiones basadas en rectángulos, los dos métodos de clasificación que hemos visto hasta ahora en este capítulo serán efectivos si hay una frontera lineal que separe los datos de las dos categorías. En caso contrario, un clasificador de soporte vectorial podría ser inadecuado. Una solución natural es sustituir el hiperplano, lineal en esencia, por otra función que dependa de las variables predictoras $X_1, X_2, \ldots, X_n$, utilizando por ejemplo una expresión polinómica o incluso una expresión no aditiva en los predictores. Pero esta solución puede resultar computacionalmente compleja.

En Boser *et al.* (1992) se propuso sustituir, en todos los cálculos que conducen a la expresión

$$m(\mathbf{x}) = \beta_0 + \sum_{i \in S} \alpha_i \mathbf{x}^t \mathbf{x}_i$$

los productos escalares $\mathbf{x}^t\mathbf{x}_i$, $\mathbf{x}_i^t\mathbf{x}_j$ por funciones alternativas de los datos que reciben el nombre de funciones *kernel*, obteniendo la máquina de soporte vectorial

$$m(\mathbf{x}) = \beta_0 + \sum_{i \in S} \alpha_i K(\mathbf{x}, \mathbf{x}_i)$$

Algunas de las funciones kernel más utilizadas son:

- Kernel lineal: $K(\mathbf{x}, \mathbf{y}) = \mathbf{x}^t\mathbf{y}$

- Kernel polinómico: $K(\mathbf{x}, \mathbf{y}) = (1 + \gamma\mathbf{x}^t\mathbf{y})^d$

- Kernel radial: $K(\mathbf{x}, \mathbf{y}) = \exp(-\gamma\|\mathbf{x} - \mathbf{y}\|^2)$

- Tangente hiperbólica: $K(\mathbf{x}, \mathbf{y}) = \tanh(1 + \gamma\mathbf{x}^t\mathbf{y})$

Antes de construir el modelo, es recomendable centrar y reescalar los datos para evitar que los valores grandes *ahoguen* al resto de los datos. Por supuesto, tiene que hacerse la misma transformación a todos los datos, incluidos los datos de test. La posibilidad de utilizar distintos kernels da mucha flexibilidad a esta metodología, pero es muy importante seleccionar adecuadamente los parámetros de la función kernel (γ, d) y el parámetro C para evitar sobreajustes, como se ilustra en la Figura 5.3.

La metodología *support vector machine* está específicamente diseñada para clasificar cuando hay exactamente dos categorías. En la literatura se pueden encontrar varias propuestas para extenderla al caso multiclase (más de dos categorías), siendo las dos opciones más populares las comentadas en la Sección 1.2.1: "uno contra todos" (*One-vs-Rest*, OVR) y "uno contra uno" (*One-vs-One*, OVO)[1].

---

[1] Esta última, también conocida como voto mayoritario (*majority voting*), es la que implementa la función `kernlab::ksvm()`, empleada como ejemplo en la Sección 5.4, y también por la función `e1071::svm()`, que hace uso de la librería LIBSVM.

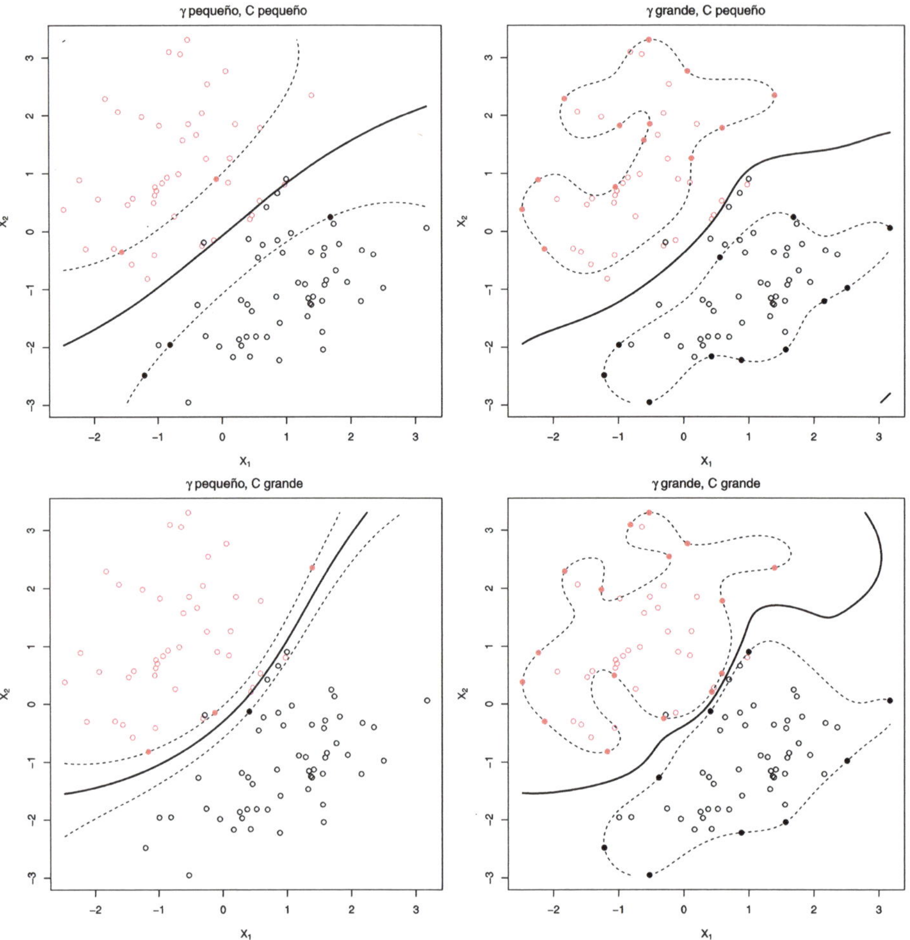

Figura 5.3: Ejemplos de máquinas de soporte vectorial con diferentes valores de los hiperparámetros (γ inverso de la ventana de la función kernel y coste C).

5.3.1   Regresión con SVM

Aunque la metodología SVM está concebida para problemas de clasificación, ha habido varios intentos para adaptar su filosofía a problemas de regresión. En esta sección vamos a comentar de forma general, sin entrar en detalles, el planteamiento de Drucker *et al.* (1997), con un fuerte enfoque en la robustez. Recordemos que, en el contexto de la clasificación, el modelo SVM depende de unos pocos datos: los vectores soporte. En regresión, si se utiliza RSS como criterio de error, todos los datos van a influir en el modelo y, además, al estar los errores elevados al cuadrado, los valores atípicos van a tener mucha influencia, muy superior a la que tendrían si se utilizase, por ejemplo, el valor absoluto. Una alternativa, poco intuitiva pero efectiva, es fijar los hiperparámetros $\epsilon, c > 0$ como umbral y coste, respectivamente, y definir la función de pérdidas

$$L_{\epsilon,c}(x) = \begin{cases} 0 & \text{si } |x| < \epsilon \\ (|x| - \epsilon)c & \text{en otro caso} \end{cases}$$

En un problema de regresión lineal, SVM estima los parámetros del modelo

$$m(\mathbf{x}) = \beta_0 + \beta_1 x_1 + \beta_2 x_2 + ... + \beta_p x_p$$

minimizando

$$\sum_{i=1}^{n} L_{\epsilon,c}(y_i - \hat{y}_i) + \sum_{j=1}^{p} \beta_j^2$$

Para hacer las cosas aún más confusas, hay autores que utilizan una formulación, equivalente, en la que el parámetro aparece en el segundo sumando como $\lambda = 1/c$. En la práctica, es habitual fijar el valor de ϵ y seleccionar el valor de c (equivalentemente, λ) utilizando, por ejemplo, validación cruzada.

El modelo puede escribirse en función de los vectores soporte, que son aquellas observaciones cuyo residuo excede el umbral ϵ:

$$m(\mathbf{x}) = \beta_0 + \sum_{i \in S} \alpha_i \mathbf{x}^t \mathbf{x}_i$$

Finalmente, utilizando una función kernel, el modelo de regresión SVM se expresa como

$$m(\mathbf{x}) = \beta_0 + \sum_{i \in S} \alpha_i K(\mathbf{x}, \mathbf{x}_i)$$

5.3.2 Ventajas e incovenientes

A modo de conclusión, veamos las principales ventajas e inconvenientes de las máquinas de soporte vectorial.

Ventajas:

- Son muy flexibles, ya que pueden adaptarse a fronteras no lineales complejas, por lo que en muchos casos se obtienen buenas predicciones.

- Al suavizar el margen, utilizando un parámetro de coste C, son relativamente robustas frente a valores atípicos.

Inconvenientes:

- Los modelos ajustados son difíciles de interpretar (son una caja negra), por lo que habría que recurrir a herramientas generales como las descritas en la Sección 1.5.

- Pueden requerir mucho tiempo de computación cuando $n >> p$, ya que hay que estimar (en principio) tantos parámetros como número de observaciones hay en los datos de entrenamiento, aunque finalmente la mayoría de ellos se anularán (en cualquier caso es necesario factorizar la matriz $K_{ij} = K(\mathbf{x}_i, \mathbf{x}_j)$ de dimensión $n \times n$).

- Están diseñados para predictores numéricos, ya que emplean distancias, por lo que para utilizar variables explicativas categóricas habrá que realizar un preprocesado, transformándolas en variables indicadoras.

5.4   SVM en R

Hay varios paquetes que implementan este procedimiento (p. ej. **e1071**, Meyer *et al.*, 2020; **svmpath**, ver Hastie *et al.*, 2004), aunque se considera que el más completo es **kernlab** (Karatzoglou *et al.*, 2004).

La función principal del paquete **kernlab** es **ksvm()** y se suelen utilizar los siguientes argumentos:

```r
ksvm(formula, data, scaled = TRUE, type, kernel ="rbfdot", kpar = "automatic",
    C = 1, epsilon = 0.1, prob.model = FALSE, class.weights, cross = 0)
```

- **formula** y **data** (opcional): permiten especificar la respuesta y las variables predictoras de la forma habitual (p. ej. **respuesta ~ .**; también admite matrices).

- **scaled**: vector lógico indicando qué predictores serán reescalados; por defecto, se reescalan todas las variables no binarias (y se almacenan los valores empleados para ser usados en posteriores predicciones).

- **type** (opcional): cadena de texto que permite seleccionar los distintos métodos de clasificación, de regresión o de detección de atípicos implementados (ver **?ksvm**); por defecto, se establece a partir del tipo de la respuesta: **"C-svc"**, clasificación con parámetro de coste, si es un factor, y **"eps-svr"**, regresión épsilon, si la respuesta es numérica.

- **kernel**: función núcleo. Puede ser una función definida por el usuario o una cadena de texto que especifique una de las implementadas en el paquete (ver **?kernels**); por defecto, **"rbfdot"**, kernel radial gaussiano.

- **kpar**: lista con los hiperparámetros del núcleo. En el caso de **"rbfdot"**, además de una lista con un único componente **"sigma"** (inversa de la ventana), puede ser **"automatic"** (valor por defecto) e internamente emplea la función **sigest()** para seleccionar un valor "adecuado".

- C: hiperparámetro C que especifica el coste de la violación de las restricciones; 1 por defecto.

- `epsilon`: hiperparámetro ϵ empleado en la función de pérdidas de los métodos de regresión; 0.1 por defecto.

- `prob.model`: si se establece a `TRUE` (por defecto es `FALSE`), se emplean los resultados de la clasificación para ajustar un modelo para estimar las probabilidades (y se podrán calcular con el método `predict()`).

- `class.weights`: vector (con las clases como nombres) con los pesos asociados a las observaciones de cada clase (por defecto, 1). Se puede entender como el coste de una mala clasificación en cada clase y podría ser de utilidad también para clases desbalanceadas.

- `cross`: número de grupos para validación cruzada; 0 por defecto (no se hace validación cruzada). Si se asigna un valor mayor que 1, se realizará validación cruzada y se devolverá el error en la componente `@cross` (se puede acceder con la función `cross()`; y se puede emplear para seleccionar hiperparámetros).

Como ejemplo consideraremos el problema de clasificación con los datos de calidad de vino:

```r
library(mpae)
data("winetaste")
# Partición de los datos
set.seed(1)
df <- winetaste
nobs <- nrow(df)
itrain <- sample(nobs, 0.8 * nobs)
train <- df[itrain, ]
test <- df[-itrain, ]
# Entrenamiento
library(kernlab)
set.seed(1)
svm <- ksvm(taste ~ ., data = train, kernel = "rbfdot", prob.model = TRUE)
svm

## Support Vector Machine object of class "ksvm"
##
## SV type: C-svc  (classification)
##  parameter : cost C = 1
##
## Gaussian Radial Basis kernel function.
##  Hyperparameter : sigma =  0.0751133799772488
##
## Number of Support Vectors : 594
##
```

```
## Objective Function Value : -494.14
## Training error : 0.198
## Probability model included.
```

Podemos evaluar la precisión en la muestra de test empleando el procedimiento habitual:

```r
pred <- predict(svm, newdata = test)
caret::confusionMatrix(pred, test$taste)
```

```
## Confusion Matrix and Statistics
##
##           Reference
## Prediction good bad
##       good  147  45
##       bad    19  39
##
##               Accuracy : 0.744
##                 95% CI : (0.685, 0.797)
##    No Information Rate : 0.664
##    P-Value [Acc > NIR] : 0.00389
##
##                  Kappa : 0.379
##
##  Mcnemar's Test P-Value : 0.00178
##
##            Sensitivity : 0.886
##            Specificity : 0.464
##         Pos Pred Value : 0.766
##         Neg Pred Value : 0.672
##             Prevalence : 0.664
##         Detection Rate : 0.588
##   Detection Prevalence : 0.768
##      Balanced Accuracy : 0.675
##
##       'Positive' Class : good
```

Para obtener las estimaciones de las probabilidades, habría que establecer `type = "probabilities"` al predecir (devolverá una matriz con columnas correspondientes a los niveles)[2]:

```r
p.est <- predict(svm, newdata = test, type = "probabilities")
head(p.est)
```

```
##           good     bad
## [1,] 0.47619 0.52381
## [2,] 0.70893 0.29107
```

---

[2] Otras opciones son `"votes"` y `"decision"` para obtener matrices con el número de votos o los valores de $m(\mathbf{x})$.

```
## [3,] 0.88935 0.11065
## [4,] 0.84240 0.15760
## [5,] 0.66409 0.33591
## [6,] 0.36055 0.63945
```

Ejercicio 5.1

En el ejemplo anterior, el error de clasificación en la categoría `bad` es mucho mayor que en la otra categoría (la especificidad es 0.4643). Esto podría ser debido a que las clases están desbalanceadas y el modelo trata de clasificar mejor la clase mayoritaria. Podríamos tratar de mejorar la especificidad empleando el argumento `class.weights` de la función `ksvm()`. Por ejemplo, de forma que el coste de una mala clasificación en la categoría `bad` sea el doble que el coste en la categoría `good`[3]. De esta forma sería de esperar que se clasifique mejor la clase minoritaria, `bad` (que aumente la especificidad), a expensas de una disminución en la sensibilidad (para la clase mayoritaria `good`). Se esperaría también una mejora en la precisión balanceada, aunque con una reducción en la precisión. Repite el ejemplo anterior empleando el argumento `class.weights` para mejorar la especificidad.

Las SVM también están implementadas en `caret`, en múltiples métodos. Uno de los más empleados es `"svmRadial"` (equivalente a la clasificación anterior con núcleos radiales gaussianos) y considera como hiperparámetros:

```r
library(caret)
# names(getModelInfo("svm")) # 17 métodos
modelLookup("svmRadial")
```

```
##        model parameter label forReg forClass probModel
## 1 svmRadial     sigma Sigma   TRUE     TRUE      TRUE
## 2 svmRadial         C  Cost   TRUE     TRUE      TRUE
```

En este caso, la función `train()` por defecto evaluará únicamente tres valores del hiperparámetro C = c(0.25, 0.5, 1) y fijará el valor de `sigma`. Alternativamente, podríamos establecer la rejilla de búsqueda. Por ejemplo, fijamos `sigma` al valor por defecto[4] de la función `ksvm()` e incrementamos los valores del hiperparámetro de coste:

```r
tuneGrid <- data.frame(sigma = kernelf(svm)@kpar$sigma, # Emplea clases S4
                       C = c(0.5, 1, 5))
set.seed(1)
caret.svm <- train(taste ~ ., data = train, method = "svmRadial",
                   preProcess = c("center", "scale"),
```

---

[3] Una alternativa similar, que se suele emplear cuando las clases están desbalanceadas, es ponderar las observaciones por un peso inversamente proporcional a la frecuencia de cada clase.

[4] La función `ksvm()`, por defecto, selecciona `sigma = mean(sigest(taste ~ ., data = train)[-2])`, aunque hay que tener en cuenta que el resultado de la función `sigest()` depende de la semilla.

```
                      trControl = trainControl(method = "cv", number = 5),
                      tuneGrid = tuneGrid, prob.model = TRUE)
caret.svm

## Support Vector Machines with Radial Basis Function Kernel
##
## 1000 samples
##   11 predictor
##    2 classes: 'good', 'bad'
##
## Pre-processing: centered (11), scaled (11)
## Resampling: Cross-Validated (5 fold)
## Summary of sample sizes: 800, 801, 800, 800, 799
## Resampling results across tuning parameters:
##
##   C    Accuracy  Kappa
##   0.5  0.75495   0.42052
##   1.0  0.75993   0.42975
##   5.0  0.75494   0.41922
##
## Tuning parameter 'sigma' was held constant at a value of 0.075113
## Accuracy was used to select the optimal model using the largest value.
## The final values used for the model were sigma = 0.075113 and C = 1.
```

En este caso, el modelo obtenido es el mismo que en el ejemplo anterior (se seleccionaron los mismos valores de los hiperparámetros).

Ejercicio 5.2

Repite el ajuste anterior realizando una búsqueda de ambos hiperparámetros para tratar de mejorar la clasificación. Para el hiperparámetro `sigma` se podría considerar como referencia el valor seleccionado automáticamente por la función `ksvm()`. Por ejemplo, incluyendo además la mitad y el doble de ese valor: `sigma = with(kernelf(svm)@kpar, c(sigma/2, sigma, 2*sigma)`.

Ejercicio 5.3

Para seleccionar los hiperparámetros en un problema de clasificación, `caret` utiliza como criterio por defecto la precisión de las predicciones. En la Sección 1.3.5 se mostraron criterios alternativos que podrían resultar de interés en ciertos casos. Por ejemplo, para emplear el área bajo la curva ROC (AUC), en primer lugar necesitaríamos añadir `classProbs = TRUE` en `trainControl()`, ya que esta medida precisa de las estimaciones de las probabilidades de cada clase, que no se calculan por defecto. En segundo lugar, habría que cambiar la función que calcula los distintos criterios de optimalidad en la llamada a `trainControl()`. Estableciendo `summaryFunction = twoClassSummary` se calcularían medidas específicas para problemas de dos clases: el área bajo la curva ROC, la sensibilidad y la especificidad (en lugar de la precisión y el valor de Kappa). Finalmente, habría que incluir `metric = "ROC"` en la llamada a `train()` para establecer el AUC como criterio de selección de hiperparámetros.

Repite el ejemplo anterior seleccionando los hiperparámetros de forma que se maximice el área bajo la curva ROC.

Ejercicio 5.4

Continuando con el conjunto de datos `mpae::bfan` empleado en ejercicios de capítulos anteriores, particiona los datos y clasifica los individuos según su nivel de grasa corporal (`bfan`):

a) Empleando la función `ksvm()` del paquete **kernlab** con las opciones por defecto.

b) Empleando el método `"svmRadial"` del paquete **caret**, seleccionando los valores óptimos de los hiperparámetros mediante validación cruzada con 5 grupos y considerando las posibles combinaciones de `C = c(0.5, 1, 5)` y `sigma = c(0.5, 1, 2)*sigma0`, siendo `sigma0` el valor de este parámetro seleccionado en el apartado anterior.

c) Evalúa la precisión de las predicciones de ambos modelos en la muestra de test y compara los resultados.

Capítulo 6

Extensiones de los modelos lineales (generalizados)

En este capítulo, y en los siguientes, nos centraremos principalmente en regresión. Comenzaremos por extensiones de los modelos lineales y los modelos lineales generalizados, descritos en el Capítulo 2. En las secciones 2.1.2 y 2.2.1 se mostraron los métodos clásicos de inferencia para la selección de predictores (métodos envolventes según la terminología introducida al final de la Sección 1.4), con el objetivo principal de evitar problemas de colinealidad. En este capítulo se mostrarán métodos alternativos de ajuste que integran el procedimiento de selección de predictores. Los métodos de regularización (Sección 6.1), incluyen una penalización en el ajuste que retrae los valores estimados de los parámetros hacia cero. Los métodos de reducción de la dimensión (Sección 6.2) introducen restricciones en el ajuste al considerar únicamente combinaciones lineales ortogonales de los predictores, denominadas componentes.

Por simplicidad, nos limitaremos al estudio de modelos lineales, pero los distintos procedimientos y comentarios se extienden de forma análoga a los modelos lineales generalizados[1].

6.1 Métodos de regularización

Como ya se comentó en el Capítulo 2, el procedimiento habitual para ajustar un modelo de regresión lineal es emplear mínimos cuadrados, es decir, utilizar como criterio de error la suma

---

[1] En los métodos de regularización básicamente habría que sustituir la suma de cuadrados residual por el logaritmo negativo de la verosimilitud.

de cuadrados residual

$$\mathrm{RSS} = \sum_{i=1}^{n} \left(y_i - \beta_0 - \boldsymbol{\beta}^t \mathbf{x}_i \right)^2$$

Si el modelo lineal es razonablemente adecuado, utilizar RSS va a dar lugar a estimaciones con poco sesgo, y si además $n \gg p$, entonces el modelo también va a tener poca varianza (bajo las hipótesis estructurales, la estimación es insesgada y además de varianza mínima entre todas las técnicas insesgadas). Las dificultades surgen cuando p es grande o cuando hay correlaciones altas entre las variables predictoras: tener muchas variables dificulta la interpretación del modelo, y si además hay problemas de colinealidad o se incumple $n \gg p$, entonces la estimación del modelo va a tener mucha varianza y el modelo estará sobreajustado. La solución pasa por forzar a que el modelo tenga menos complejidad para así reducir su varianza. Una forma de conseguirlo es mediante la regularización (*regularization* o *shrinkage*) de la estimación de los parámetros $\beta_1, \beta_2, \ldots, \beta_p$, que consiste en considerar todas las variables predictoras, pero forzando a que algunos de los parámetros se estimen mediante valores muy próximos a cero, o directamente con ceros. Esta técnica va a provocar un pequeño aumento en el sesgo, pero a cambio una notable reducción en la varianza y una interpretación más sencilla del modelo resultante.

Hay dos formas básicas de lograr esta simplificación de los parámetros (con la consiguiente simplificación del modelo), utilizando una penalización cuadrática (norma L_2) o en valor absoluto (norma L_1):

- *Ridge regression* (Hoerl y Kennard, 1970)

$$\min_{\beta_0, \boldsymbol{\beta}} \mathrm{RSS} + \lambda \sum_{j=1}^{p} \beta_j^2$$

  Equivalentemente,

$$\min_{\beta_0, \boldsymbol{\beta}} \mathrm{RSS}$$

  sujeto a

$$\sum_{j=1}^{p} \beta_j^2 \leq s$$

- LASSO (*least absolute shrinkage and selection operator*; Tibshirani, 1996)

$$\min_{\beta_0, \boldsymbol{\beta}} RSS + \lambda \sum_{j=1}^{p} |\beta_j|$$

  Equivalentemente,

$$\min_{\beta_0, \boldsymbol{\beta}} \mathrm{RSS}$$

sujeto a

$$\sum_{j=1}^{p} |\beta_j| \leq s$$

Una formulación unificada consiste en considerar el problema

$$\min_{\beta_0, \boldsymbol{\beta}} RSS + \lambda \sum_{j=1}^{p} |\beta_j|^d$$

Si $d = 0$, la penalización consiste en el número de variables utilizadas, por tanto se corresponde con el problema de selección de variables; $d = 1$ se corresponde con LASSO y $d = 2$ con *ridge*.

La ventaja de utilizar LASSO es que tiende a forzar a que algunos parámetros sean cero, con lo cual también se realiza una selección de las variables más influyentes. Por el contrario, *ridge regression* tiende a incluir todas las variables predictoras en el modelo final, si bien es cierto que algunas con parámetros muy próximos a cero: de este modo va a reducir el riesgo del sobreajuste, pero no resuelve el problema de la interpretabilidad. Otra posible ventaja de utilizar LASSO es que cuando hay variables predictoras correlacionadas tiene tendencia a seleccionar una y anular las demás (esto también se puede ver como un inconveniente, ya que pequeños cambios en los datos pueden dar lugar a modelos distintos), mientras que *ridge* tiende a darles igual peso.

Dos generalizaciones de LASSO son *least angle regression* (LARS; Efron *et al.*, 2004) y *elastic net* (Zou y Hastie, 2005). *Elastic net* combina las ventajas de *ridge* y LASSO, minimizando

$$\min_{\beta_0, \boldsymbol{\beta}} RSS + \lambda \left(\frac{1-\alpha}{2} \sum_{j=1}^{p} \beta_j^2 + \alpha \sum_{j=1}^{p} |\beta_j| \right)$$

siendo α, $0 \leq \alpha \leq 1$, un hiperparámetro adicional que determina la combinación lineal de ambas penalizaciones.

Es muy importante estandarizar (centrar y reescalar) las variables predictoras antes de realizar estas técnicas. Fijémonos en que, así como RSS es insensible a los cambios de escala, la penalización es muy sensible. Previa estandarización, el término independiente β_0 (que no interviene en la penalización) tiene una interpretación muy directa, ya que

$$\hat{\beta}_0 = \bar{y} = \sum_{i=1}^{n} \frac{y_i}{n}$$

Los dos métodos de regularización comentados dependen del hiperparámetro λ (equivalentemente, s). Es importante seleccionar adecuadamente el valor del hiperparámetro, por ejemplo utilizando validación cruzada. Hay algoritmos muy eficientes que permiten el ajuste, tanto de *ridge regression* como de LASSO, de forma conjunta (simultánea) para todos los valores de λ.

6.1.1   Implementación en R

Hay varios paquetes que implementan estos métodos: `h2o`, `elasticnet`, `penalized`, `lasso2`, `biglasso`, etc., pero el paquete `glmnet` (Friedman *et al.*, 2023) utiliza una de las más eficientes. Sin embargo, este paquete no emplea formulación de modelos, hay que establecer la respuesta `y` y la matriz numérica `x` correspondiente a las variables explicativas. Por tanto, no se pueden incluir directamente predictores categóricos, hay que codificarlos empleando variables auxiliares numéricas. Se puede emplear la función `model.matrix()` (o `Matrix::sparse.model.matrix()` si el conjunto de datos es muy grande) para construir la matriz de diseño `x` a partir de una fórmula (alternativamente, se pueden emplear las herramientas implementadas en el paquete `caret`). Además, tampoco admite datos faltantes.

La función principal es `glmnet()`:

```r
glmnet(x, y, family, alpha = 1, lambda = NULL, ...)
```

- `family`: familia del modelo lineal generalizado (ver Sección 2.2); por defecto `"gaussian"` (modelo lineal con ajuste cuadrático), también admite `"binomial"`, `"poisson"`, `"multi-nomial"`, `"cox"` o `"mgaussian"` (modelo lineal con respuesta multivariante).

- `alpha`: parámetro α de elasticnet $0 \leq \alpha \leq 1$. Por defecto `alpha = 1` penalización LASSO (`alpha = 0` para *ridge regression*).

- `lambda`: secuencia (opcional) de valores de λ; si no se especifica se establece una secuencia por defecto (en base a los argumentos adicionales `nlambda` y `lambda.min.ratio`). Se devolverán los ajustes para todos los valores de esta secuencia (también se podrán obtener posteriormente para otros valores).

Entre los métodos disponibles para el objeto resultante, `coef()` y `predict()` permiten obtener los coeficientes y las predicciones para un valor concreto de λ, que se debe especificar mediante el argumento[2] `s = valor`.

Para seleccionar el valor "óptimo" del hiperparámetro λ (mediante validación cruzada) se puede emplear `cv.glmnet()`:

```r
cv.glmnet(x, y, family, alpha, lambda, type.measure = "default",
          nfolds = 10, ...)
```

Esta función también devuelve los ajustes con toda la muestra de entrenamiento (en la componente `$glmnet.fit`) y se puede emplear el resultado directamente para predecir o obtener los coeficientes del modelo. Por defecto, selecciona λ mediante la regla de "un error estándar" de Breiman *et al.* (1984) (componente `$lambda.1se`), aunque también calcula el valor óptimo

---

[2] Los autores afirman que utilizan `s` en lugar de `lambda` por motivos históricos.

(componente `$lambda.min`; que se puede seleccionar estableciendo `s = "lambda.min"`). Para más detalles, consultar la *vignette* del paquete *An Introduction to glmnet*.

Continuaremos con el ejemplo de los datos de grasa corporal empleado en la Sección 2.1 (con predictores numéricos y sin datos faltantes):

```r
library(glmnet)
library(mpae)
data(bodyfat)
df <- bodyfat
set.seed(1)
nobs <- nrow(df)
itrain <- sample(nobs, 0.8 * nobs)
train <- df[itrain, ]
test <- df[-itrain, ]
x <- as.matrix(train[-1])
y <- train$bodyfat
```

6.1.2 Ejemplo: *ridge regression*

Podemos ajustar modelos de regresión ridge (con la secuencia de valores de λ por defecto) con la función `glmnet()` con `alpha=0` (*ridge penalty*). Con el método `plot()`, podemos representar la evolución de los coeficientes en función de la penalización (etiquetando las curvas con el índice de la variable si `label = TRUE`; ver Figura 6.1).

```r
fit.ridge <- glmnet(x, y, alpha = 0)
plot(fit.ridge, xvar = "lambda", label = TRUE)
```

Podemos obtener el modelo o predicciones para un valor concreto de λ:

```r
coef(fit.ridge, s = 2) # lambda = 2
```

```
## 14 x 1 sparse Matrix of class "dgCMatrix"
##                       s1
## (Intercept) -2.948568
## age          0.079808
## weight       0.066058
## height      -0.163590
## neck        -0.018690
## chest        0.135327
## abdomen      0.344659
## hip          0.110577
## thigh        0.145096
## knee         0.113076
## ankle       -0.206822
## biceps       0.072182
```

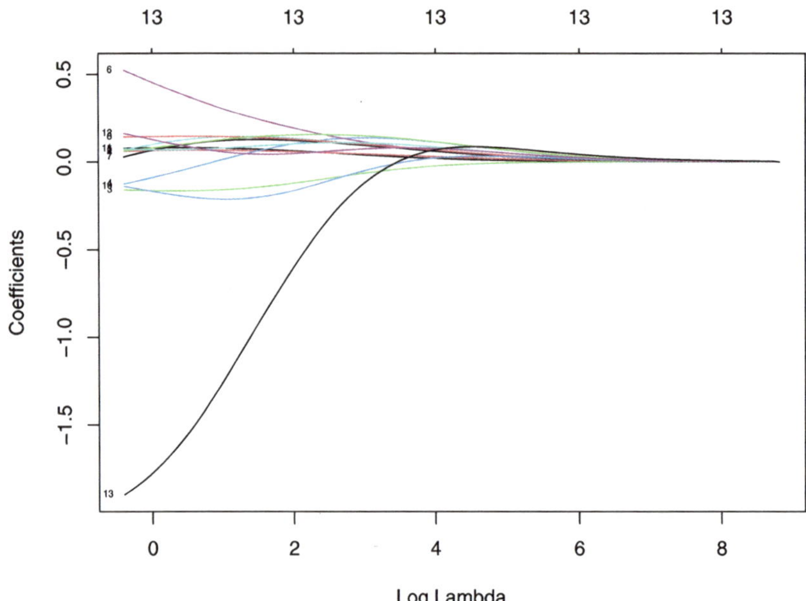

Figura 6.1: Gráfico de perfil de la evolución de los coeficientes en función del logaritmo de la penalización del ajuste ridge.

```
## forearm        0.073053
## wrist         -1.441640
```

Para seleccionar el parámetro de penalización por validación cruzada, empleamos `cv.glmnet()` (normalmente emplearíamos esta función en lugar de `glmnet()`). El correspondiente método `plot()` muestra la evolución de los errores de validación cruzada en función de la penalización, incluyendo las bandas de un error estándar de Breiman (ver Figura 6.2).

```r
set.seed(1)
cv.ridge <- cv.glmnet(x, y, alpha = 0)
plot(cv.ridge)
```

En este caso el parámetro óptimo, según la regla de un error estándar de Breiman, sería[3]:

```r
cv.ridge$lambda.1se
```

```
## [1] 1.6984
```

y el correspondiente modelo contiene todas las variables explicativas:

---

[3] Para obtener el valor óptimo global podemos emplear `cv.ridge$lambda.min`, y añadir el argumento `s = "lambda.min"` a los métodos `coef()` y `predict()` para obtener los correspondientes coeficientes y predicciones.

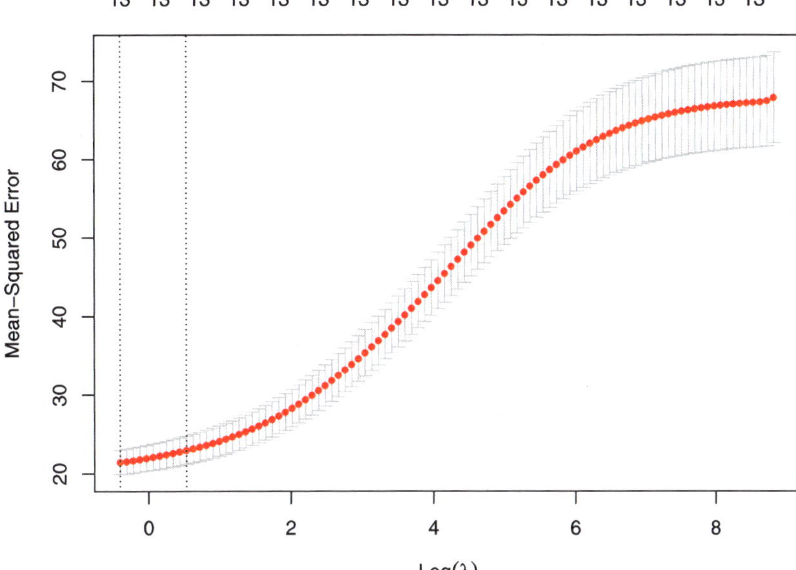

Figura 6.2: Error cuadrático medio de validación cruzada en función del logaritmo de la penalización del ajuste ridge, junto con los intervalos de un error estándar. Las líneas verticales se corresponden con `lambda.min` y `lambda.1se`.

```
coef(cv.ridge) # s = "lambda.1se"
```

```
## 14 x 1 sparse Matrix of class "dgCMatrix"
##                       s1
## (Intercept) -1.344135
## age          0.080359
## weight       0.066044
## height      -0.164795
## neck        -0.035658
## chest        0.129400
## abdomen      0.368416
## hip          0.102600
## thigh        0.145259
## knee         0.105121
## ankle       -0.200403
## biceps       0.069859
## forearm      0.084012
## wrist       -1.532999
```

Finalmente, evaluamos la precisión en la muestra de test:

```
obs <- test$bodyfat
newx <- as.matrix(test[-1])
pred <- predict(cv.ridge, newx = newx) # s = "lambda.1se"
accuracy(pred, obs)

##         me      rmse       mae       mpe      mape r.squared
##    1.17762   4.42419   3.81770  -4.64274  24.66151   0.69743
```

6.1.3   Ejemplo: LASSO

Podemos ajustar modelos LASSO con la opción por defecto de `glmnet()` (`alpha = 1`, *LASSO penalty*). Pero en este caso lo haremos al mismo tiempo que seleccionamos el parámetro de penalización por validación cruzada (ver Figura 6.3):

```
set.seed(1)
cv.lasso <- cv.glmnet(x,y)
plot(cv.lasso)
```

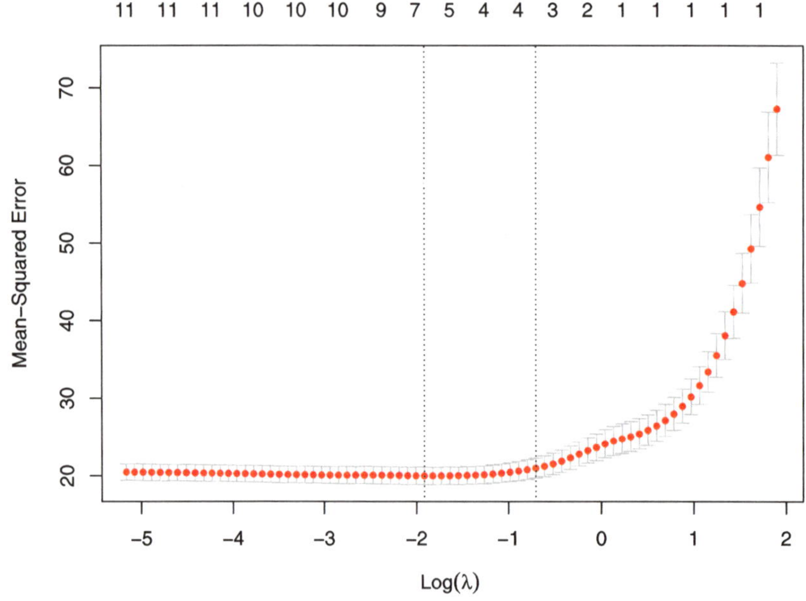

Figura 6.3: Error cuadrático medio de validación cruzada en función del logaritmo de la penalización del ajuste LASSO, junto con los intervalos de un error estándar. Las líneas verticales se corresponden con `lambda.min` y `lambda.1se`.

También podemos generar el gráfico con la evolución de los componentes a partir del ajuste almacenado en la componente `$glmnet.fit`:

```r
plot(cv.lasso$glmnet.fit, xvar = "lambda", label = TRUE)
abline(v = log(cv.lasso$lambda.1se), lty = 2)
abline(v = log(cv.lasso$lambda.min), lty = 3)
```

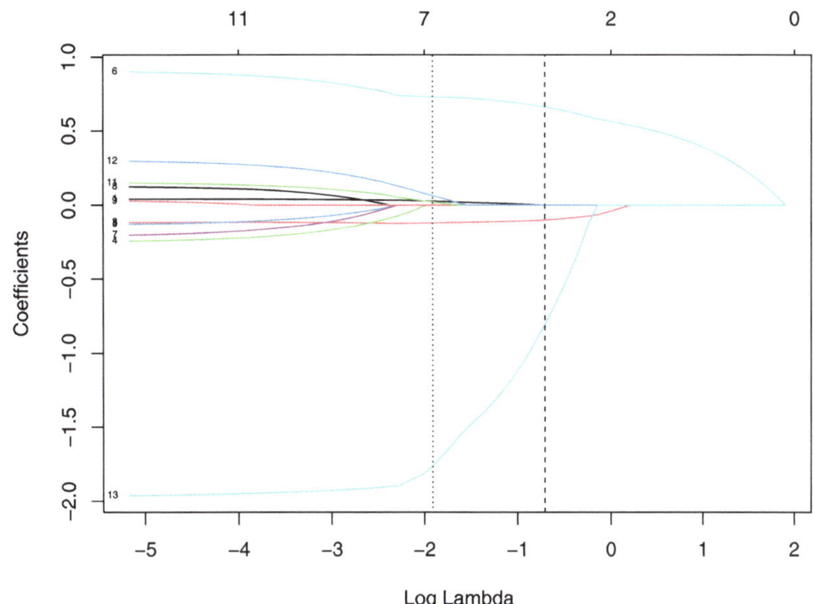

Figura 6.4: Evolución de los coeficientes en función del logaritmo de la penalización del ajuste LASSO. Las líneas verticales se corresponden con `lambda.min` y `lambda.1se`.

Como podemos observar en la Figura 6.4, la penalización LASSO tiende a forzar que las estimaciones de los coeficientes sean exactamente cero cuando el parámetro de penalización λ es suficientemente grande. En este caso, el modelo resultante (empleando la regla *oneSE*) solo contiene 3 variables explicativas:

```r
coef(cv.lasso) # s = "lambda.1se"
```

```
## 14 x 1 sparse Matrix of class "dgCMatrix"
##                    s1
## (Intercept) -9.58463
## age          .
## weight       .
## height      -0.10060
## neck         .
## chest        .
## abdomen      0.66075
## hip          .
```

```
## thigh         .
## knee          .
## ankle         .
## biceps        .
## forearm       .
## wrist         -0.80327
```

Por tanto, este método también podría ser empleado para la selección de variables. Si se quisiera ajustar el modelo sin regularización con estas variables, solo habría que establecer `relax = TRUE` en la llamada a `glmnet()` o `cv.glmnet()`.

Finalmente, evaluamos también la precisión en la muestra de test:

```r
pred <- predict(cv.lasso, newx = newx)
accuracy(pred, obs)
```

```
##        me      rmse       mae       mpe      mape r.squared
##   1.32227   4.29096   3.73005  -3.38653  23.84939   0.71538
```

6.1.4 Ejemplo: *elastic net*

Podemos ajustar modelos *elastic net* para un valor concreto de `alpha` empleando la función `glmnet()`, pero las opciones del paquete no incluyen la selección de este hiperparámetro. Aunque se podría implementar fácilmente (como se muestra en `help(cv.glmnet)`), resulta mucho más cómodo emplear el método `"glmnet"` de `caret`:

```r
library(caret)
modelLookup("glmnet")
```

```
##     model parameter                    label forReg forClass probModel
## 1 glmnet     alpha        Mixing Percentage   TRUE     TRUE      TRUE
## 2 glmnet    lambda Regularization Parameter   TRUE     TRUE      TRUE
```

```r
set.seed(1)
# Se podría emplear una fórmula: train(bodyfat ~ ., data = train, ...)
caret.glmnet <- train(x, y, method = "glmnet",
                      preProc = c("zv", "center", "scale"), tuneLength = 5,
                      trControl = trainControl(method = "cv", number = 5))
caret.glmnet
```

```
## glmnet
##
## 196 samples
##  13 predictor
##
## Pre-processing: centered (13), scaled (13)
## Resampling: Cross-Validated (5 fold)
```

```
## Summary of sample sizes: 159, 157, 156, 156, 156
## Resampling results across tuning parameters:
##
##   alpha  lambda     RMSE    Rsquared  MAE
##   0.100  0.0062187  4.4663  0.71359   3.6756
##   0.100  0.0288646  4.4595  0.71434   3.6741
##   0.100  0.1339777  4.4570  0.71443   3.6906
##   0.100  0.6218696  4.5473  0.70262   3.7527
##   0.100  2.8864628  4.9398  0.66058   4.0574
##   0.325  0.0062187  4.4646  0.71383   3.6735
##   0.325  0.0288646  4.4515  0.71542   3.6676
##   0.325  0.1339777  4.4547  0.71472   3.6885
##   0.325  0.6218696  4.5082  0.70919   3.7079
##   0.325  2.8864628  5.1988  0.63972   4.2495
##   0.550  0.0062187  4.4609  0.71432   3.6695
##   0.550  0.0288646  4.4459  0.71622   3.6637
##   [ reached getOption("max.print") -- omitted 13 rows ]
##
## RMSE was used to select the optimal model using the smallest value.
## The final values used for the model were alpha = 1 and lambda = 0.13398.
```

Los resultados de la selección de los hiperparámetros α y λ de regularización se muestran en la Figura 6.5:

```
ggplot(caret.glmnet, highlight = TRUE)
```

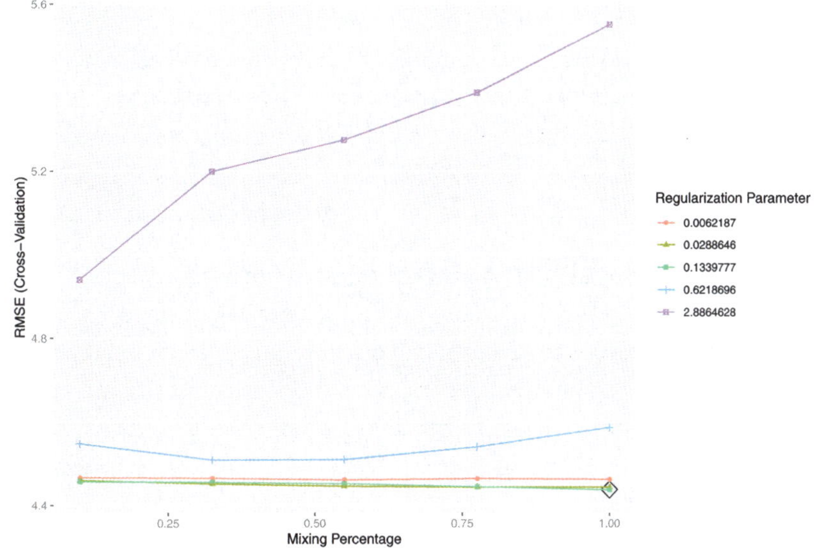

Figura 6.5: Errores RMSE de validación cruzada de los modelos *elastic net* en función de los hiperparámetros de regularización.

Finalmente, se evalúan las predicciones en la muestra de test del modelo ajustado (que en esta ocasión mejoran los resultados del modelo LASSO obtenido en la sección anterior):

```
pred <- predict(caret.glmnet, newdata = test)
accuracy(pred, obs)
```

```
##           me      rmse       mae       mpe      mape r.squared
##      1.36601   4.09331   3.50120  -1.25401  21.20872   0.74099
```

Ejercicio 6.1

Continuando con el conjunto de datos `mpae::bfan` empleado en ejercicios de capítulos anteriores, particiona los datos y clasifica los individuos según su nivel de grasa corporal (`bfan`) mediante modelos logísticos:

a) Con penalización *ridge*, seleccionada mediante validación cruzada, empleando el paquete `glmnet`.

b) Con penalización LASSO, seleccionada mediante validación cruzada, empleando el paquete `glmnet`.

c) Con penalización *elastic net*, seleccionando los valores óptimos de los hiperparámetros, empleando `caret`.

d) Evalúa la precisión de las predicciones de los modelos en la muestra de test y compara los resultados.

6.2   Métodos de reducción de la dimensión

Otra alternativa, para tratar de reducir la varianza de los modelos lineales, es transformar los predictores considerando $k < p$ combinaciones lineales:

$$Z_j = a_{1j}X_1 + a_{2j}X_2 + ... + a_{pj}X_p$$

con $j = 1, ..., k$, denominadas componentes (o variables latentes), y posteriormente ajustar un modelo de regresión lineal empleándolas como nuevos predictores:

$$Y = \alpha_0 + \alpha_1 Z_1 + ... + \alpha_k Z_k + \varepsilon$$

Adicionalmente, si se seleccionan los coeficientes a_{ij} (denominados *cargas* o *pesos*) de forma que

$$\sum_{i=1}^{p} a_{ij}a_{il} = 0, \ \text{si } j \neq l,$$

las componentes serán ortogonales y se evitarán posibles problemas de colinealidad. De esta forma se reduce la dimensión del problema, pasando de $p + 1$ a $k + 1$ coeficientes a estimar, lo cual en principio disminuirá la varianza, especialmente si p es grande en comparación con n. Por otra parte, también podríamos expresar el modelo final en función de los predictores originales, con coeficientes:

$$\beta_i = \sum_{j=1}^{k} \alpha_j a_{ij}$$

Es decir, se ajusta un modelo lineal con restricciones, lo que en principio incrementará el sesgo (si $k = p$ sería equivalente a ajustar un modelo lineal sin restricciones). Además, podríamos interpretar los coeficientes α_j como los efectos de las componentes del modo tradicional, pero resultaría más complicado interpretar los efectos de los predictores originales.

También hay que tener en cuenta que al considerar combinaciones lineales, si las hipótesis estructurales de linealidad, homocedasticidad, normalidad o independencia no son asumibles en el modelo original, es de esperar que tampoco lo sean en el modelo transformado (se podrían emplear las herramientas descritas en la Sección 2.1.3 para su análisis).

Hay una gran variedad de algoritmos para obtener estas componentes. En esta sección consideraremos las dos aproximaciones más utilizadas: componentes principales y mínimos cuadrados parciales. También hay numerosos paquetes de R que implementan métodos de este tipo (`pls`, `plsRglm`...), incluyendo `caret`.

6.2.1 Regresión por componentes principales (PCR)

Una de las aproximaciones tradicionales, cuando se detecta la presencia de colinealidad, consiste en aplicar el método de componentes principales a los predictores. El análisis de componentes principales (*principal component analysis*, PCA) es un método muy utilizado de aprendizaje no supervisado, que permite reducir el número de dimensiones tratando de recoger la mayor parte de la variabilidad de los datos originales, en este caso de los predictores (para más detalles sobre PCA ver, por ejemplo, el Capítulo 10 de James *et al.*, 2021).

Al aplicar PCA a los predictores $X_1, ..., X_p$ se obtienen componentes ordenadas según la variabilidad explicada de forma descendente. La primera componente es la que recoge el mayor porcentaje de la variabilidad total (se corresponde con la dirección de mayor variación de las observaciones). Las siguientes componentes se seleccionan entre las direcciones ortogonales a las anteriores y de forma que recojan la mayor parte de la variabilidad restante. Además, estas componentes son normalizadas, de forma que:

$$\sum_{i=1}^{p} a_{ij}^2 = 1$$

(se busca una transformación lineal ortonormal). En la práctica, esto puede llevarse a cabo de manera sencilla a partir de la descomposición espectral de la matriz de covarianzas muestrales, aunque normalmente se estandarizan previamente los datos (*i. e.* se emplea la matriz de correlaciones). Por tanto, si se pretende emplear estas componentes para ajustar un modelo de regresión, habrá que conservar los parámetros de estas transformaciones para poder aplicarlas a nuevas observaciones.

Normalmente, se seleccionan las primeras k componentes de forma que expliquen la mayor parte de la variabilidad de los datos (los predictores en este caso). En PCR (*principal component regression*; Massy, 1965) se confía en que estas componentes recojan también la mayor parte de la información sobre la respuesta, pero podría no ser el caso.

Aunque se pueden utilizar las funciones `printcomp()` y `lm()` del paquete base, emplearemos por comodidad la función `pcr()` del paquete `pls` (Mevik y Wehrens, 2007), ya que incorpora validación cruzada para seleccionar el número de componentes y facilita el cálculo de nuevas predicciones. Los argumentos principales de esta función son:

```r
pcr(formula, ncomp, data, scale = FALSE, center = TRUE,
    validation = c("none", "CV", "LOO"), segments = 10,
    segment.type = c("random", "consecutive", "interleaved"), ...)
```

- `ncomp`: número máximo de componentes (ajustará modelos desde 1 hasta `ncomp` componentes).

- `scale`, `center`: normalmente valores lógicos indicando si los predictores serán reescalados (divididos por su desviación estándar y centrados, restando su media).

- `validation`: determina el tipo de validación, puede ser `"none"` (ninguna, se empleará el modelo ajustado con toda la muestra de entrenamiento), `"LOO"` (VC dejando uno fuera) y `"CV"` (VC por grupos). En este último caso, los grupos de validación se especifican mediante `segments` (número de grupos) y `segment.type` (por defecto aleatorios; para más detalles consultar la ayuda de `mvrCv()`).

Como ejemplo continuaremos con los datos de grasa corporal. Reescalaremos los predictores y emplearemos validación cruzada por grupos para seleccionar el número de componentes:

```r
library(pls)
set.seed(1)
pcreg <- pcr(bodyfat ~ ., data = train, scale = TRUE, validation = "CV")
```

Podemos obtener un resumen de los resultados de validación (evolución de los errores de validación cruzada) y del ajuste en la muestra de entrenamiento (evolución de la proporción de variabilidad explicada de los predictores y de la respuesta) con el método `summary()`:

```
summary(pcreg)
```

```
## Data:    X dimension: 196 13
##      Y dimension: 196 1
## Fit method: svdpc
## Number of components considered: 13
##
## VALIDATION: RMSEP
## Cross-validated using 10 random segments.
##          (Intercept)  1 comps  2 comps  3 comps  4 comps  5 comps  6 comps
## CV             8.253    6.719    5.778    5.327    5.023    5.050    5.082
## adjCV          8.253    6.713    5.763    5.310    5.014    5.041    5.077
##          7 comps  8 comps  9 comps  10 comps  11 comps  12 comps  13 comps
## CV         4.935    4.887    4.899     4.881     4.929     4.449     4.457
## adjCV      4.907    4.873    4.887     4.870     4.925     4.436     4.444
##
## TRAINING: % variance explained
##          1 comps  2 comps  3 comps  4 comps  5 comps  6 comps  7 comps
## X          61.55    72.80    79.90    85.42    89.33    91.98    94.17
## bodyfat    35.51    53.27    59.62    64.52    64.53    64.58    67.25
##          8 comps  9 comps  10 comps  11 comps  12 comps  13 comps
## X          96.06    97.63     98.76     99.37     99.85    100.00
## bodyfat    67.33    67.33     67.62     67.64     73.65     73.67
```

Aunque suele resultar más cómodo representar gráficamente estos valores (ver Figura 6.6). Por ejemplo empleando `RMSEP()` para acceder a los errores de validación[4]:

```r
rmsep.cv <- RMSEP(pcreg)
plot(rmsep.cv, legend = "topright") # validationplot(pcreg)
ncomp.op <- with(rmsep.cv, comps[which.min(val[2, 1, ])]) # mínimo adjCV RMSEP
```

En este caso, empleando el criterio de menor error de validación cruzada se seleccionaría un número elevado de componentes, el mínimo se alcanzaría con 12 componentes (casi como ajustar un modelo lineal con todos los predictores).

Los coeficientes de los predictores originales con el modelo seleccionado serían[5]:

```r
coef(pcreg, ncomp = 12, intercept = TRUE)
```

```
## , , 12 comps
##
##                 bodyfat
## (Intercept) 21.141410
```

---

[4] `"adjCV"` es una estimación de validación cruzada con corrección de sesgo.

[5] También se pueden analizar distintos aspectos del ajuste (predicciones, coeficientes, puntuaciones, cargas, biplots, cargas de correlación o gráficos de validación) con el método `plot.mvr()`.

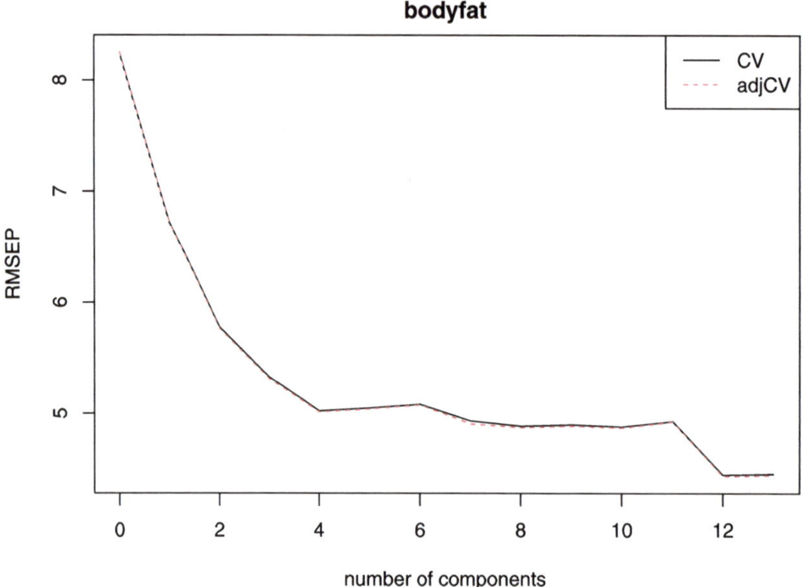

Figura 6.6: Errores de validación cruzada en función del número de componentes en el ajuste mediante PCR.

```
## age         0.523514
## weight      0.730388
## height     -0.915070
## neck       -0.625323
## chest      -1.361064
## abdomen     9.175811
## hip        -1.587609
## thigh       0.576468
## knee        0.050425
## ankle      -0.025927
## biceps      0.422922
## forearm     0.595122
## wrist      -1.781728
```

Finalmente evaluamos su precisión:

```
pred <- predict (pcreg , test, ncomp = 12)
accuracy(pred, obs)
```

```
##          me       rmse        mae        mpe       mape r.squared
##     1.46888    3.96040    3.24888    1.40161   18.71800   0.75754
```

Alternativamente, podríamos emplear el método `"pcr"` de `caret`. Por ejemplo, seleccionando el número de componentes mediante la regla de un error estándar (ver Figura 6.7):

```r
library(caret)
modelLookup("pcr")
```

```
##   model parameter        label forReg forClass probModel
## 1   pcr     ncomp #Components   TRUE    FALSE     FALSE
```

```r
set.seed(1)
trControl <- trainControl(method = "cv", number = 10,
                          selectionFunction = "oneSE")
caret.pcr <- train(bodyfat ~ ., data = train, method = "pcr",
                   preProcess = c("zv", "center", "scale"),
                   tuneGrid = data.frame(ncomp = 1:10),
                   trControl = trControl)
caret.pcr
```

```
## Principal Component Analysis
##
## 196 samples
##  13 predictor
##
## Pre-processing: centered (13), scaled (13)
## Resampling: Cross-Validated (10 fold)
## Summary of sample sizes: 177, 176, 176, 177, 177, 177, ...
## Resampling results across tuning parameters:
##
##   ncomp  RMSE    Rsquared  MAE
##    1     6.5808  0.36560   5.3235
##    2     5.6758  0.53027   4.7039
##    3     5.2136  0.59429   4.3556
##    4     4.9757  0.62975   4.0940
##    5     5.0257  0.62283   4.1352
##    6     5.1269  0.60878   4.2177
##    7     4.9522  0.62418   4.0541
##    8     4.9588  0.62119   4.0375
##    9     4.9612  0.61994   4.0361
##   10     4.9603  0.61727   4.0152
##
## RMSE was used to select the optimal model using  the one SE rule.
## The final value used for the model was ncomp = 3.
```

```r
ggplot(caret.pcr, highlight = TRUE)
pred <- predict(caret.pcr, newdata = test)
accuracy(pred, obs)
```

```
##        me     rmse      mae       mpe     mape r.squared
##   1.21285  5.20850  4.33211  -5.71168  28.14310   0.58064
```

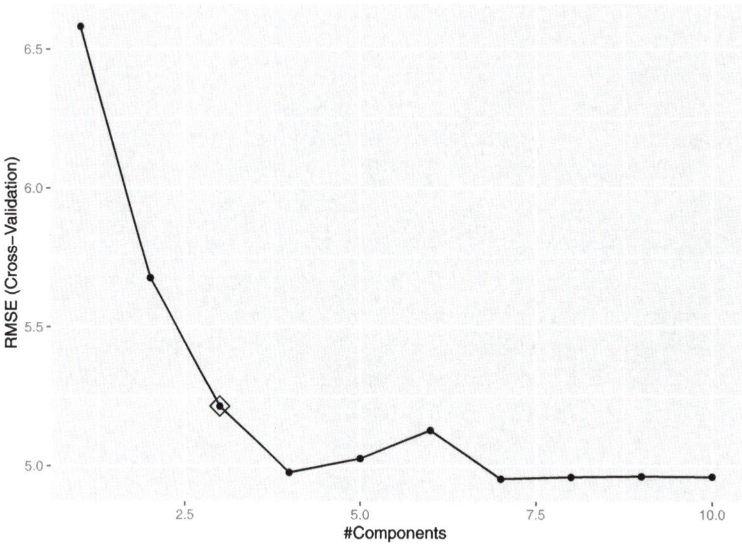

Figura 6.7: Errores de validación cruzada en función del número de componentes en el ajuste mediante PCR y valor óptimo según la regla de un error estándar.

Al incluir más componentes se aumenta la proporción de variabilidad explicada de los predictores, pero esto no está relacionado con su utilidad para explicar la respuesta. No va a haber problemas de colinealidad aunque incluyamos muchas componentes, pero se tendrán que estimar más coeficientes y va a disminuir su precisión. Sería más razonable obtener las componentes principales y después aplicar un método de selección. Por ejemplo, podemos combinar el método de preprocesado `"pca"` de `caret` con un método de selección de variables[6] (ver Figura 6.8):

```r
set.seed(1)
caret.pcrsel <- train(bodyfat ~ ., data = train, method = "leapSeq",
                preProcess = c("zv", "center", "scale", "pca"),
                trControl = trControl, tuneGrid = data.frame(nvmax = 1:6))
caret.pcrsel

## Linear Regression with Stepwise Selection
##
## 196 samples
##  13 predictor
##
## Pre-processing: centered (13), scaled (13), principal component
##  signal extraction (13)
## Resampling: Cross-Validated (10 fold)
## Summary of sample sizes: 177, 176, 176, 177, 177, 177, ...
```

---

[6] Esta forma de proceder se podría emplear con otros modelos que puedan tener problemas de colinealidad, como los lineales generalizados.

```
## Resampling results across tuning parameters:
##
##   nvmax  RMSE     Rsquared   MAE
##   1      6.5808   0.36560    5.3235
##   2      5.6758   0.53027    4.7039
##   3      5.4083   0.57633    4.4092
##   4      5.0320   0.62265    4.1378
##   5      4.8434   0.64078    3.9361
##   6      4.9449   0.62511    4.0321
##
## RMSE was used to select the optimal model using  the one SE rule.
## The final value used for the model was nvmax = 4.
```

```
ggplot(caret.pcrsel, highlight = TRUE)
```

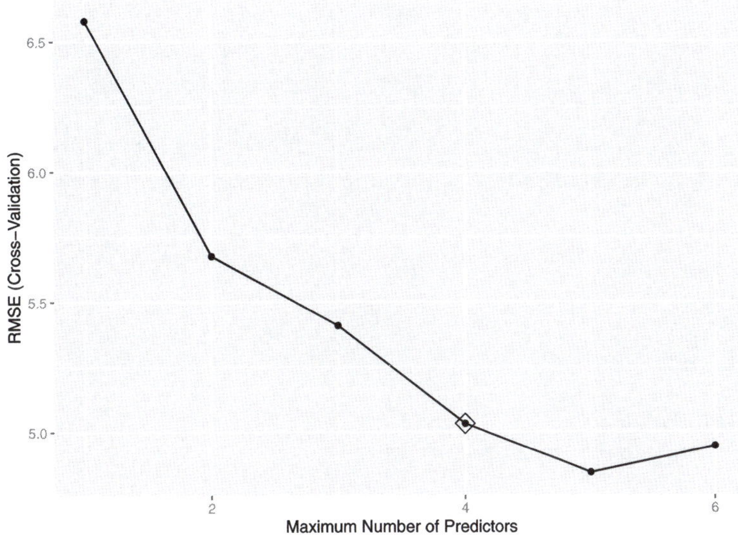

Figura 6.8: Errores de validación cruzada en función del número de componentes en el ajuste mediante PCR con selección por pasos y valor óptimo según la regla de un error estándar.

No obstante, en este caso, las primeras componentes también parecen ser las de mayor utilidad para explicar la respuesta, ya que se seleccionaron las cuatro primeras:

```
with(caret.pcrsel, coef(finalModel, bestTune$nvmax))
```

```
## (Intercept)        PC1         PC2        PC3        PC4
##     18.8036     1.7341    -2.8685     2.1570    -2.1531
```

Para finalizar evaluamos también la precisión del modelo obtenido:

```r
pred <- predict(caret.pcrsel, newdata = test)
accuracy(pred, obs)
```

```
##          me       rmse        mae        mpe       mape r.squared
##     0.83749    4.76899    3.89344   -6.10279   25.16598   0.64843
```

6.2.2 Regresión por mínimos cuadrados parciales (PLSR)

Como ya se comentó, en PCR las componentes se determinan con el objetivo de explicar la variabilidad de los predictores, ignorando por completo la respuesta. Por el contrario, en PLSR (*partial least squares regression*; Wold *et al.*, 1983) se construyen las componentes $Z_1, \ldots, Z_k$ teniendo en cuenta desde un principio el objetivo final de predecir linealmente la respuesta.

Hay varios procedimientos para seleccionar los pesos a_{ij}, pero la idea es asignar mayor peso a los predictores que están más correlacionados con la respuesta (o con los correspondientes residuos al ir obteniendo nuevas componentes), considerando siempre direcciones ortogonales (ver, por ejemplo, la Sección 6.3.2 de James *et al.*, 2021).

Continuando con el ejemplo anterior, emplearemos en primer lugar la función `plsr()` del paquete `pls`, que tiene los mismos argumentos que la función `pcr()` descrita en la sección anterior[7]:

```r
set.seed(1)
plsreg <- plsr(bodyfat ~ ., data = train, scale = TRUE, validation = "CV")
summary(plsreg)
```

```
## Data:    X dimension: 196 13
##          Y dimension: 196 1
## Fit method: kernelpls
## Number of components considered: 13
##
## VALIDATION: RMSEP
## Cross-validated using 10 random segments.
##           (Intercept)  1 comps  2 comps  3 comps  4 comps  5 comps  6 comps
## CV              8.253    6.279    4.969    4.809    4.652    4.550    4.474
## adjCV           8.253    6.273    4.965    4.798    4.637    4.541    4.458
##
##            7 comps  8 comps  9 comps  10 comps  11 comps  12 comps  13 comps
## CV           4.466    4.451    4.454     4.455     4.455     4.456     4.457
## adjCV        4.452    4.438    4.442     4.442     4.442     4.443     4.444
##
## TRAINING: % variance explained
##           1 comps  2 comps  3 comps  4 comps  5 comps  6 comps  7 comps
## X           60.53     71.8    78.48     81.90    86.35    88.12    90.16
## bodyfat     44.34     65.1    68.47     71.07    72.35    73.62    73.66
```

---

[7] Realmente, ambas funciones llaman internamente a `mvr()`, donde están implementadas distintas proyecciones (ver `help(pls.options)`, o Mevik y Wehrens, 2007).

```
##              8 comps   9 comps   10 comps   11 comps   12 comps   13 comps
## X             92.96     95.50      96.51      97.82      98.44     100.00
## bodyfat       73.67     73.67      73.67      73.67      73.67      73.67
```

```r
rmsep.cv <- RMSEP(plsreg)
plot(rmsep.cv, legend = "topright") # validationplot(plsreg)
ncomp.op <- with(rmsep.cv, comps[which.min(val[2, 1, ])]) # mínimo adjCV RMSEP
```

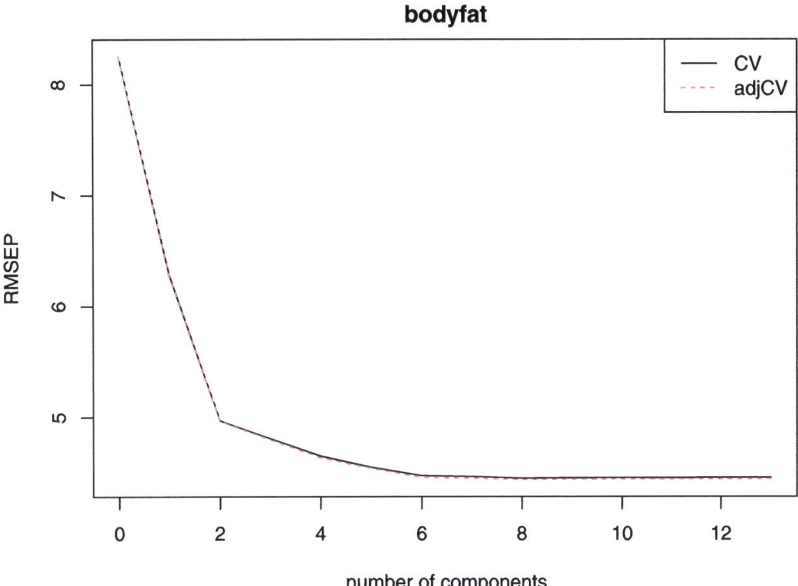

Figura 6.9: Error cuadrático medio de validación cruzada en función del número de componentes en el ajuste mediante PLS.

En este caso el mínimo se alcanza con 8 componentes, pero, a la vista de la Figura 6.9, parece que 6 (o incluso 2) sería un valor más razonable. Obtenemos los coeficientes de este modelo:

```r
coef(plsreg, ncomp = 6, intercept = TRUE)
```

```
## , , 6 comps
##
##               bodyfat
## (Intercept) 16.54393
## age          0.63007
## weight       0.42119
## height      -0.82098
## neck        -0.55223
## chest       -1.37545
## abdomen      9.14806
```

```
## hip              -1.27990
## thigh             0.76228
## knee             -0.23770
## ankle             0.08447
## biceps            0.40080
## forearm           0.60030
## wrist             -1.80885
```

y evaluamos su precisión:

```r
pred.pls <- predict(plsreg , test, ncomp = 6)
accuracy(pred.pls, obs)
```

```
##          me      rmse       mae       mpe      mape r.squared
##      1.4373    3.9255    3.2329    1.2006   18.7601    0.7618
```

Empleamos también el método `"pls"` de `caret` seleccionando el número de componentes mediante la regla de un error estándar (ver Figura 6.10):

```r
modelLookup("pls")
```

```
##    model parameter       label forReg forClass probModel
## 1    pls    ncomp #Components   TRUE     TRUE      TRUE
```

```r
set.seed(1)
caret.pls <- train(bodyfat ~ ., data = train, method = "pls",
               preProcess = c("zv", "center", "scale"),
               trControl = trControl, tuneGrid = data.frame(ncomp = 1:10))
caret.pls
```

```
## Partial Least Squares
##
## 196 samples
##  13 predictor
##
## Pre-processing: centered (13), scaled (13)
## Resampling: Cross-Validated (10 fold)
## Summary of sample sizes: 177, 176, 176, 177, 177, 177, ...
## Resampling results across tuning parameters:
##
##    ncomp  RMSE     Rsquared  MAE
##    1      6.1572   0.44386   4.9987
##    2      4.9669   0.63414   4.1385
##    3      4.8262   0.64034   3.9733
##    4      4.7833   0.64563   3.9540
##    5      4.6810   0.66197   3.8776
##    6      4.5704   0.68981   3.7961
##    7      4.5855   0.68780   3.8110
```

```
##      8        4.5613   0.69161     3.7855
##      9        4.5566   0.69237     3.7800
##     10        4.5671   0.69087     3.7897
## RMSE was used to select the optimal model using  the one SE rule.
## The final value used for the model was ncomp = 5.

ggplot(caret.pls, highlight = TRUE)
pred <- predict(caret.pls, newdata = test)
accuracy(pred, obs)
```

```
##           me         rmse          mae          mpe         mape r.squared
##      1.58389      4.14455      3.50307      0.82895     20.26616   0.73447
```

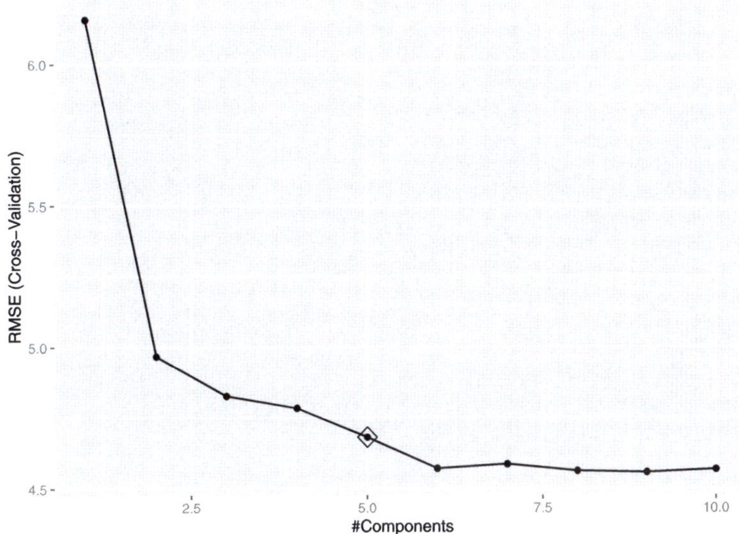

Figura 6.10: Errores de validación cruzada en función del número de componentes en el ajuste mediante PLS.

En la práctica se suelen obtener resultados muy similares empleando PCR, PLSR o *ridge regression*. Todos ellos son modelos lineales, por lo que el principal problema es que no sean suficientemente flexibles para explicar adecuadamente lo que ocurre con los datos (puede que no sea adecuado asumir que el efecto de algún predictor es lineal). En este problema concreto, el mejor resultado se obtuvo con el ajuste con `plsr()`, aunque si representamos las observaciones frente a las predicciones (ver Figura 6.11):

```
pred.plot(pred.pls, obs, xlab = "Predicción", ylab = "Observado")
```

parece que se debería haber incluido un término cuadrático (coincidiendo con lo observado en las secciones 2.1.3 y 2.1.4).

Como comentarios finales, el método PCR (Sección 6.2) se extiende de forma inmediata al caso de modelos generalizados, simplemente cambiando el tipo de modelo ajustado. También están disponibles métodos PLSR para modelos generalizados (p. ej. paquete `plsRglm`; Bertrand y Maumy, 2023). En cualquier caso, `caret` ajustará un modelo generalizado si la respuesta es un factor.

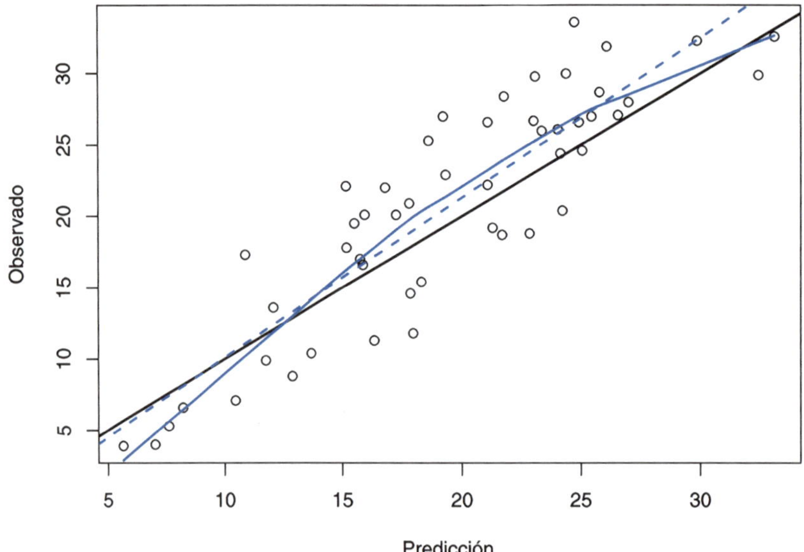

Figura 6.11: Gráfico de dispersión de observaciones frente a predicciones, del ajuste lineal con `plsr()`, en la muestra de test.

Ejercicio 6.2

Continuando con el Ejercicio 6.1 y utilizando la misma partición, vuelve a clasificar los individuos según su nivel de grasa corporal (`bfan`), pero ahora:

a) Ajusta un modelo de regresión logística por componentes principales, con el método `"glmStepAIC"` de `caret` y preprocesado `"pca"`.

b) Ajusta un modelo de regresión logística por mínimos cuadrados parciales con el método `"pls"` de `caret`.

c) Interpreta los modelos obtenidos, evalúa la capacidad predictiva en la muestra `test` y compara los resultados (también con los del Ejercicio 6.1).

Capítulo 7

Regresión no paramétrica

Bajo la denominación *regresión no paramétrica* se incluyen todos aquellos métodos que no presuponen ninguna forma concreta de la media condicional (*i. e.* no se hacen suposiciones paramétricas sobre el efecto de las variables explicativas):

$$Y = m\left(X_1, \ldots, X_p\right) + \varepsilon$$

siendo m una función "cualquiera" (se asume que es una función "suave" de los predictores).

La idea detrás de la mayoría de estos métodos consiste en ajustar localmente un modelo de regresión (este capítulo se podría haber titulado *modelos locales*): suponiendo que disponemos de "suficiente" información en un entorno de la posición de predicción (para lo cual el número de observaciones debe ser relativamente grande), el objetivo es predecir la respuesta a partir de lo que ocurre en las observaciones cercanas.

En este capítulo nos centraremos principalmente en el caso de regresión, aunque la mayoría de los métodos no paramétricos se pueden extender para el caso de clasificación. Para ello se podría, por ejemplo, considerar una función de enlace y realizar el ajuste localmente utilizando máxima verosimilitud.

Los métodos de regresión basados en árboles de decisión, bosques aleatorios, *bagging*, *boosting* y máquinas de soporte vectorial, vistos en capítulos anteriores, entrarían también dentro de la categoría de métodos no paramétricos.

7.1 Regresión local

Los métodos de *regresión local* incluyen: vecinos más próximos, regresión tipo núcleo y *loess* (o *lowess*). También se podrían incluir los *splines* de regresión (*regression splines*), pero los trataremos en la siguiente sección, ya que también se pueden ver como una extensión de un modelo lineal global.

Con la mayoría de estos procedimientos no se obtiene una expresión cerrada del modelo ajustado y, en principio, es necesario disponer de la muestra de entrenamiento para poder realizar las predicciones. Por esta razón, en aprendizaje estadístico también se les denomina *métodos basados en memoria*.

7.1.1 Vecinos más próximos

Uno de los métodos más conocidos de regresión local es el denominado *k-vecinos más cercanos* (*k-nearest neighbors*; KNN), que ya se empleó como ejemplo en la Sección 1.4, dedicada a la maldición de la dimensionalidad. Aunque se trata de un método muy simple, en la práctica puede resultar efectivo en numerosas ocasiones. Se basa en la idea de que, localmente, la media condicional (la predicción óptima) es constante. Concretamente, dados un entero k (hiperparámetro) y un conjunto de entrenamiento $\mathcal{T}$, para obtener la predicción correspondiente a un vector de valores de las variables explicativas $\mathbf{x}$, el método de regresión KNN promedia las observaciones en un vecindario $\mathcal{N}_k(\mathbf{x}, \mathcal{T})$ formado por las k observaciones más cercanas a $\mathbf{x}$:

$$\hat{Y}(\mathbf{x}) = \hat{m}(\mathbf{x}) = \frac{1}{k} \sum_{i \in \mathcal{N}_k(\mathbf{x}, \mathcal{T})} Y_i$$

Se puede emplear la misma idea en el caso de clasificación: las frecuencias relativas en el vecindario serían las estimaciones de las probabilidades de las clases (lo que sería equivalente a considerar las variables indicadoras de las categorías) y, por lo general, la predicción se haría utilizando la moda (es decir, la clase más probable).

Para seleccionar el vecindario es necesario especificar una distancia, por ejemplo:

$$d(\mathbf{x}_0, \mathbf{x}_i) = \left(\sum_{j=1}^{p} |x_{j0} - x_{ji}|^d \right)^{\frac{1}{d}}$$

Normalmente, si los predictores son muméricos se considera la distancia euclídea ($d = 2$) o la de Manhattan ($d = 1$) (también existen distancias diseñadas para predictores categóricos). En todos los casos se recomienda estandarizar previamente los predictores para que su escala no influya en el cálculo de las distancias.

Como ya se indicó previamente, este método está implementado en la función `knnreg()` (Sección

1.4) y en el método `"knn"` del paquete `caret` (Sección 1.6). Como ejemplo adicional, emplearemos el conjunto de datos `MASS::mcycle`, que contiene mediciones de la aceleración de la cabeza en una simulación de un accidente de motocicleta, utilizado para probar cascos protectores. Consideraremos el conjunto de datos completo como si fuese la muestra de entrenamiento (ver Figura 7.1):

```r
data(mcycle, package = "MASS")
library(caret)
# Ajuste de los modelos
fit1 <- knnreg(accel ~ times, data = mcycle, k = 5) # 5% de los datos
fit2 <- knnreg(accel ~ times, data = mcycle, k = 10)
fit3 <- knnreg(accel ~ times, data = mcycle, k = 20)
# Representación
plot(accel ~ times, data = mcycle, col = 'darkgray')
newx <- seq(1 , 60, len = 200)
newdata <- data.frame(times = newx)
lines(newx, predict(fit1, newdata), lty = 3)
lines(newx, predict(fit2, newdata), lty = 2)
lines(newx, predict(fit3, newdata))
legend("topright", legend = c("5-NN", "10-NN", "20-NN"),
       lty = c(3, 2, 1), lwd = 1)
```

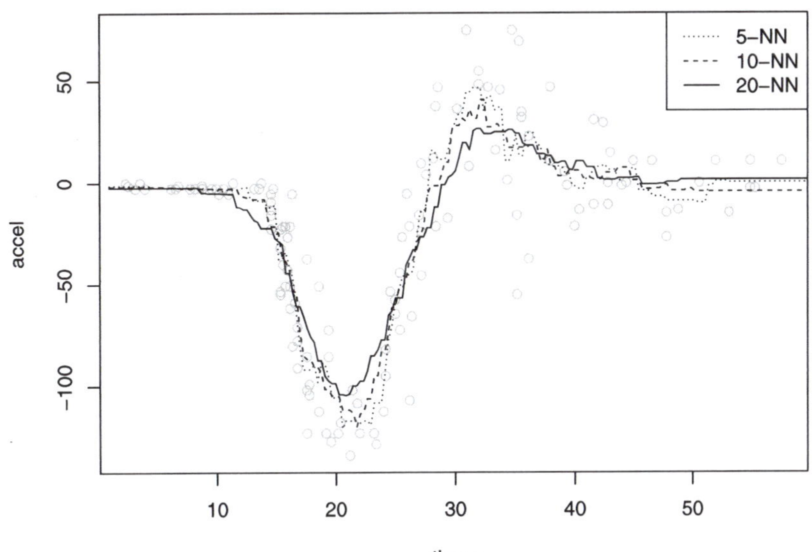

Figura 7.1: Predicciones con el método KNN y distintos vecindarios.

El hiperparámetro k (número de vecinos más próximos) determina la complejidad del modelo, de forma que valores más pequeños de k se corresponden con modelos más complejos (en el caso extremo $k = 1$ se interpolarían las observaciones). Este parámetro se puede seleccionar empleando alguno de los métodos descritos en la Sección 1.3.3 (por ejemplo, mediante validación cruzada, como se mostró en la Sección 1.6; ver Ejercicio 7.1).

El método de los vecinos más próximos también se puede utilizar, de forma análoga, para problemas de clasificación. En este caso obtendríamos estimaciones de las probabilidades de cada categoría:

$$\hat{p}_j(\mathbf{x}) = \frac{1}{k} \sum_{i \in \mathcal{N}_k(\mathbf{x},\mathcal{T})} \mathcal{I}(y_i = j)$$

A partir de las cuales obtenemos la predicción de la respuesta categórica, como la categoría con mayor probabilidad estimada (ver Ejercicio 7.2).

Ejercicio 7.1

Repite el ajuste anterior, usando `knnreg()`, seleccionando el número de `k` vecinos mediante validación cruzada dejando uno fuera y empleando el mínimo error absoluto medio como criterio. Se puede utilizar como referencia el código de la Sección 1.3.3.

Ejercicio 7.2

En la Sección 1.3.5 se utilizó el conjunto de datos `iris` como ejemplo de un problema de clasificación multiclase, con el objetivo de clasificar tres especies de lirio (`Species`) a partir de las dimensiones de los sépalos y pétalos de sus flores. Retomando ese ejemplo, realiza esta clasificación empleando el método `knn` de `caret`. Considerando el 80 % de las observaciones como muestra de aprendizaje y el 20 % restante como muestra de test, selecciona el número de vecinos mediante validación cruzada con 10 grupos, empleando el criterio de un error estándar de Breiman. Finalmente, evalúa la eficiencia de las predicciones en la muestra de test.

7.1.2 Regresión polinómica local

La regresión polinómica local univariante consiste en ajustar, por mínimos cuadrados ponderados, un polinomio de grado d para cada x_0:

$$\beta_0 + \beta_1 (x - x_0) + \cdots + \beta_d (x - x_0)^d$$

con pesos

$$w_i = K_h(x - x_0) = \frac{1}{h} K\left(\frac{x - x_0}{h}\right)$$

donde K es una función núcleo (habitualmente una función de densidad simétrica en torno a cero) y $h > 0$ es un parámetro de suavizado, llamado ventana, que regula el tamaño del entorno que se usa para llevar a cabo el ajuste. En la expresión anterior se está considerando una ventana global, la misma para todos puntos, pero también se puede emplear una ventana local, $h \equiv h(x_0)$. Por ejemplo, el método KNN se puede considerar un caso particular, con ventana local, $d = 0$ (se ajusta una constante) y núcleo K uniforme, la función de densidad de una distribución $\mathcal{U}(-1, 1)$. Como resultado de los ajustes locales obtenemos la estimación en x_0:

$$\hat{m}_h(x_0) = \hat{\beta}_0$$

y también podríamos obtener estimaciones de las derivadas $\widehat{m_h^{(r)}}(x_0) = r!\hat{\beta}_r$.

Por tanto, la estimación polinómica local de grado d, $\hat{m}_h(x) = \hat{\beta}_0$, se obtiene al minimizar:

$$\min_{\beta_0,\beta_1,\ldots,\beta_d} \sum_{i=1}^{n} \left\{ Y_i - \beta_0 - \beta_1(x - X_i) - \ldots - \beta_d(x - X_i)^d \right\}^2 K_h(x - X_i)$$

Explícitamente:

$$\hat{m}_h(x) = \mathbf{e}_1^t \left(X_x^t W_x X_x \right)^{-1} X_x^t W_x \mathbf{Y} \equiv s_x^t \mathbf{Y}$$

donde $\mathbf{e}_1 = (1, \cdots, 0)^t$, X_x es la matriz con $(1, x - X_i, \ldots, (x - X_i)^d)$ en la fila i, $W_x = \text{diag}\left(K_h(x_1 - x), \ldots, K_h(x_n - x) \right)$ es la matriz de pesos, e $\mathbf{Y} = (Y_1, \cdots, Y_n)^t$ es el vector de observaciones de la respuesta.

Se puede pensar que la estimación anterior se obtiene aplicando un suavizado polinómico a (X_i, Y_i):

$$\hat{\mathbf{Y}} = S\mathbf{Y}$$

siendo S la matriz de suavizado con $s_{X_i}^t$ en la fila i (este tipo de métodos también se denominan *suavizadores lineales*).

En lo que respecta a la selección del grado d del polinomio, lo más habitual es utilizar el estimador de Nadaraya-Watson ($d = 0$) o el estimador lineal local ($d = 1$). Desde el punto de vista asintótico, ambos estimadores tienen un comportamiento similar[1], pero en la práctica suele ser preferible el estimador lineal local, sobre todo porque se ve menos afectado por el denominado efecto frontera (Sección 1.4).

La ventana h es el hiperparámetro de mayor importancia en la predicción y para su selección se suelen emplear métodos de validación cruzada (Sección 1.3.3) o tipo *plug-in* (Ruppert *et al.*, 1995). En este último caso, se reemplazan las funciones desconocidas que aparecen en la expresión de la ventana asintóticamente óptima por estimaciones (p. ej. función `dpill()` del paquete `KernSmooth`). Así, usando el criterio de validación cruzada dejando uno fuera (LOOCV), se trataría de minimizar:

$$CV(h) = \frac{1}{n} \sum_{i=1}^{n} (y_i - \hat{m}_{-i}(x_i))^2$$

---

[1] Asintóticamente el estimador lineal local tiene un sesgo menor que el de Nadaraya-Watson (pero del mismo orden) y la misma varianza (p. ej. Fan y Gijbels (1996)).

siendo $\hat{m}_{-i}(x_i)$ la predicción obtenida eliminando la observación i-ésima. Al igual que en el caso de regresión lineal, este error también se puede obtener a partir del ajuste con todos los datos:

$$CV(h) = \frac{1}{n} \sum_{i=1}^{n} \left(\frac{y_i - \hat{m}(x_i)}{1 - S_{ii}} \right)^2$$

siendo S_{ii} el elemento i-ésimo de la diagonal de la matriz de suavizado (esto en general es cierto para cualquier suavizador lineal).

Alternativamente, se podría emplear *validación cruzada generalizada* (Craven y Wahba, 1978), sin más que sustituir S_{ii} por su promedio:

$$GCV(h) = \frac{1}{n} \sum_{i=1}^{n} \left(\frac{y_i - \hat{m}(x_i)}{1 - \frac{1}{n}tr(S)} \right)^2$$

La traza de la matriz de suavizado, $tr(S)$, se conoce como el *número efectivo de parámetros* y, para aproximar los grados de libertad del error, se utiliza $(n - tr(S))$.

Aunque el paquete base de `R` incluye herramientas para la estimación tipo núcleo de la regresión (`ksmooth()`, `loess()`), se recomienda el uso del paquete `KernSmooth` (Wand, 2023).

Continuando con el ejemplo del conjunto de datos `MASS::mcycle`, emplearemos la función `locpoly()` del paquete `KernSmooth` para obtener estimaciones lineales locales[2] con una ventana seleccionada mediante un método plug-in (ver Figura 7.2):

```r
# data(mcycle, package = "MASS")
times <- mcycle$times
accel <- mcycle$accel
library(KernSmooth)
h <- dpill(times, accel) # Método plug-in
fit <- locpoly(times, accel, bandwidth = h) # Estimación lineal local
plot(times, accel, col = 'darkgray')
lines(fit)
```

Hay que tener en cuenta que el paquete `KernSmooth` no implementa los métodos `predict()` y `residuals()`. El resultado del ajuste es una rejilla con las predicciones y podríamos emplear interpolación para calcular predicciones en otras posiciones:

```r
pred <- approx(fit, xout = times)$y
resid <- accel - pred
```

Tampoco calcula medidas de bondad de ajuste, aunque podríamos calcular medidas de la precisión de las predicciones de la forma habitual (en este caso de la muestra de entrenamiento):

---

[2] La función `KernSmooth::locpoly()` también admite la estimación de derivadas.

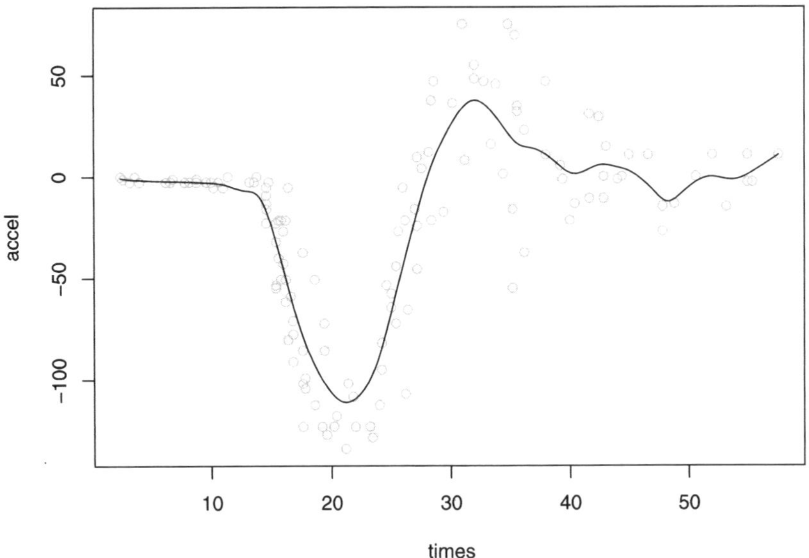

Figura 7.2: Ajuste lineal local con ventana plug-in.

```
accuracy(pred, accel)
```

```
##            me        rmse         mae         mpe        mape   r.squared
## -2.7124e-01  2.1400e+01  1.5659e+01 -2.4608e+10  7.5592e+10  8.0239e-01
```

La regresión polinómica local multivariante es análoga a la univariante, aunque en este caso habría que considerar una matriz de ventanas simétrica H. También hay extensiones para el caso de predictores categóricos (nominales o ordinales) y para el caso de distribuciones de la respuesta distintas de la normal (máxima verosimilitud local).

Otros paquetes de R incluyen más funcionalidades (`sm`, `locfit`, `npsp`…), pero hoy en día el paquete `np` (Racine y Hayfield, 2023) es el que se podría considerar más completo.

7.1.3 Regresión polinómica local robusta

Se han desarrollado variantes robustas del ajuste polinómico local tipo núcleo. Estos métodos surgieron en el caso bivariante ($p = 1$), por lo que también se denominan *suavizado de diagramas de dispersión* (*scatterplot smoothing*; p. ej. la función `lowess()` del paquete base de R, acrónimo de *locally weighted scatterplot smoothing*). Posteriormente se extendieron al caso multivariante (p. ej. la función `loess()`). Son métodos muy empleados en análisis descriptivo (no supervisado) y normalmente se emplean ventanas locales tipo vecinos más cercanos (por ejemplo a través de un parámetro `span` que determina la proporción de observaciones empleadas en el ajuste).

Como ejemplo continuaremos con el conjunto de datos `MASS::mcycle` y emplearemos la función
`loess()` para realizar un ajuste robusto. Será necesario establecer `family = "symmetric"`
para emplear M-estimadores, por defecto con 4 iteraciones, en lugar de mínimos cuadrados
ponderados. Previamente, seleccionaremos el parámetro `span` por validación cruzada (LOOCV),
pero empleando como criterio de error la mediana de los errores en valor absoluto (*median
absolute deviation*, MAD)[3] (ver Figura 7.3).

```r
# Función que calcula las predicciones LOOCV
cv.loess <- function(formula, datos, span, ...) {
  n <- nrow(datos)
  cv.pred <- numeric(n)
  for (i in 1:n) {
    modelo <- loess(formula, datos[-i, ], span = span,
                    control = loess.control(surface = "direct"), ...)
    # loess.control(surface = "direct") permite extrapolaciones
    cv.pred[i] <- predict(modelo, newdata = datos[i, ])
  }
  return(cv.pred)
}
# Búsqueda valor óptimo
ventanas <- seq(0.1, 0.5, len = 10)
np <- length(ventanas)
cv.error <- numeric(np)
for(p in 1:np){
  cv.pred <- cv.loess(accel ~ times, mcycle, ventanas[p],
                      family = "symmetric")
  # cv.error[p] <- mean((cv.pred - mcycle$accel)^2)
  cv.error[p] <- median(abs(cv.pred - mcycle$accel))
}
imin <- which.min(cv.error)
span.cv <- ventanas[imin]
# Representación
plot(ventanas, cv.error)
points(span.cv, cv.error[imin], pch = 16)
```

Empleamos el parámetro de suavizado seleccionado para ajustar el modelo final (ver Figura
7.4):

```r
# Ajuste con todos los datos
plot(accel ~ times, data = mcycle, col = 'darkgray')
fit <- loess(accel ~ times, mcycle, span = span.cv, family = "symmetric")
lines(mcycle$times, predict(fit))
```

---

[3] En este caso hay dependencia entre las observaciones y los criterios habituales, como validación cruzada,
tienden a seleccionar ventanas pequeñas, *i. e.* a infrasuavizar.

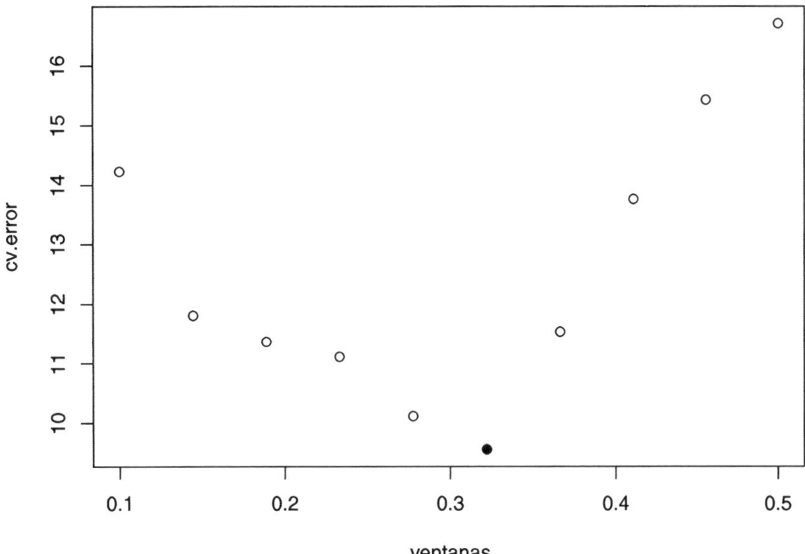

Figura 7.3: Error de predicción de validación cruzada (mediana de los errores absolutos) del ajuste LOWESS dependiendo del parámetro de suavizado.

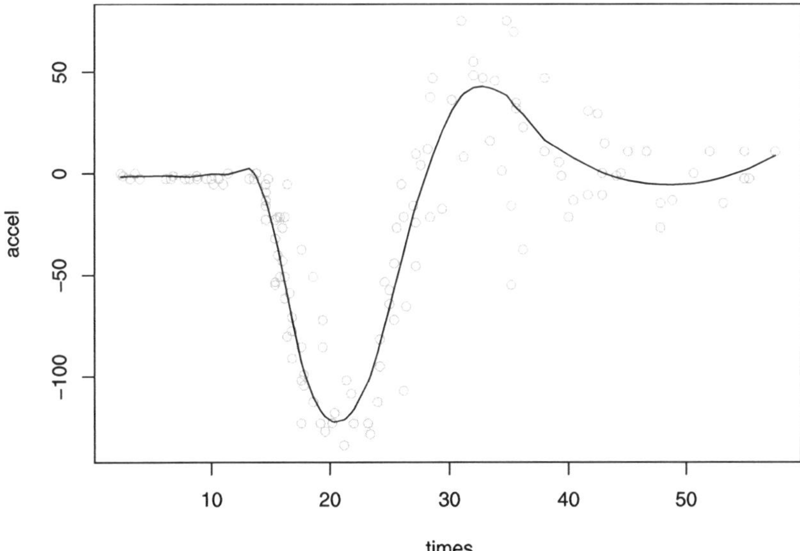

Figura 7.4: Ajuste polinómico local robusto (LOWESS), con el parámetro de suavizado seleccionado mediante validación cruzada.

7.2 Splines

Un enfoque alternativo a los métodos de regresión local de la sección anterior consiste en trocear los datos en intervalos: se fijan unos puntos de corte z_i, denominados nudos (*knots*), con $i = 1, ..., k$, y se ajusta un polinomio en cada segmento, lo que se conoce como regresión segmentada (*piecewise regression*; ver Figura 7.5). Un inconveniente de este método es que da lugar a discontinuidades en los puntos de corte, aunque pueden añadirse restricciones adicionales de continuidad (o incluso de diferenciabilidad) para evitarlo (p. ej. paquete `segmented`; Fasola *et al.*, 2018).

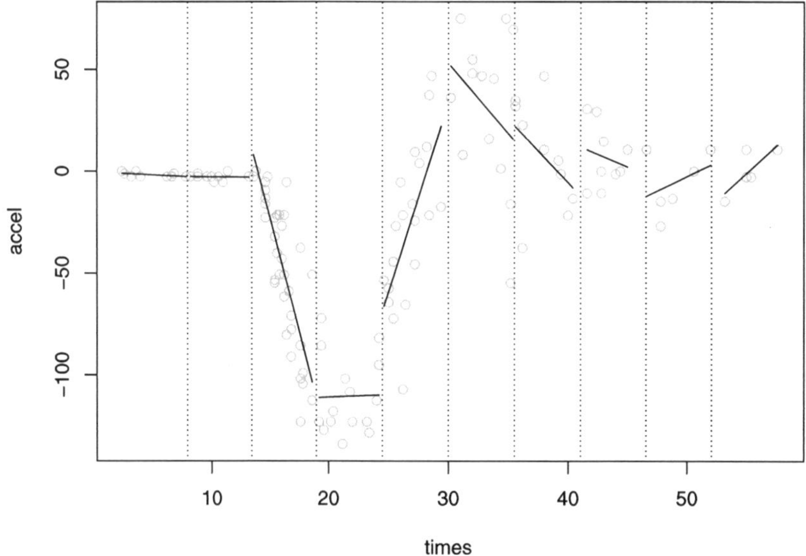

Figura 7.5: Estimación mediante regresión segmentada.

7.2.1 Splines de regresión

Cuando en cada intervalo se ajustan polinomios de orden d y se incluyen restricciones de forma que las derivadas sean continuas hasta el orden $d - 1$, se obtienen los denominados *splines de regresión* (*regression splines*). Puede verse que este tipo de ajustes equivalen a transformar la variable predictora X, considerando por ejemplo la *base de potencias truncadas* (*truncated power basis*):

$$1, x, ..., x^d, (x - z_1)_+^d, ..., (x - z_k)_+^d$$

siendo $(x - z)_+ = \max(0, x - z)$, y posteriormente realizar un ajuste lineal:

$$m(x) = \beta_0 + \beta_1 b_1(x) + \beta_2 b_2(x) + ... + \beta_{k+d} b_{k+d}(x)$$

Típicamente se seleccionan polinomios de grado $d = 3$, lo que se conoce como splines cúbicos, y nodos equiespaciados. Además, se podrían emplear otras bases equivalentes. Por ejemplo, para evitar posibles problemas computacionales con la base anterior, se suele emplear la denominada base *B-spline* (De Boor y De Boor, 1978), implementada en la función `bs()` del paquete `splines` (ver Figura 7.6):

```r
nknots <- 9 # nodos internos; 10 intervalos
knots <- seq(min(times), max(times), len = nknots + 2)[-c(1, nknots + 2)]
library(splines)
fit1 <- lm(accel ~ bs(times, knots = knots, degree = 1))
fit2 <- lm(accel ~ bs(times, knots = knots, degree = 2))
fit3 <- lm(accel ~ bs(times, knots = knots)) # degree = 3
plot(times, accel, col = 'darkgray')
newx <- seq(min(times), max(times), len = 200)
newdata <- data.frame(times = newx)
lines(newx, predict(fit1, newdata), lty = 3)
lines(newx, predict(fit2, newdata), lty = 2)
lines(newx, predict(fit3, newdata))
abline(v = knots, lty = 3, col = 'darkgray')
leyenda <- c("d=1 (df=11)", "d=2 (df=12)", "d=3 (df=13)")
legend("topright", legend = leyenda, lty = c(3, 2, 1))
```

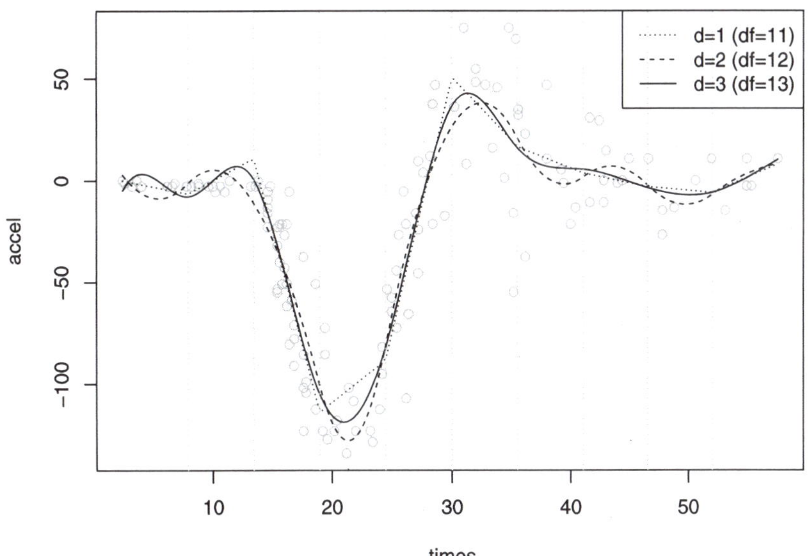

Figura 7.6: Ajustes mediante splines de regresión (de grados 1, 2 y 3).

El grado del polinomio y, sobre todo, el número de nodos, determinarán la flexibilidad del modelo. El número de parámetros, $k + d + 1$, en el ajuste lineal (los grados de libertad) se puede utilizar como una medida de la complejidad (en la función **bs()** se puede especificar **df** en lugar de **knots**, y estos se generarán a partir de los cuantiles).

Como se comentó previamente, al aumentar el grado de un modelo polinómico se incrementa la variabilidad de las predicciones, especialmente en la frontera. Para tratar de evitar este problema se suelen emplear los *splines naturales*, que son splines de regresión con restricciones adicionales de forma que el ajuste sea lineal en los intervalos extremos, lo que en general produce estimaciones más estables en la frontera y mejores extrapolaciones. Estas restricciones reducen la complejidad (los grados de libertad del modelo), y al igual que en el caso de considerar únicamente las restricciones de continuidad y diferenciabilidad, resultan equivalentes a considerar una nueva base en un ajuste sin restricciones. Por ejemplo, se puede emplear la función **splines::ns()** para ajustar un spline natural (cúbico por defecto; ver Figura 7.7):

```r
plot(times, accel, col = 'darkgray')
fit4 <- lm(accel ~ ns(times, knots = knots))
lines(newx, predict(fit4, newdata))
lines(newx, predict(fit3, newdata), lty = 2)
abline(v = knots, lty = 3, col = 'darkgray')
leyenda <- c("ns (d=3, df=11)", "bs (d=3, df=13)")
legend("topright", legend = leyenda, lty = c(1, 2))
```

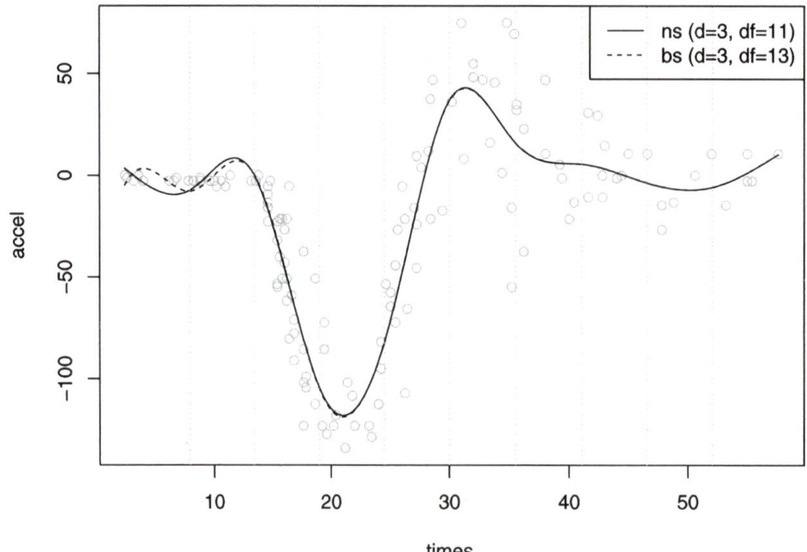

Figura 7.7: Ajuste mediante splines naturales (ns) y *B*-splines (bs).

La dificultad principal es la selección de los nodos z_i. Si se consideran equiespaciados (o se emplea otro criterio, como los cuantiles), se puede seleccionar su número (equivalentemente, los grados de libertad) empleando validación cruzada. Sin embargo, es preferible utilizar más nodos donde aparentemente hay más variaciones en la función de regresión, y menos donde es más estable; esta es la idea de la regresión spline adaptativa, descrita en la Sección 7.4. Otra alternativa son los splines penalizados, descritos al final de esta sección.

7.2.2 Splines de suavizado

Los *splines de suavizado* (*smoothing splines*) se obtienen como la función $s(x)$ suave (dos veces diferenciable) que minimiza la suma de cuadrados residual más una penalización que mide su rugosidad:

$$\sum_{i=1}^{n}(y_i - s(x_i))^2 + \lambda \int s''(x)^2 dx$$

siendo $0 \leq \lambda < \infty$ el hiperparámetro de suavizado.

Puede verse que la solución a este problema, en el caso univariante, es un spline natural cúbico con nodos en $x_1, \dots, x_n$ y restricciones en los coeficientes determinadas por el valor de λ (es una versión regularizada de un spline natural cúbico). Por ejemplo, si $\lambda = 0$ se interpolarán las observaciones, y cuando $\lambda \to \infty$ el ajuste tenderá a una recta (con segunda derivada nula). En el caso multivariante, $p > 1$, la solución da lugar a los denominados *thin plate splines*[4].

Al igual que en el caso de la regresión polinómica local (Sección 7.1.2), estos métodos son suavizadores lineales:

$$\hat{\mathbf{Y}} = S_\lambda \mathbf{Y}$$

y para seleccionar el parámetro de suavizado λ podemos emplear los criterios de validación cruzada (dejando uno fuera), minimizando:

$$CV(\lambda) = \frac{1}{n} \sum_{i=1}^{n} \left(\frac{y_i - \hat{s}_\lambda(x_i)}{1 - \{S_\lambda\}_{ii}} \right)^2$$

siendo $\{S_\lambda\}_{ii}$ el elemento i-ésimo de la diagonal de la matriz de suavizado; o validación cruzada generalizada (GCV), minimizando:

$$GCV(\lambda) = \frac{1}{n} \sum_{i=1}^{n} \left(\frac{y_i - \hat{s}_\lambda(x_i)}{1 - \frac{1}{n} tr(S_\lambda)} \right)^2$$

Análogamente, el número efectivo de parámetros o grados de libertad[5] $df_\lambda = tr(S_\lambda)$ sería una medida de la complejidad del modelo equivalente a λ (muchas implementaciones permiten seleccionar la complejidad empleando df).

---

[4] Están relacionados con las funciones radiales. También hay versiones con un número reducido de nodos denominados *low-rank thin plate regression splines*, empleados en el paquete `mgcv`.

[5] Esto también permitiría generalizar los criterios AIC o BIC.

Este método de suavizado está implementado en la función `smooth.spline()` del paquete base. Por defecto emplea GCV para seleccionar el parámetro de suavizado, aunque también admite CV y se puede especificar `lambda` o `df` (ver Figura 7.8). Además de predicciones, el correspondiente método `predict()` también permite obtener estimaciones de las derivadas.

```r
sspline.gcv <- smooth.spline(times, accel)
sspline.cv <- smooth.spline(times, accel, cv = TRUE)
plot(times, accel, col = 'darkgray')
lines(sspline.gcv)
lines(sspline.cv, lty = 2)
```

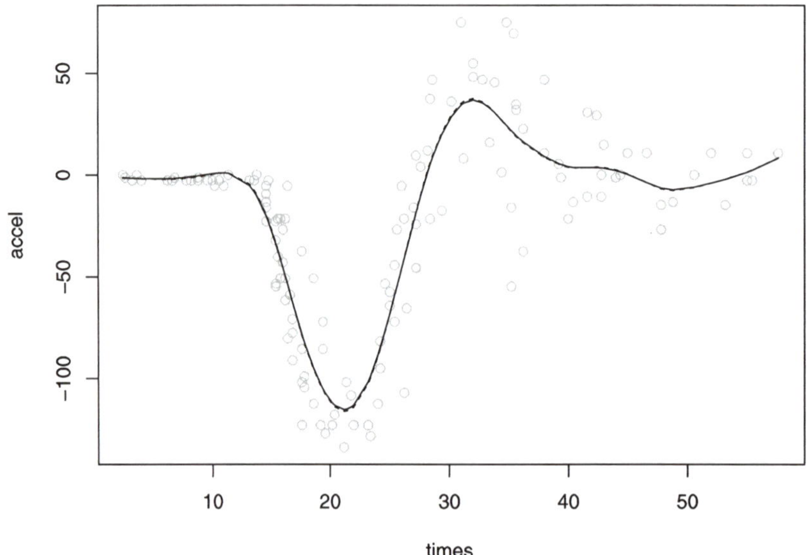

Figura 7.8: Ajuste mediante splines de suavizado, empleando GCV (línea contínua) y CV (línea discontínua) para seleccionar el parámetro de suavizado.

Cuando el número de observaciones es muy grande, y por tanto el número de nodos, pueden aparecer problemas computacionales al emplear estos métodos.

7.2.3 Splines penalizados

Los *splines penalizados* (*penalized splines*) combinan las dos aproximaciones anteriores. Incluyen una penalización que depende de la base considerada, y el número de nodos puede ser mucho menor que el número de observaciones (son un tipo de *low-rank smoothers*). De esta forma, se obtienen modelos spline con mejores propiedades, con un menor efecto frontera y en los que se evitan problemas en la selección de los nodos. Entre los más utilizados se encuentran los *P-splines* (Eilers y Marx, 1996), que emplean una base *B*-spline con una penalización simple basada en los cuadrados de diferencias de coeficientes consecutivos $(\beta_{i+1} - \beta_i)^2$.

Asimismo, un modelo spline penalizado se puede representar como un modelo lineal mixto, lo que permite emplear herramientas desarrolladas para este tipo de modelos; por ejemplo, las implementadas en el paquete `nlme` (Pinheiro *et al.*, 2023), del que depende `mgcv` (Wood, 2017), que por defecto emplea splines penalizados. Para más detalles, se recomiendan las secciones 5.2 y 5.3 de Wood (2017).

7.3   Modelos aditivos

En los modelos aditivos se supone que:

$$Y = \beta_0 + f_1(X_1) + f_2(X_2) + ... + f_p(X_p) + \varepsilon$$

siendo f_i, $i = 1, ..., p$, funciones cualesquiera. De esta forma se consigue mucha mayor flexibilidad que con los modelos lineales, pero manteniendo la interpretabilidad de los efectos de los predictores. Adicionalmente, se puede considerar una función de enlace, obteniéndose los denominados *modelos aditivos generalizados* (GAM). Para más detalles sobre estos modelos, ver Hastie y Tibshirani (1990) o Wood (2017).

Los modelos lineales (análogamente los modelos lineales generalizados) son un caso particular, considerando $f_i(x) = \beta_i x$. Se pueden utilizar cualesquiera de los métodos de suavizado descritos anteriormente para construir las componentes no paramétricas. Así, por ejemplo, si se emplean splines naturales de regresión, el ajuste se reduce al de un modelo lineal. Se podrían considerar distintas aproximaciones para el modelado de cada componente (modelos semiparamétricos) y realizar el ajuste mediante *backfitting* (se ajusta cada componente de forma iterativa, empleando los residuos obtenidos al mantener las demás fijas). Si en las componentes no paramétricas se emplean únicamente splines de regresión (con o sin penalización), se puede reformular el modelo como un GLM (regularizado si hay penalización) y ajustarlo fácilmente adaptando herramientas disponibles (*penalized re-weighted iterative least squares*, PIRLS).

De entre los numerosos paquetes de R que implementan estos modelos destacan:

- `gam`: Admite splines de suavizado (univariantes, `s()`) y regresión polinómica local (multivariante, `lo()`), pero no dispone de un método para la selección automática de los parámetros de suavizado (se podría emplear un criterio por pasos para la selección de componentes). Sigue la referencia Hastie y Tibshirani (1990).

- `mgcv`: Admite una gran variedad de splines de regresión y splines penalizados (`s()`; por defecto emplea *thin plate regression splines* penalizados multivariantes), con la opción de selección automática de los parámetros de suavizado mediante distintos criterios. Además de que se podría emplear un método por pasos, permite la selección de componentes mediante regularización. Al ser más completo que el anterior, sería el recomendado en la mayoría de los casos (ver `?mgcv::mgcv.package` para una introducción al paquete). Sigue la referencia Wood (2017).

La función `gam()` del paquete `mgcv` permite ajustar modelos aditivos generalizados empleando suavizado mediante splines:

```r
ajuste <- gam(formula, family = gaussian, data, ...)
```

También dispone de la función `bam()` para el ajuste de estos modelos a grandes conjuntos de datos, y de la función `gamm()` para el ajuste de modelos aditivos generalizados mixtos, incluyendo dependencia en los errores. El modelo se establece a partir de la `formula` empleando `s()` para especificar las componentes "suaves" (ver `help(s)` y Sección 7.3.3).

Algunas posibilidades de uso son las que siguen:

- Modelo lineal[6]:

  ```r
  ajuste <- gam(y ~ x1 + x2 + x3)
  ```

- Modelo (semiparamétrico) aditivo con efectos no paramétricos para `x1` y `x2`, y un efecto lineal para `x3`:

  ```r
  ajuste <- gam(y ~ s(x1) + s(x2) + x3)
  ```

- Modelo no aditivo (con interacción):

  ```r
  ajuste <- gam(y ~ s(x1, x2))
  ```

- Modelo (semiparamétrico) con distintas combinaciones :

  ```r
  ajuste <- gam(y ~ s(x1, x2) + s(x3) + x4)
  ```

En esta sección utilizaremos como ejemplo el conjunto de datos `Prestige` de la librería `carData`, considerando también el total de las observaciones (solo tiene 102) como si fuese la muestra de entrenamiento. Se tratará de explicar `prestige` (puntuación de ocupaciones obtenidas a partir de una encuesta) a partir de `income` (media de ingresos en la ocupación) y `education` (media de los años de educación).

```r
library(mgcv)
data(Prestige, package = "carData")
modelo <- gam(prestige ~ s(income) + s(education), data = Prestige)
summary(modelo)
```

---

[6] No admite una fórmula del tipo `respuesta ~ .` (producirá un error). Habría que escribir la expresión explícita de la fórmula, por ejemplo con la ayuda de `reformulate()`.

```
## Family: gaussian
## Link function: identity
##
## Formula:
## prestige ~ s(income) + s(education)
##
## Parametric coefficients:
##             Estimate Std. Error t value Pr(>|t|)
## (Intercept)   46.833      0.689      68   <2e-16 ***
## ---
## Signif. codes:  0 '***' 0.001 '**' 0.01 '*' 0.05 '.' 0.1 ' ' 1
##
## Approximate significance of smooth terms:
##               edf Ref.df    F p-value
## s(income)    3.12   3.88 14.6  <2e-16 ***
## s(education) 3.18   3.95 38.8  <2e-16 ***
## ---
## Signif. codes:  0 '***' 0.001 '**' 0.01 '*' 0.05 '.' 0.1 ' ' 1
##
## R-sq.(adj) =  0.836   Deviance explained = 84.7%
## GCV = 52.143  Scale est. = 48.414    n = 102
```

En este caso, el método `plot()` representa los efectos (parciales) estimados de cada predictor
(ver Figura 7.9):

```
plot(modelo, shade = TRUE, pages = 1) # residuals = FALSE por defecto
```

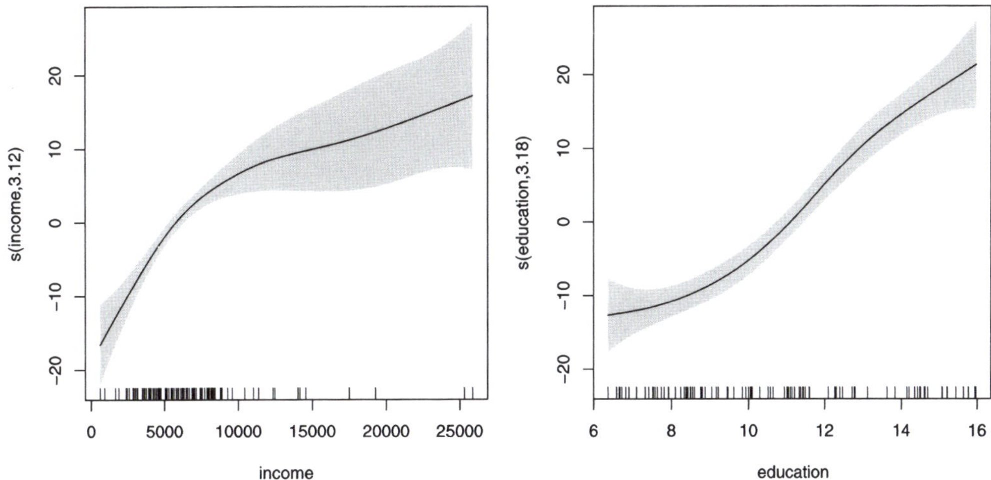

Figura 7.9: Estimaciones de los efectos parciales de `income` (izquierda) y `education`
(derecha).

Por defecto, se representa cada componente no paramétrica (salvo que se especifique `all.terms = TRUE`), incluyendo gráficos de contorno para el caso de componentes bivariantes (correspondientes a interacciones entre predictores).

Se dispone también de un método `predict()` para calcular las predicciones de la forma habitual: por defecto devuelve las correspondientes a las observaciones `modelo$fitted.values`, y para nuevos datos hay que emplear el argumento `newdata`.

7.3.1 Superficies de predicción

En el caso bivariante, para representar las estimaciones (la superficie de predicción) obtenidas con el modelo se pueden utilizar las funciones `persp()` o versiones mejoradas como `plot3D::persp3D()`. Estas funciones requieren que los valores de entrada estén dispuestos en una rejilla bidimensional. Para generar esta rejilla se puede emplear la función `expand.grid(x,y)` que crea todas las combinaciones de los puntos dados en `x` e `y` (ver Figura 7.10):

```r
inc <- with(Prestige, seq(min(income), max(income), len = 25))
ed <- with(Prestige, seq(min(education), max(education), len = 25))
newdata <- expand.grid(income = inc, education = ed)
# Representar
plot(income ~ education, Prestige, pch = 16)
abline(h = inc, v = ed, col = "grey")
```

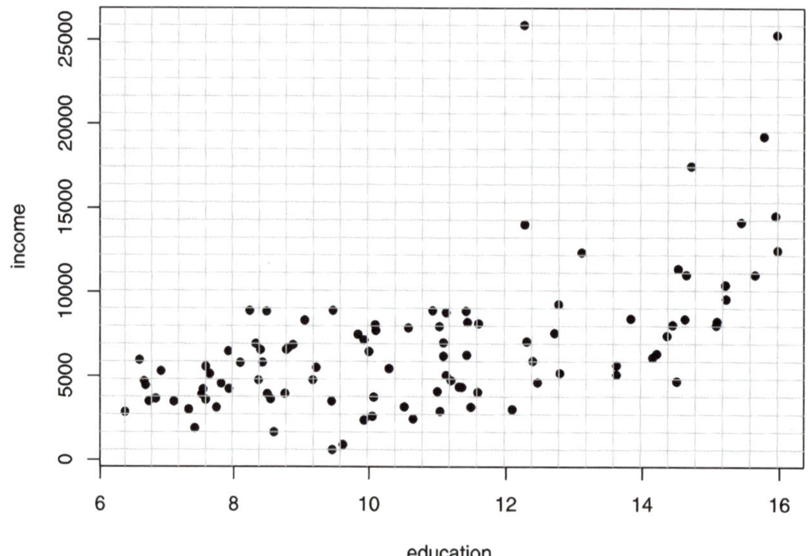

Figura 7.10: Observaciones y rejilla de predicción (para los predictores `education` e `income`).

A continuación, usamos estos valores para obtener la superficie de predicción, que en este caso representamos con la función `plot3D::persp3D()` (ver Figura 7.11). Alternativamente, se podrían emplear las funciones `contour()`, `filled.contour()`, `plot3D::image2D()` o similares.

```r
pred <- predict(modelo, newdata)
pred <- matrix(pred, nrow = 25)
plot3D::persp3D(inc, ed, pred, theta = -40, phi = 30, ticktype = "detailed",
                xlab = "Income", ylab = "Education", zlab = "Prestige")
```

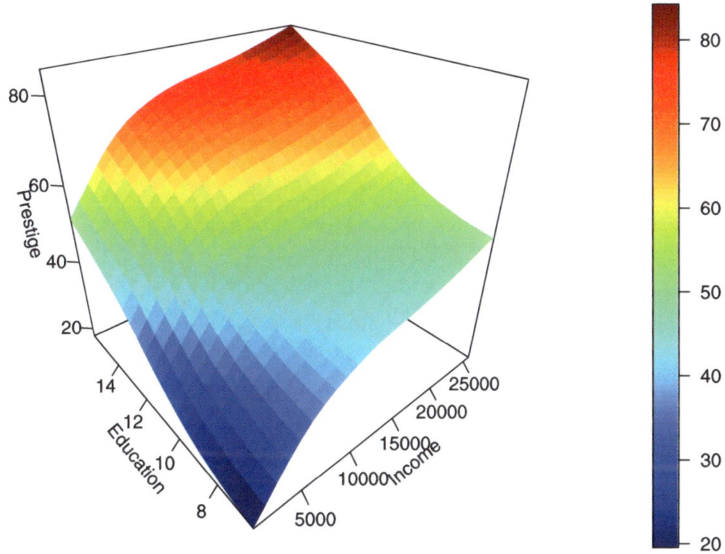

Figura 7.11: Superficie de predicción obtenida con el modelo GAM.

Otra posibilidad, quizás más cómoda, es utilizar el paquete `modelr`, que emplea gráficos `ggplot2`, para trabajar con modelos y predicciones.

7.3.2 Comparación y selección de modelos

Además de las medidas de bondad de ajuste, como el coeficiente de determinación ajustado, también se puede emplear la función `anova()` para la comparación de modelos (y seleccionar las componentes por pasos de forma interactiva). Por ejemplo, viendo la representación de los efectos (Figura 7.9 anterior) se podría pensar que el efecto de `education` podría ser lineal:

```r
modelo0 <- gam(prestige ~ s(income) + education, data = Prestige)
summary(modelo0)

## Family: gaussian
## Link function: identity
```

```
## Formula:
## prestige ~ s(income) + education
##
## Parametric coefficients:
##             Estimate Std. Error t value Pr(>|t|)
## (Intercept)    4.224      3.732    1.13     0.26
## education      3.968      0.341   11.63   <2e-16 ***
## ---
## Signif. codes:  0 '***' 0.001 '**' 0.01 '*' 0.05 '.' 0.1 ' ' 1
##
## Approximate significance of smooth terms:
##             edf Ref.df    F p-value
## s(income) 3.58   4.44 13.6  <2e-16 ***
## ---
## Signif. codes:  0 '***' 0.001 '**' 0.01 '*' 0.05 '.' 0.1 ' ' 1
##
## R-sq.(adj) =  0.825   Deviance explained = 83.3%
## GCV = 54.798  Scale est. = 51.8       n = 102
```

```
anova(modelo0, modelo, test="F")
```

```
## Analysis of Deviance Table
##
## Model 1: prestige ~ s(income) + education
## Model 2: prestige ~ s(income) + s(education)
##   Resid. Df Resid. Dev   Df Deviance    F Pr(>F)
## 1      95.6       4995
## 2      93.2       4585 2.39      410 3.54  0.026 *
## ---
## Signif. codes:  0 '***' 0.001 '**' 0.01 '*' 0.05 '.' 0.1 ' ' 1
```

En este caso aceptaríamos que el modelo original es significativamente mejor.

Alternativamente, podríamos pensar que hay interacción:

```
modelo2 <- gam(prestige ~ s(income, education), data = Prestige)
summary(modelo2)
```

```
## Family: gaussian
## Link function: identity
##
## Formula:
## prestige ~ s(income, education)
##
## Parametric coefficients:
##             Estimate Std. Error t value Pr(>|t|)
## (Intercept)   46.833      0.714    65.6   <2e-16 ***
## ---
```

```
## Signif. codes:  0 '***' 0.001 '**' 0.01 '*' 0.05 '.' 0.1 ' ' 1
##
## Approximate significance of smooth terms:
##                       edf Ref.df    F p-value
## s(income,education) 4.94    6.3 75.4  <2e-16 ***
## ---
## Signif. codes:  0 '***' 0.001 '**' 0.01 '*' 0.05 '.' 0.1 ' ' 1
##
## R-sq.(adj) =  0.824   Deviance explained = 83.3%
## GCV = 55.188  Scale est. = 51.974     n = 102
```

En este caso, el coeficiente de determinación ajustado es menor y ya no tendría sentido realizar el contraste.

Además, se pueden seleccionar componentes del modelo (mediante regularización) empleando el parámetro `select = TRUE`. Para más detalles, consultar la ayuda `help(gam.selection)` o ejecutar `example(gam.selection)`.

7.3.3 Diagnosis del modelo

La función `gam.check()` realiza una diagnosis descriptiva y gráfica del modelo ajustado (ver Figura 7.12):

```
gam.check(modelo)
```

```
## Method: GCV   Optimizer: magic
## Smoothing parameter selection converged after 4 iterations.
## The RMS GCV score gradient at convergence was 9.7839e-05 .
## The Hessian was positive definite.
## Model rank =  19 / 19
##
## Basis dimension (k) checking results. Low p-value (k-index<1) may
## indicate that k is too low, especially if edf is close to k'.
##
##                k'  edf k-index p-value
## s(income)    9.00 3.12    0.98    0.46
## s(education) 9.00 3.18    1.03    0.52
```

Lo ideal sería observar normalidad en los dos gráficos de la izquierda, falta de patrón en el superior derecho, y ajuste a una recta en el inferior derecho. En este caso parece que el modelo se comporta adecuadamente. Como se deduce del resultado anterior, podría ser recomendable modificar la dimensión `k` de la base utilizada para construir la componente no paramétrica. Este valor se puede interpretar como el grado máximo de libertad permitido en esa componente. Normalmente no influye demasiado en el resultado, aunque puede influir en el tiempo de computación.

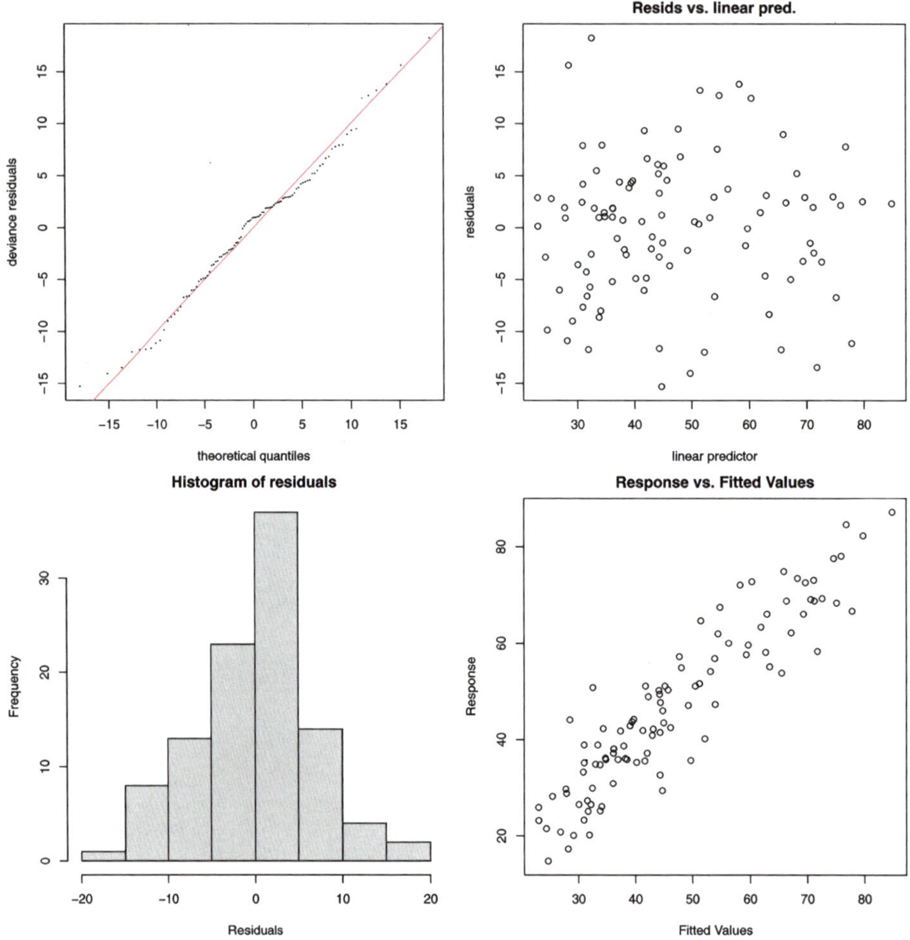

Figura 7.12: Gráficas de diagnóstico del modelo aditivo ajustado.

También se puede chequear la concurvidad (generalización de la colinealidad) entre las componentes del modelo, con la función `concurvity()`:

```
concurvity(modelo)
```

```
##                  para s(income) s(education)
## worst    3.0612e-23   0.59315      0.59315
## observed 3.0612e-23   0.40654      0.43986
## estimate 3.0612e-23   0.36137      0.40523
```

Esta función devuelve tres medidas por componente, que tratan de medir la proporción de variación de esa componente que está contenida en el resto (similares al complementario de la tolerancia). Un valor próximo a 1 indicaría que puede haber problemas de concurvidad.

También se pueden ajustar modelos GAM empleando `caret`. Por ejemplo, con los métodos
`"gam"` y `"gamLoess"`:

```r
library(caret)
# names(getModelInfo("gam")) # 4 métodos
modelLookup("gam")
```

```
##    model parameter              label forReg forClass probModel
## 1    gam    select Feature Selection   TRUE     TRUE      TRUE
## 2    gam    method             Method   TRUE     TRUE      TRUE
```

```r
modelLookup("gamLoess")
```

```
##      model parameter  label forReg forClass probModel
## 1 gamLoess      span   Span   TRUE     TRUE      TRUE
## 2 gamLoess    degree Degree   TRUE     TRUE      TRUE
```

Ejercicio 7.3

Continuando con los datos de `MASS:mcycle`, emplea `mgcv::gam()` para ajustar un spline penalizado para predecir `accel` a partir de `times` con las opciones por defecto y representa el ajuste. Compara el ajuste con el obtenido empleando un spline penalizado adaptativo (`bs="ad"`; ver `?adaptive.smooth`).

Ejercicio 7.4

Empleando el conjunto de datos `airquality`, crea una muestra de entrenamiento y otra de test, y busca un modelo aditivo que resulte adecuado para explicar `sqrt(Ozone)` a partir de `Temp`, `Wind` y `Solar.R`. ¿Es preferible suponer que hay una interacción entre `Temp` y `Wind`?

7.4 Regresión spline adaptativa multivariante

La regresión spline adaptativa multivariante, en inglés *multivariate adaptive regression splines* (MARS; Friedman, 1991), es un procedimiento adaptativo para problemas de regresión que puede verse como una generalización tanto de la regresión lineal por pasos (*stepwise linear regression*) como de los árboles de decisión CART.

El modelo MARS es un spline multivariante lineal:

$$m(\mathbf{x}) = \beta_0 + \sum_{m=1}^{M} \beta_m h_m(\mathbf{x})$$

(es un modelo lineal en transformaciones $h_m(\mathbf{x})$ de los predictores originales), donde las bases

$h_m(\mathbf{x})$ se construyen de forma adaptativa empleando funciones *bisagra* (*hinge functions*)

$$h(x) = (x)_+ = \begin{cases} x & \text{si } x > 0 \\ 0 & \text{si } x \leq 0 \end{cases}$$

y considerando como posibles nodos los valores observados de los predictores (en el caso univariante se emplean las bases de potencias truncadas con $d = 1$ descritas en la Sección 7.2.1, pero incluyendo también su versión simetrizada).

Vamos a empezar explicando el modelo MARS aditivo (sin interacciones), que funciona de forma muy parecida a los árboles de decisión CART, y después lo extenderemos al caso con interacciones. Asumimos que todas las variables predictoras son numéricas. El proceso de construcción del modelo es un proceso iterativo hacia delante (*forward*) que empieza con el modelo

$$\hat{m}(\mathbf{x}) = \hat{\beta}_0$$

donde $\hat{\beta}_0$ es la media de todas las respuestas, para a continuación considerar todos los puntos de corte (*knots*) posibles x_{ji} con $i = 1, 2, \dots, n$, $j = 1, 2, \dots, p$, es decir, todas las observaciones de todas las variables predictoras de la muestra de entrenamiento. Para cada punto de corte x_{ji} (combinación de variable y observación) se consideran dos bases:

$$h_1(\mathbf{x}) = h(x_j - x_{ji})$$
$$h_2(\mathbf{x}) = h(x_{ji} - x_j)$$

y se construye el nuevo modelo

$$\hat{m}(\mathbf{x}) = \hat{\beta}_0 + \hat{\beta}_1 h_1(\mathbf{x}) + \hat{\beta}_2 h_2(\mathbf{x})$$

La estimación de los parámetros $\beta_0, \beta_1, \beta_2$ se realiza de la forma estándar en regresión lineal, minimizando RSS. De este modo se construyen muchos modelos alternativos y entre ellos se selecciona aquel que tenga un menor error de entrenamiento. En la siguiente iteración se conservan $h_1(\mathbf{x})$ y $h_2(\mathbf{x})$ y se añade una pareja de términos nuevos siguiendo el mismo procedimiento. Y así sucesivamente, añadiendo de cada vez dos nuevos términos. Este procedimiento va creando un modelo lineal segmentado (piecewise) donde cada nuevo término modeliza una porción aislada de los datos originales.

El *tamaño* de cada modelo es el número términos (funciones h_m) que este incorpora. El proceso iterativo se para cuando se alcanza un modelo de tamaño M, que se consigue después de incorporar $M/2$ cortes. Este modelo depende de $M + 1$ parámetros β_m con $m = 0, 1, \dots, M$. El objetivo es alcanzar un modelo lo suficientemente grande para que sobreajuste los datos, para a continuación proceder a su poda en un proceso de eliminación de variables hacia atrás (*backward deletion*) en el que se van eliminando las variables de una en una (no por parejas, como en la construcción). En cada paso de poda se elimina el término que produce el menor incremento en el error. Así, para cada tamaño $\lambda = 0, 1, \dots, M$ se obtiene el mejor modelo estimado $\hat{m}_\lambda$.

La selección *óptima* del valor del hiperparámetro λ puede realizarse por los procedimientos habituales tipo validación cruzada. Una alternativa mucho más rápida es utilizar validación cruzada generalizada (GCV), que es una aproximación de la validación cruzada *leave-one-out*, mediante la fórmula

$$\text{GCV}(\lambda) = \frac{\text{RSS}}{(1 - M(\lambda)/n)^2}$$

donde $M(\lambda)$ es el número de parámetros *efectivos* del modelo, que depende del número de términos más el número de puntos de corte utilizados penalizado por un factor (2 en el caso aditivo que estamos explicando, 3 cuando hay interacciones).

Hemos descrito un caso particular de MARS: el modelo aditivo. El modelo general solo se diferencia del caso aditivo en que se permiten interacciones, es decir, multiplicaciones entre las variables $h_m(\mathbf{x})$. Para ello, en cada iteración durante la fase de construcción del modelo, además de considerar todos los puntos de corte, también se consideran todas las combinaciones con los términos incorporados previamente al modelo, denominados términos padre. De este modo, si resulta seleccionado un término padre $h_l(\mathbf{x})$ (incluyendo $h_0(\mathbf{x}) = 1$) y un punto de corte x_{ji}, después de analizar todas las posibilidades, al modelo anterior se le agrega

$$\hat{\beta}_{m+1} h_l(\mathbf{x}) h(x_j - x_{ji}) + \hat{\beta}_{m+2} h_l(\mathbf{x}) h(x_{ji} - x_j)$$

Es importante destacar que en cada paso se vuelven a estimar todos los parámetros β_i.

Al igual que λ, también el grado de interacción máxima permitida se considera un hiperparámetro del problema, aunque lo habitual es trabajar con grado 1 (modelo aditivo) o interacción de grado 2. Una restricción adicional que se impone al modelo es que en cada producto no puede aparecer más de una vez la misma variable X_j.

Aunque el procedimiento de construcción del modelo realiza búsquedas exhaustivas, y en consecuencia puede parecer computacionalmente intratable, en la práctica se realiza de forma razonablemente rápida, al igual que ocurría en CART. Una de las principales ventajas de MARS es que realiza una selección automática de las variables predictoras. Aunque inicialmente pueda haber muchos predictores, y este método es adecuado para problemas de alta dimensión, en el modelo final van a aparecer muchos menos (pueden aparecer más de una vez). Además, si se utiliza un modelo aditivo su interpretación es directa, e incluso permitiendo interacciones de grado 2 el modelo puede ser interpretado. Otra ventaja es que no es necesario realizar un preprocesado de los datos, ni filtrando variables ni transformando los datos. Que haya predictores con correlaciones altas no va a afectar a la construcción del modelo (normalmente seleccionará el primero), aunque sí puede dificultar su interpretación. Aunque hemos supuesto al principio de la explicación que los predictores son numéricos, se pueden incorporar variables predictoras cualitativas siguiendo los procedimientos estándar. Por último, se puede realizar una cuantificación de la importancia de las variables de forma similar a como se hace en CART.

En conclusión, MARS utiliza splines lineales con una selección automática de los puntos de corte mediante un algoritmo avaricioso, similar al empleado en los árboles CART, tratando de añadir más puntos de corte donde aparentemente hay más variaciones en la función de regresión y menos puntos donde esta es más estable.

7.4.1 MARS con el paquete `earth`

Actualmente el paquete de referencia para MARS es `earth` (*Enhanced Adaptive Regression Through Hinges*; Milborrow, 2023)[7].

La función principal es `earth()` y se suelen considerar los siguientes argumentos:

```r
earth(formula, data, glm = NULL, degree = 1, ...)
```

- `formula` y `data` (opcional): permiten especificar la respuesta y las variables predictoras de la forma habitual (p. ej. `respuesta ~ .`; también admite matrices). Admite respuestas multidimensionales (ajustará un modelo para cada componente) y categóricas (las convierte en multivariantes); también predictores categóricos, aunque no permite datos faltantes.

- `glm`: lista con los parámetros del ajuste GLM (p. ej. `glm = list(family = binomial)`).

- `degree`: grado máximo de interacción; por defecto 1 (modelo aditivo).

Otros parámetros que pueden ser de interés (afectan a la complejidad del modelo en el crecimiento, a la selección del modelo final o al tiempo de computación; para más detalles ver `help(earth)`):

- `nk`: número máximo de términos en el crecimiento del modelo (dimensión M de la base); por defecto `min(200, max(20, 2 * ncol(x))) + 1` (puede ser demasiado pequeña si muchos de los predictores influyen en la respuesta).

- `thresh`: umbral de parada en el crecimiento (se interpretaría como `cp` en los árboles CART); por defecto 0.001 (si se establece a 0 la única condición de parada será alcanzar el valor máximo de términos `nk`).

- `fast.k`: número máximo de términos padre considerados en cada paso durante el crecimiento; por defecto 20, si se establece a 0 no habrá limitación.

- `linpreds`: índice de variables que se considerarán con efecto lineal.

---

[7] Desarrollado a partir de la función `mda::mars()` de T. Hastie y R. Tibshirani. Utiliza este nombre porque MARS está registrado para un uso comercial por Salford Systems.

- **nprune**: número máximo de términos (incluida la intersección) en el modelo final (después de la poda); por defecto no hay límite (se podrían incluir todos los creados durante el crecimiento).

- **pmethod**: método empleado para la poda; por defecto `"backward"`. Otras opciones son: `"forward"`, `"seqrep"`, `"exhaustive"` (emplea los métodos de selección implementados en el paquete `leaps`), `"cv"` (validación cruzada, empleando `nflod`) y `"none"` para no realizar poda.

- **nfold**: número de grupos de validación cruzada; por defecto 0 (no se hace validación cruzada).

- **varmod.method**: permite seleccionar un método para estimar las varianzas y, por ejemplo, poder realizar contrastes o construir intervalos de confianza (para más detalles ver `?varmod` o la *vignette Variance models in earth*).

Utilizaremos como ejemplo inicial los datos de `MASS:mcycle`:

```r
library(earth)
mars <- earth(accel ~ times, data = mcycle)
summary(mars)
```

```
## Call: earth(formula=accel~times, data=mcycle)
##
##                  coefficients
## (Intercept)        -90.9930
## h(19.4-times)        8.0726
## h(times-19.4)        9.2500
## h(times-31.2)      -10.2365
##
## Selected 4 of 6 terms, and 1 of 1 predictors
## Termination condition: RSq changed by less than 0.001 at 6 terms
## Importance: times
## Number of terms at each degree of interaction: 1 3 (additive model)
## GCV 1119.8    RSS 133670    GRSq 0.52403    RSq 0.56632
```

Por defecto, el método `plot()` representa un resumen de los errores de validación en la selección del modelo, la distribución empírica y el gráfico QQ de los residuos, y los residuos frente a las predicciones (ver Figura 7.13):

```r
plot(mars)
```

Si representamos el ajuste obtenido (ver Figura 7.14), vemos que con las opciones por defecto no es especialmente bueno, aunque puede ser suficiente para un análisis preliminar:

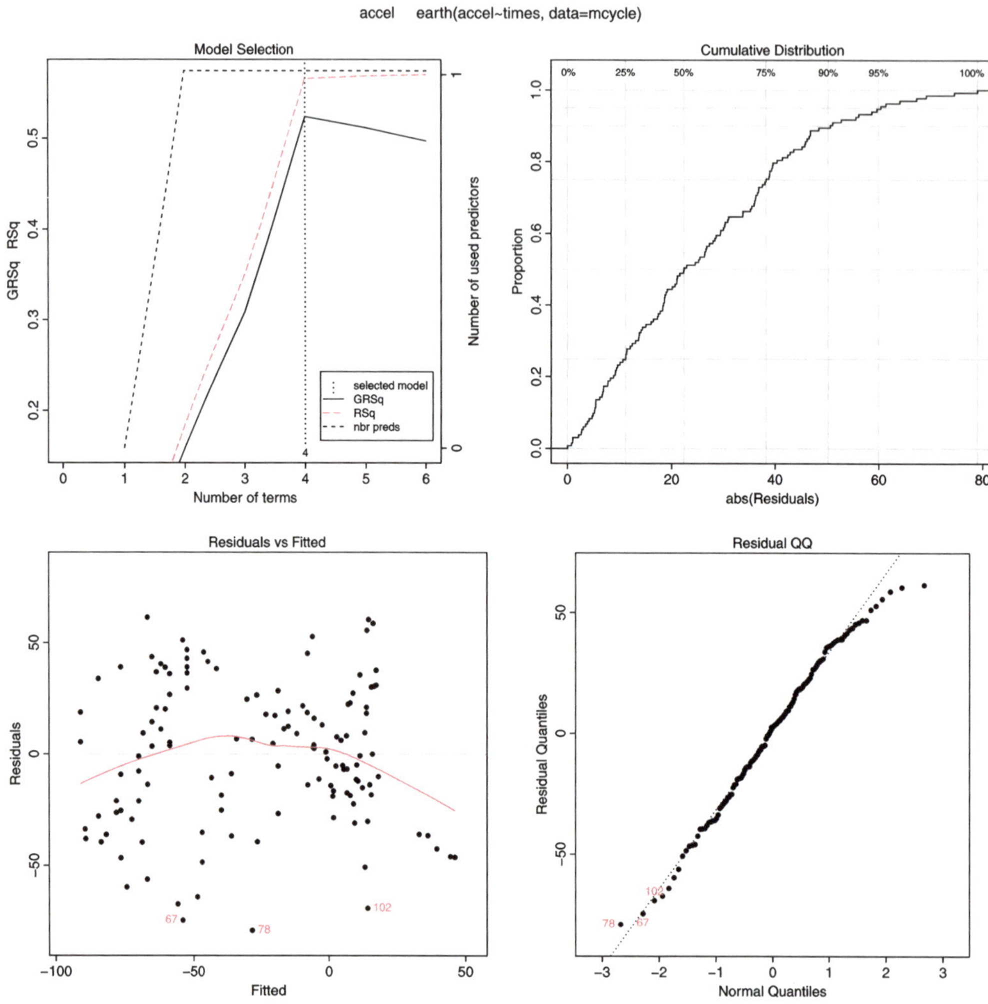

Figura 7.13: Resultados de validación del modelo MARS univariante (empleando la función `earth()` con parámetros por defecto y `MASS:mcycle`).

```r
plot(accel ~ times, data = mcycle, col = 'darkgray')
lines(mcycle$times, predict(mars))
```

Para mejorar el ajuste, podríamos forzar la complejidad del modelo en el crecimiento (eliminando el umbral de parada y estableciendo `minspan = 1` para que todas las observaciones sean potenciales nodos; ver Figura 7.15):

```r
mars2 <- earth(accel ~ times, data = mcycle, minspan = 1, thresh = 0)
summary(mars2)
```

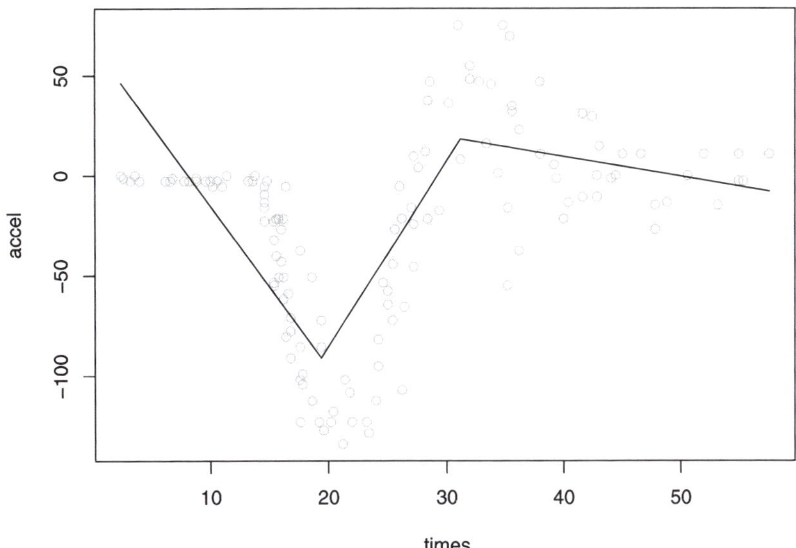

Figura 7.14: Ajuste del modelo MARS univariante (obtenido con la función `earth()` con parámetros por defecto) para predecir `accel` en función de `times`.

```
## Call: earth(formula=accel~times, data=mcycle, minspan=1, thresh=0)
##
##                   coefficients
## (Intercept)           -6.2744
## h(times-14.6)        -25.3331
## h(times-19.2)         32.9793
## h(times-25.4)        153.6992
## h(times-25.6)       -145.7474
## h(times-32)          -30.0411
## h(times-35.2)         13.7239
##
## Selected 7 of 12 terms, and 1 of 1 predictors
## Termination condition: Reached nk 21
## Importance: times
## Number of terms at each degree of interaction: 1 6 (additive model)
## GCV 623.52    RSS 67509    GRSq 0.73498    RSq 0.78097

plot(accel ~ times, data = mcycle, col = 'darkgray')
lines(mcycle$times, predict(mars2))
```

Veamos a continuación un segundo ejemplo, utilizando los datos de `carData::Prestige`:

```
mars <- earth(prestige ~ education + income + women, data = Prestige,
              degree = 2, nk = 40)
summary(mars)
```

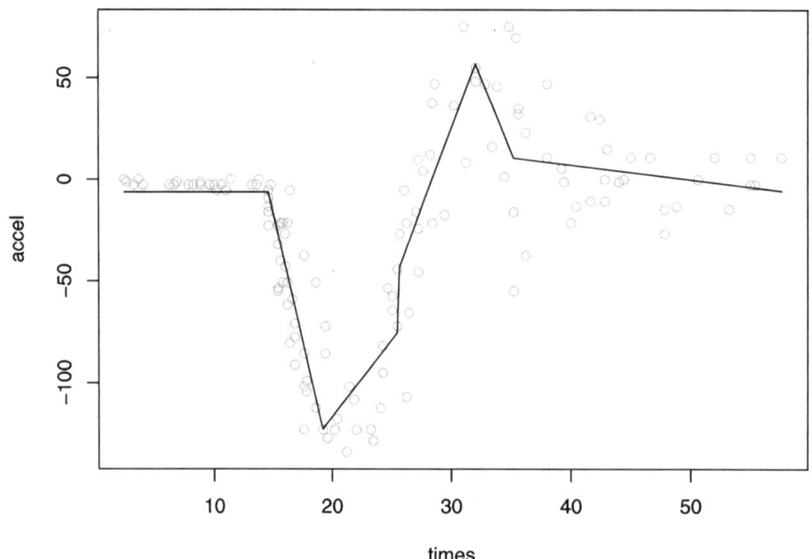

Figura 7.15: Ajuste del modelo MARS univariante (con la función `earth()` con parámetros `minspan = 1` y `thresh = 0`).

```
## Call: earth(formula=prestige~education+income+women, data=Prestige,
##             degree=2, nk=40)
##                                  coefficients
## (Intercept)                          19.98452
## h(education-9.93)                     5.76833
## h(income-3161)                        0.00853
## h(income-5795)                       -0.00802
## h(women-33.57)                        0.21544
## h(income-5299) * h(women-4.14)       -0.00052
## h(income-5795) * h(women-4.28)        0.00054
##
## Selected 7 of 31 terms, and 3 of 3 predictors
## Termination condition: Reached nk 40
## Importance: education, income, women
## Number of terms at each degree of interaction: 1 4 2
## GCV 53.087    RSS 3849.4    GRSq 0.82241    RSq 0.87124
```

Para representar los efectos de las variables, `earth` utiliza las herramientas del paquete `plotmo` (del mismo autor; válido también para la mayoría de los modelos tratados en este libro,
incluyendo `mgcv::gam()`; ver Figura 7.16):

```
plotmo(mars)
```

```
##  plotmo grid:    education income women
##                      10.54    5930   13.6
```

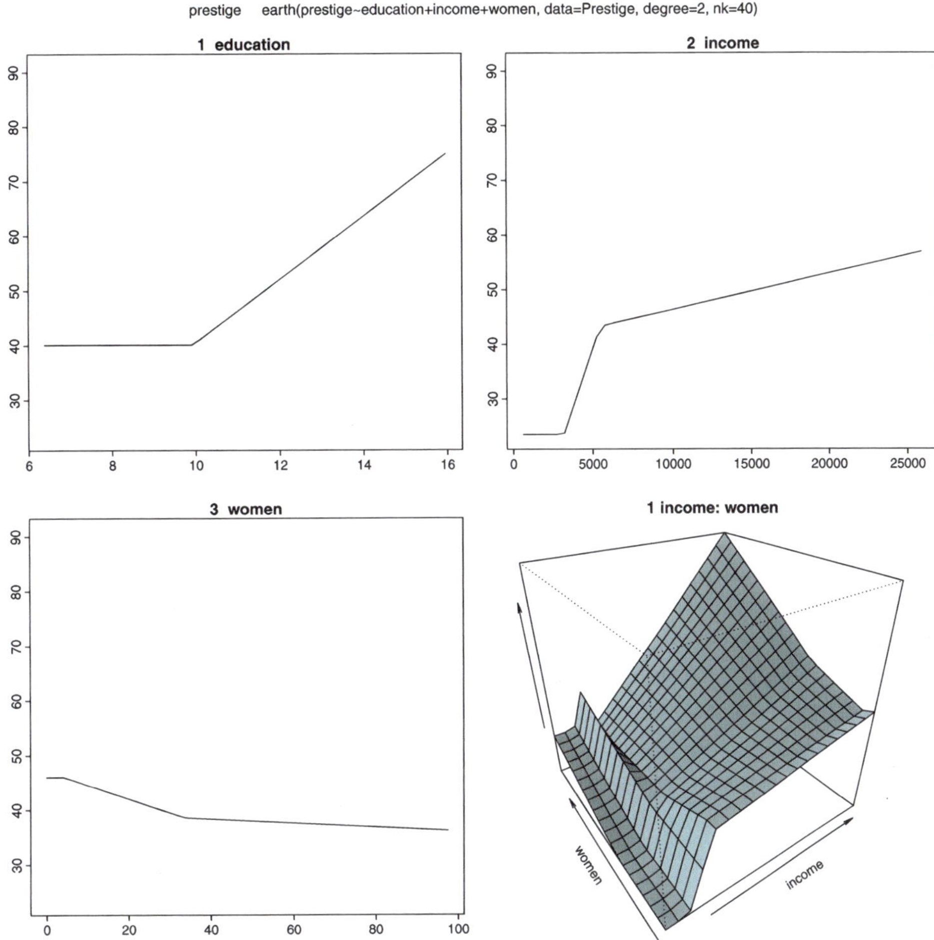

Figura 7.16: Efectos parciales de las componentes del modelo MARS ajustado.

También podemos obtener la importancia de las variables mediante la función `evimp()` y representarla gráficamente utilizando el método `plot.evimp()`; ver Figura 7.17:

```r
varimp <- evimp(mars)
varimp
```

```
##            nsubsets    gcv     rss
## education         6  100.0   100.0
## income            5   36.0    40.3
## women             3   16.3    22.0
```

```r
plot(varimp)
```

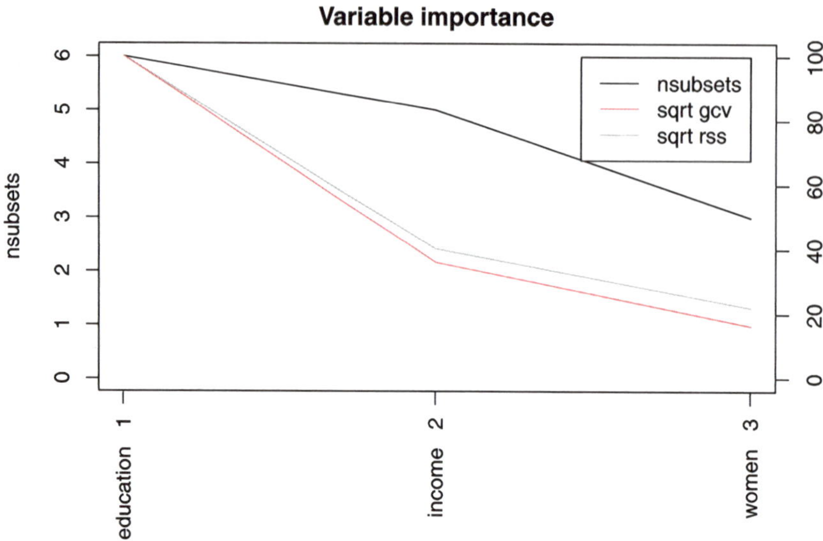

Figura 7.17: Importancia de los predictores incluidos en el modelo MARS.

Para finalizar, queremos destacar que se puede tener en cuenta este modelo como punto de
partida para ajustar un modelo GAM más flexible (como se mostró en la Sección 7.3). En este
caso, el ajuste GAM equivalente al modelo MARS anterior sería el siguiente:

```r
fit.gam <- gam(prestige ~ s(education) + s(income, women), data = Prestige)
summary(fit.gam)
```

```
## Family: gaussian
## Link function: identity
##
## Formula:
## prestige ~ s(education) + s(income, women)
##
## Parametric coefficients:
##             Estimate Std. Error t value Pr(>|t|)
## (Intercept)   46.833      0.679      69   <2e-16 ***
## ---
## Signif. codes:  0 '***' 0.001 '**' 0.01 '*' 0.05 '.' 0.1 ' ' 1
##
## Approximate significance of smooth terms:
##                   edf Ref.df     F p-value
## s(education)     2.80   3.49  25.1  <2e-16 ***
## s(income,women)  4.89   6.29  10.0  <2e-16 ***
## ---
## Signif. codes:  0 '***' 0.001 '**' 0.01 '*' 0.05 '.' 0.1 ' ' 1
##
```

```
## R-sq.(adj) =  0.841    Deviance explained = 85.3%
## GCV = 51.416  Scale est. = 47.032    n = 102
```

Las estimaciones de los efectos pueden variar considerablemente entre ambos modelos, ya que
el modelo GAM es mucho más flexible, como se muestra en la Figura 7.18. En esta gráfica se
representan los efectos principales de los predictores y el efecto de la interacción entre `income`
y `women`, que difieren considerablemente de los correspondiente al modelo MARS mostrados en
la Figura 7.16.

```
plotmo(fit.gam)
```

```
##  plotmo grid:    education income women
##                      10.54    5930  13.6
```

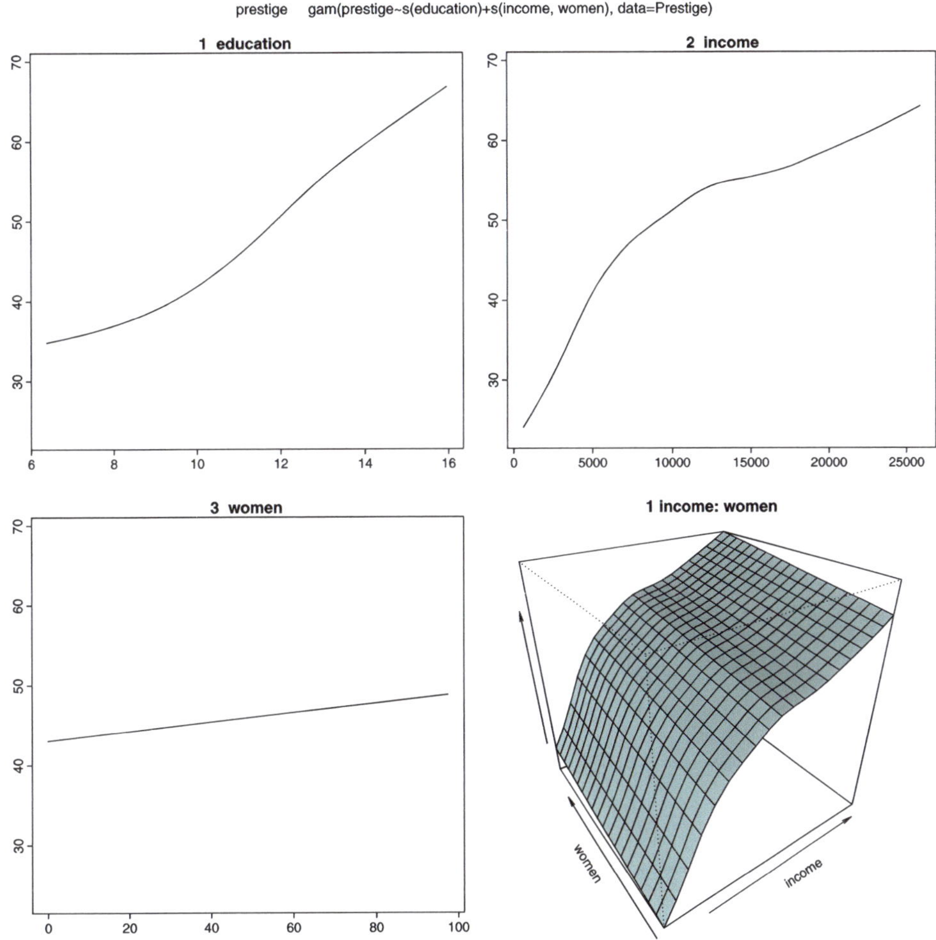

Figura 7.18: Efectos parciales de las componentes del modelo GAM con interacción.

En este caso concreto, la representación del efecto de la interacción puede dar lugar a confusión. Realmente, no hay observaciones con ingresos altos y un porcentaje elevado de mujeres, y se está realizando una extrapolación en esta zona. Esto se puede ver claramente en la Figura 7.19, donde se representa el efecto parcial de la interacción empleando las herramientas del paquete `mgcv`:

```
plot(fit.gam, scheme = 2, select = 2)
```

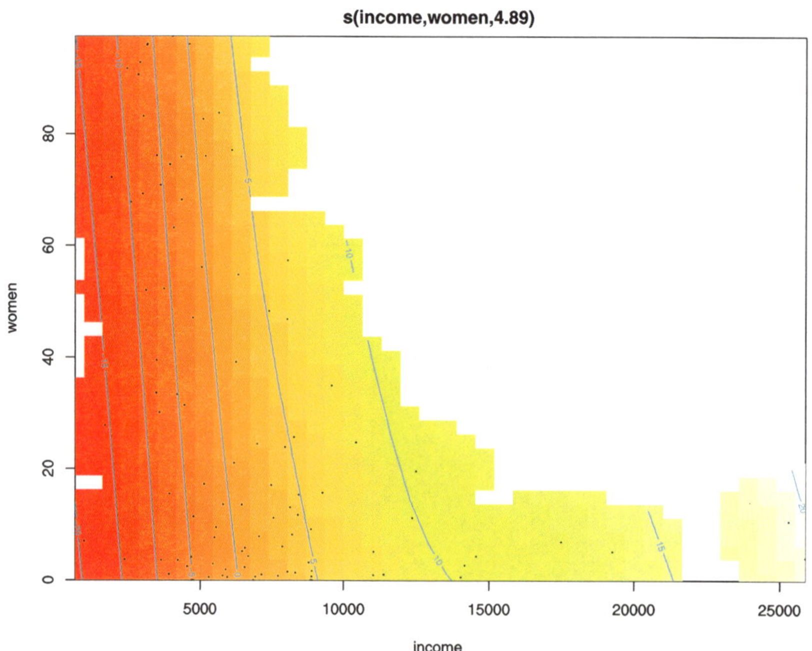

Figura 7.19: Efecto parcial de la interacción `income:women`.

Lo anterior nos podría hacer sospechar que el efecto de la interacción no es significativo. Además, si ajustamos el modelo sin interacción obtenemos un coeficiente de determinación ajustado mejor:

```
fit.gam2 <- gam(prestige ~ s(education) + s(income) + s(women),
                data = Prestige)
summary(fit.gam2)


## Family: gaussian
## Link function: identity
##
## Formula:
## prestige ~ s(education) + s(income) + s(women)
```

```
## 
## Parametric coefficients:
##             Estimate Std. Error t value Pr(>|t|)
## (Intercept)   46.833      0.656    71.3   <2e-16 ***
## ---
## Signif. codes:  0 '***' 0.001 '**' 0.01 '*' 0.05 '.' 0.1 ' ' 1
## 
## Approximate significance of smooth terms:
##                edf Ref.df     F p-value
## s(education)  2.81   3.50 26.39  <2e-16 ***
## s(income)     3.53   4.40 11.72  <2e-16 ***
## s(women)      2.21   2.74  3.71   0.022 *
## ---
## Signif. codes:  0 '***' 0.001 '**' 0.01 '*' 0.05 '.' 0.1 ' ' 1
## 
## R-sq.(adj) =  0.852   Deviance explained = 86.4%
## GCV = 48.484  Scale est. = 43.941    n = 102
```

El procedimiento clásico sería realizar un contraste de hipótesis, como se mostró en la Sección 7.3.2:

```
anova(fit.gam2, fit.gam, test = "F")
```

```
## Analysis of Deviance Table
## 
## Model 1: prestige ~ s(education) + s(income) + s(women)
## Model 2: prestige ~ s(education) + s(income, women)
##   Resid. Df Resid. Dev     Df Deviance    F Pr(>F)
## 1      90.4       4062
## 2      91.2       4388 -0.865     -326 8.59 0.0061 **
## ---
## Signif. codes:  0 '***' 0.001 '**' 0.01 '*' 0.05 '.' 0.1 ' ' 1
```

Este resultado nos haría pensar que el efecto de la interacción es significativo. Sin embargo, si nos fijamos en los resultados intermedios de la tabla, la diferencia entre los grados de libertad residuales de ambos modelo es negativa. Algo que en principio no debería ocurrir, ya que el modelo completo (con interacción) debería tener menos grados de libertad residuales que el modelo reducido (sin interacción). Esto es debido a que en el ajuste de un modelo GAM, por defecto, los grados de libertad de las componentes se seleccionan automáticamente y, en este caso concreto, la complejidad del modelo ajustado sin interacción resultó ser mayor (como se puede observar al comparar la columna `edf` del sumario de ambos modelos). Resumiendo, el modelo sin interacción no sería una versión reducida del modelo con interacción y no deberíamos emplear el contraste anterior. En cualquier caso, la recomendación en aprendizaje estadístico es emplear métodos de remuestreo, en lugar de contrastes de hipótesis, para seleccionar el modelo.

Ejercicio 7.5

Siguiendo con el ejemplo anterior de los datos `Prestige`, compara los errores de validación cruzada dejando uno fuera (LOOCV) de ambos modelos, con y sin interacción entre `income` y `women`, para decidir cuál sería preferible.

7.4.2 MARS con el paquete caret

En esta sección, emplearemos como ejemplo el conjunto de datos `earth::Ozone1` y seguiremos el procedimiento habitual en aprendizaje estadístico:

```
# data(ozone1, package = "earth")
df <- ozone1
set.seed(1)
nobs <- nrow(df)
itrain <- sample(nobs, 0.8 * nobs)
train <- df[itrain, ]
test <- df[-itrain, ]
```

De los varios métodos basados en `earth` que implementa `caret`, emplearemos el algoritmo original:

```
library(caret)
modelLookup("earth")
```

```
##   model parameter          label forReg forClass probModel
## 1 earth    nprune         #Terms   TRUE     TRUE      TRUE
## 2 earth    degree Product Degree   TRUE     TRUE      TRUE
```

Para la selección de los hiperparámetros óptimos, consideramos una rejilla de búsqueda personalizada (ver Figura 7.20):

```
tuneGrid <- expand.grid(degree = 1:2, nprune = floor(seq(2, 20, len = 10)))
set.seed(1)
caret.mars <- train(O3 ~ ., data = train, method = "earth",
    trControl = trainControl(method = "cv", number = 10), tuneGrid = tuneGrid)
caret.mars
```

```
## Multivariate Adaptive Regression Spline
##
## 264 samples
##   9 predictor
##
## No pre-processing
## Resampling: Cross-Validated (10 fold)
## Summary of sample sizes: 238, 238, 238, 236, 237, 239, ...
## Resampling results across tuning parameters:
```

```
##
##    degree   nprune   RMSE      Rsquared   MAE
##    1        2        4.8429    0.63667    3.8039
##    1        4        4.5590    0.68345    3.4880
##    1        6        4.3458    0.71420    3.4132
##    1        8        4.2566    0.72951    3.2203
##    1        10       4.1586    0.74368    3.1819
##    1        12       4.1284    0.75096    3.1422
##    1        14       4.0697    0.76006    3.0615
##    1        16       4.0588    0.76092    3.0588
##    1        18       4.0588    0.76092    3.0588
##    1        20       4.0588    0.76092    3.0588
##    2        2        4.8429    0.63667    3.8039
##    2        4        4.6528    0.67260    3.5400
##   [ reached getOption("max.print") -- omitted 8 rows ]
##
## RMSE was used to select the optimal model using the smallest value.
## The final values used for the model were nprune = 10 and degree = 2.
```

```
ggplot(caret.mars, highlight = TRUE)
```


Figura 7.20: Errores RMSE de validación cruzada de los modelos MARS en función del numero de términos **nprune** y del orden máximo de interacción **degree**, resaltando la combinación óptima.

El modelo final contiene 10 términos con interacciones. Podemos analizarlo con las herramientas de `earth`:

```r
summary(caret.mars$finalModel)
```

```
## Call: earth(x=matrix[264,9], y=c(4,13,16,3,6,2...), keepxy=TRUE,
##             degree=2, nprune=10)
##
##                               coefficients
## (Intercept)                       11.64820
## h(dpg-15)                         -0.07439
## h(ibt-110)                         0.12248
## h(17-vis)                         -0.33633
## h(vis-17)                         -0.01104
## h(101-doy)                        -0.10416
## h(doy-101)                        -0.02368
## h(wind-3) * h(1046-ibh)           -0.00234
## h(humidity-52) * h(15-dpg)        -0.00479
## h(60-humidity) * h(ibt-110)       -0.00276
##
## Selected 10 of 21 terms, and 7 of 9 predictors (nprune=10)
## Termination condition: Reached nk 21
## Importance: humidity, ibt, dpg, doy, wind, ibh, vis, temp-unused, ...
## Number of terms at each degree of interaction: 1 6 3
## GCV 13.842    RSS 3032.6    GRSq 0.78463    RSq 0.8199
```

Representamos los efectos parciales de las componentes, separando los efectos principales (Figura 7.21) de las interacciones (Figura 7.22):

```r
# plotmo(caret.mars$finalModel)
plotmo(caret.mars$finalModel, degree2 = 0, caption = "")
```

```
##   plotmo grid:    vh wind humidity temp    ibh dpg   ibt vis   doy
##               5770    5     64.5   62 2046.5  24 169.5 100 213.5
```

```r
plotmo(caret.mars$finalModel, degree1 = 0, caption = "")
```

Finalmente, evaluamos la precisión de las predicciones en la muestra de test con el procedimiento habitual:

```r
pred <- predict(caret.mars, newdata = test)
accuracy(pred, test$O3)
```

```
##          me      rmse       mae        mpe      mape r.squared
##     0.48179   4.09524   3.07644  -14.12889  41.26020   0.74081
```

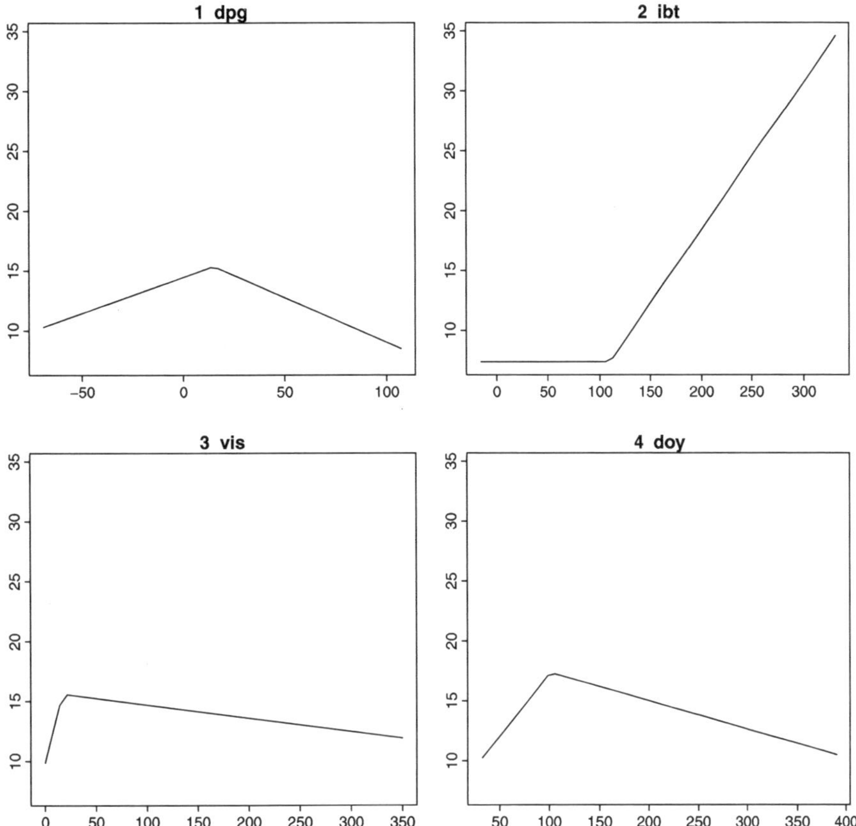

Figura 7.21: Efectos parciales principales del modelo MARS ajustado con `caret`.

Ejercicio 7.6

Continuando con el conjunto de datos `mpae::bodyfat` empleado en capítulos anteriores, particiona los datos y ajusta un modelo para predecir el porcentaje de grasa corporal (`bodyfat`), mediante regresión spline adaptativa multivariante (MARS) con el método `"earth"` del paquete `caret`:

a) Utiliza validación cruzada con 10 grupos para seleccionar los valores "óptimos" de los hiperparámetros considerando `degree = 1:2` y `nprune = 1:6`, y fija `nk = 60`.

b) Estudia el efecto de los predictores incluidos en el modelo final y obtén medidas de su importancia.

c) Evalúa las predicciones en la muestra de test (genera el correspondiente gráfico y obtén medidas de error).

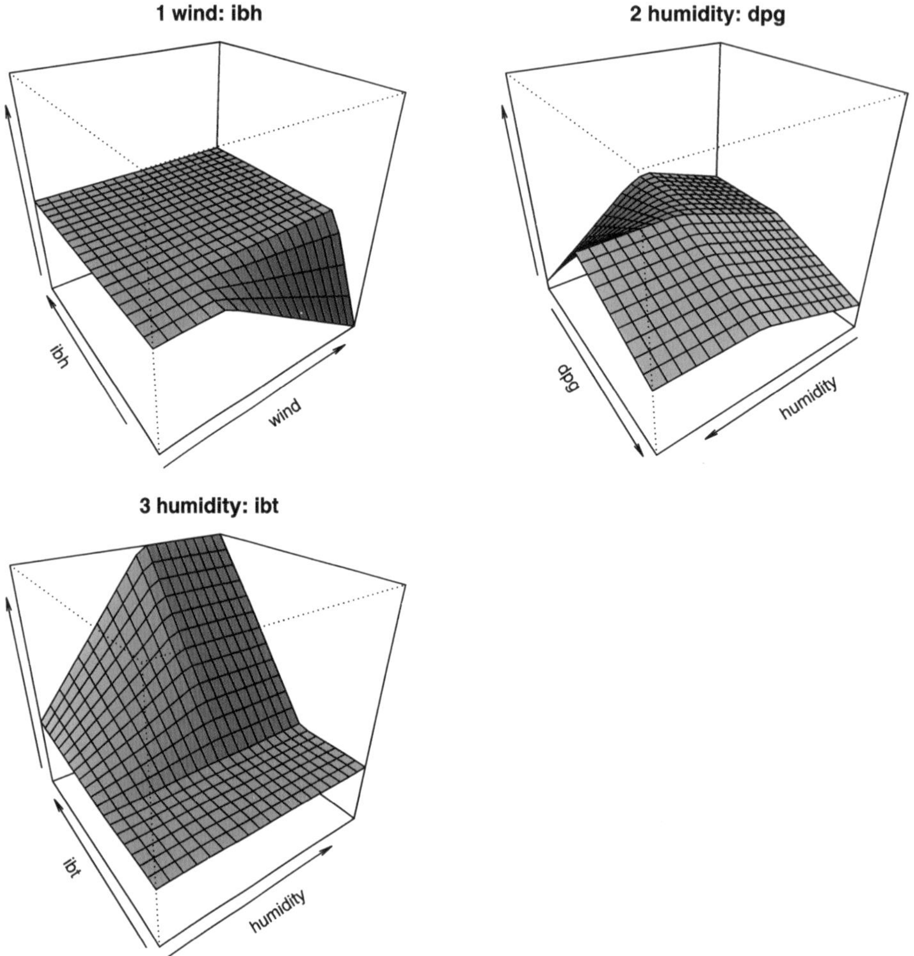

Figura 7.22: Efectos parciales principales de las interacciones del modelo MARS ajustado con `caret`.

Ejercicio 7.7

Vuelve a ajustar el modelo aditivo no paramétrico del ejercicio anterior, con la misma partición, pero empleando la función `gam()` del paquete `mcgv`:

a) Incluye los efectos no lineales de los predictores seleccionados por el método MARS obtenido en el ejercicio anterior.

b) Representa los efectos de los predictores (incluyendo los residuos añadiendo los argumentos `residuals = TRUE` y `pch = 1`) y estudia si sería razonable asumir que el de alguno de ellos es lineal o simplificar el modelo de alguna forma.

c) Ajusta también el modelo `bodyfat ~ s(abdomen) + s(weight)`.

d) Evalúa las predicciones en la muestra de test y compara los resultados con los obtenidos en el ejercicio anterior.

Ejercicio 7.8

Repite los ejercicios 7.6 y 7.7 anteriores, pero ahora utilizando el conjunto de datos `mpae::bfan` y considerando como respuesta el nivel de grasa corporal (`bfan`). Recuerda que en el ajuste aditivo logístico `mgcv::gam()` habrá que incluir `family = binomial`, y `type = "response"` en el correspondiente método `predict()` para obtener estimaciones de las probabilidades.

7.5 Projection pursuit

Projection pursuit (Friedman y Tukey, 1974) es una técnica de análisis exploratorio de datos multivariantes que busca proyecciones lineales de los datos en espacios de dimensión baja, siguiendo una idea originalmente propuesta en Kruskal (1969). Inicialmente se presentó como una técnica gráfica y por ese motivo buscaba proyecciones de dimensión 1 o 2 (proyecciones en rectas o planos), resultando que las direcciones interesantes son aquellas con distribución no normal. La motivación es que cuando se realizan transformaciones lineales lo habitual es que el resultado tenga la apariencia de una distribución normal (por el teorema central del límite), lo cual oculta las singularidades de los datos originales. Se supone que los datos son una trasformación lineal de componentes no gaussianas (variables latentes) y la idea es deshacer esta transformación mediante la optimización de una función objetivo, que en este contexto recibe el nombre de *projection index*. Aunque con orígenes distintos, *projection pursuit* es muy similar a *independent component analysis* (Comon, 1994), una técnica de reducción de la dimensión que, en lugar de buscar como es habitual componentes incorreladas (ortogonales), busca componentes independientes y con distribución no normal (ver por ejemplo la documentación del paquete `fastICA`; Marchini *et al.*, 2021).

Hay extensiones de *projection pursuit* para regresión, clasificación, estimación de la función de densidad, etc.

7.5.1 Regresión por projection pursuit

En el método original de *projection pursuit regression* (PPR; Friedman y Stuetzle, 1981) se considera el siguiente modelo semiparamétrico

$$m(\mathbf{x}) = \sum_{m=1}^{M} g_m(\alpha_{1m}x_1 + \alpha_{2m}x_2 + ... + \alpha_{pm}x_p)$$

siendo $\boldsymbol{\alpha}_m = (\alpha_{1m}, \alpha_{2m}, ..., \alpha_{pm})$ vectores de parámetros (desconocidos) de módulo unitario y g_m funciones suaves (desconocidas), denominadas funciones *ridge*.

Con esta aproximación se obtiene un modelo muy general que evita los problemas de la maldición de la dimensionalidad. De hecho, se trata de un *aproximador universal*: con M suficientemente grande y eligiendo adecuadamente las componentes se podría aproximar cualquier función continua. Sin embargo, el modelo resultante puede ser muy difícil de interpretar, salvo en el caso de $M = 1$, que se corresponde con el denominado *single index model* empleado habitualmente en econometría, pero que solo es algo más general que el modelo de regresión lineal múltiple.

El ajuste se este tipo de modelos es en principio un problema muy complejo. Hay que estimar las funciones univariantes g_m (utilizando un método de suavizado) y los parámetros α_{im}, utilizando como criterio de error RSS. En la práctica, se resuelve utilizando un proceso iterativo en el que se van fijando sucesivamente los valores de los parámetros y las funciones *ridge* (si son estimadas empleando un método que también proporcione estimaciones de su derivada, las actualizaciones de los parámetros se pueden obtener por mínimos cuadrados ponderados).

También se han desarrollado extensiones del método original para el caso de respuesta multivariante:

$$m_i(\mathbf{x}) = \beta_{i0} + \sum_{m=1}^{M} \beta_{im} g_m(\alpha_{1m} x_1 + \alpha_{2m} x_2 + ... + \alpha_{pm} x_p)$$

reescalando las funciones *rigde* de forma que tengan media cero y varianza unidad sobre las proyecciones de las observaciones.

Este procedimiento de regresión está muy relacionado con las redes de neuronas artificiales que han sido objeto de mayor estudio y desarrollo en los últimos años. Estos métodos se tratarán en el Capítulo 8.

7.5.2 Implementación en R

El método PPR (con respuesta multivariante) está implementado en la función `ppr()` del paquete base[8] de R, y es también la empleada por el método `"ppr"` de `caret`:

```r
ppr(formula, data, nterms, max.terms = nterms, optlevel = 2,
    sm.method = c("supsmu", "spline", "gcvspline"),
    bass = 0, span = 0, df = 5, gcvpen = 1, ...)
```

Esta función va añadiendo términos *ridge* hasta un máximo de `max.terms` y posteriormente emplea un método hacia atrás para seleccionar `nterms` (el argumento `optlevel` controla cómo se vuelven a reajustar los términos en cada iteración). Por defecto, emplea el *super suavizador*

---

[8] Basada en la función `ppreg()` de S-PLUS e implementado en R por B.D. Ripley, inicialmente para el paquete `MASS`.

de Friedman (función `supsmu()`, con parámetros `bass` y `span`), aunque también admite splines (función `smooth.spline()`, fijando los grados de libertad con `df` o seleccionándolos mediante GCV). Para más detalles, ver `help(ppr)`.

A continuación, retomamos el ejemplo del conjunto de datos `earth::Ozone1`. En primer lugar ajustamos un modelo PPR con dos términos (incrementando el suavizado por defecto de `supsmu()` siguiendo la recomendación de Venables y Ripley, 2002):

```r
ppreg <- ppr(O3 ~ ., nterms = 2, data = train, bass = 2)
```

Si realizamos un resumen del resultado, se muestran las estimaciones de los coeficientes α_{jm} de las proyecciones lineales y de los coeficientes β_{im} de las componentes rigde, que podrían interpretarse como una medida de su importancia. En este caso, la primera componente no paramétrica es la que tiene mayor peso en la predicción.

```r
summary(ppreg)
```

```
## Call:
## ppr(formula = O3 ~ ., data = train, nterms = 2, bass = 2)
##
## Goodness of fit:
## 2 terms
##   4033.7
##
## Projection direction vectors ('alpha'):
##             term 1      term 2
## vh         -0.0166178   0.0474171
## wind       -0.3178679  -0.5442661
## humidity    0.2384546  -0.7864837
## temp        0.8920518  -0.0125634
## ibh        -0.0017072  -0.0017942
## dpg         0.0334769   0.2859562
## ibt         0.2055363   0.0269849
## vis        -0.0262552  -0.0141736
## doy        -0.0448190  -0.0104052
##
## Coefficients of ridge terms ('beta'):
## term 1 term 2
## 6.7904 1.5312
```

Podemos representar las funciones rigde con método `plot()` (ver Figura 7.23):

```r
plot(ppreg)
```

En este caso, se estimaría que la primera componente lineal tiene aproximadamente un efecto cuadrático positivo, con un incremento en la pendiente a partir de un valor en torno a -30, y

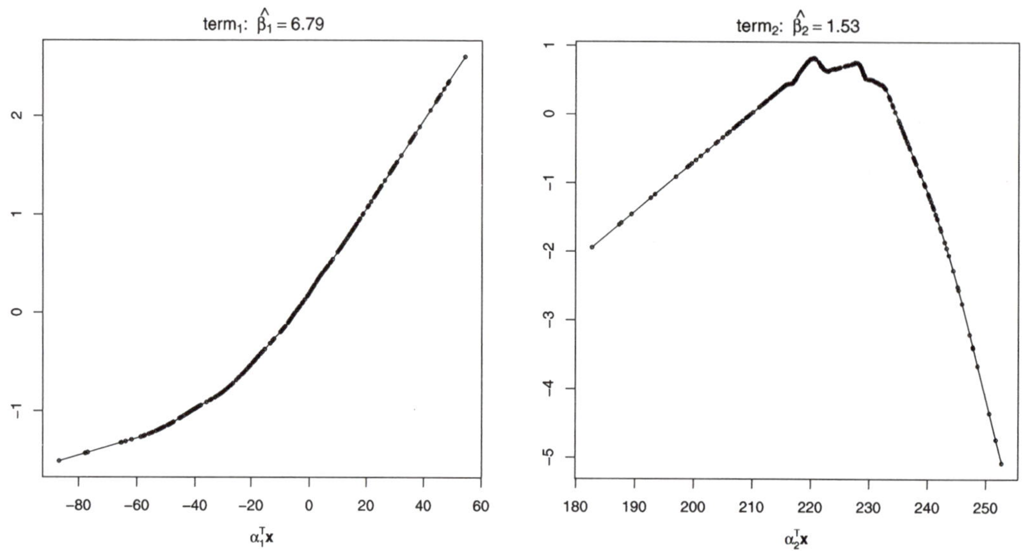

Figura 7.23: Estimaciones de las funciones *ridge* del ajuste PPR.

la segunda un efecto cuadrático con un cambio de pendiente de positivo a negativo en torno a 225.

Por último evaluamos las predicciones en la muestra de test:

```r
pred <- predict(ppreg, newdata = test)
obs <- test$O3
accuracy(pred, obs)
```

```
##       me      rmse       mae       mpe      mape r.squared
##   0.48198   3.23301   2.59415  -6.12031  34.87285   0.83846
```

Empleamos también el método `"ppr"` de `caret` para seleccionar automáticamente el número de términos:

```r
library(caret)
modelLookup("ppr")
```

```
##   model parameter   label forReg forClass probModel
## 1   ppr    nterms # Terms   TRUE    FALSE     FALSE
```

```r
set.seed(1)
caret.ppr <- train(O3 ~ ., data = train, method = "ppr",
                 trControl = trainControl(method = "cv", number = 10))
caret.ppr
```

```
## Projection Pursuit Regression
```

```
##
## 264 samples
##    9 predictor
##
## No pre-processing
## Resampling: Cross-Validated (10 fold)
## Summary of sample sizes: 238, 238, 238, 236, 237, 239, ...
## Resampling results across tuning parameters:
##
##    nterms  RMSE     Rsquared  MAE
##    1       4.3660   0.70690   3.3067
##    2       4.4793   0.69147   3.4549
##    3       4.6249   0.66441   3.5689
##
## RMSE was used to select the optimal model using the smallest value.
## The final value used for the model was nterms = 1.
```

En este caso, se selecciona un único término *ridge*. Podríamos analizar el modelo final ajustado de forma análoga (ver Figura 7.24):

```
summary(caret.ppr$finalModel)
```

```
## Call:
## ppr(x = as.matrix(x), y = y, nterms = param$nterms)
##
## Goodness of fit:
## 1 terms
##   4436.7
##
## Projection direction vectors ('alpha'):
##          vh        wind    humidity       temp         ibh         dpg
## -0.0160915 -0.1678913   0.3517739   0.9073015 -0.0018289   0.0269015
##         ibt         vis         doy
##   0.1480212 -0.0264704 -0.0357039
##
## Coefficients of ridge terms ('beta'):
## term 1
##   6.854
```

```
plot(caret.ppr$finalModel)
```

Si estudiamos las predicciones en la muestra de test, la proporción de variabilidad explicada es similar a la obtenida anteriormente con dos componentes *ridge*:

```
pred <- predict(caret.ppr, newdata = test)
accuracy(pred, obs)
```

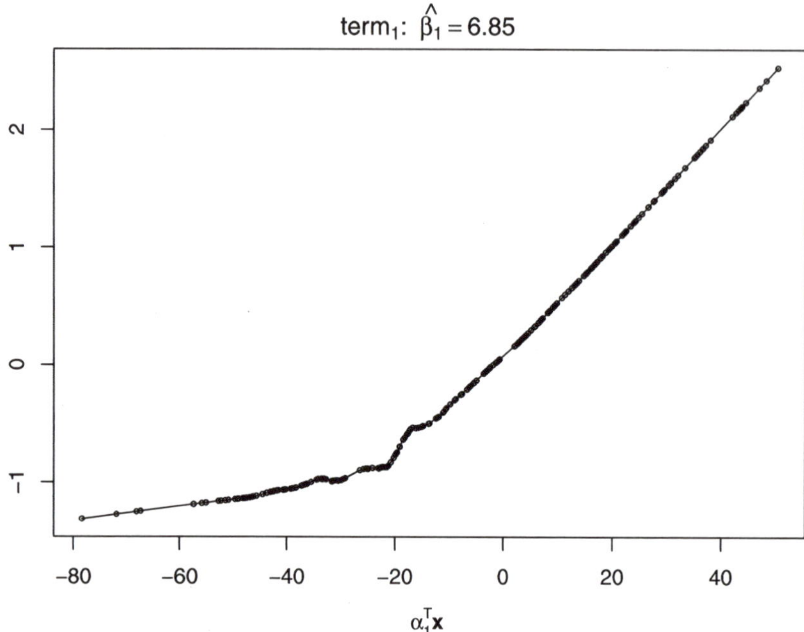

Figura 7.24: Estimación de la función *ridge* del ajuste PPR (con selección óptima del número de componentes).

```
##          me       rmse        mae        mpe       mape r.squared
##     0.31359    3.36529    2.70616  -10.75327   33.83336   0.82497
```

Para ajustar un modelo *single index* también se podría emplear la función `npindex()` del paquete np (que implementa el método de Ichimura, 1993, considerando un estimador local constante), aunque en este caso ni el tiempo de computación ni el resultado es satisfactorio[9]:

```r
library(np)
formula <- O3 ~ vh + wind + humidity + temp + ibh + dpg + ibt + vis + doy
bw <- npindexbw(formula, data = train, optim.method = "BFGS", nmulti = 1)
sindex <- npindex(bws = bw, gradients = TRUE)
summary(sindex)
```

```
## Single Index Model
## Regression Data: 264 training points, in 9 variable(s)
```

---

[9] No admite una fórmula del tipo `respuesta ~ .`, al intentar ejecutar `npindexbw(O3 ~ ., data = train)` se produciría un error. Para solventarlo tendríamos que escribir la expresión explícita de la fórmula, por ejemplo con la ayuda de `reformulate(setdiff(colnames(train), "O3"), response = "O3")`. Aparte de esto, el valor por defecto de `nmulti = 5`, número de reinicios con punto de partida aleatorio del algoritmo de optimización, puede producir que el tiempo de computación sea excesivo. Otro inconveniente es que los resultados de texto contienen caracteres inválidos para compilar en LaTeX y pueden aparecer errores al generar informes.

```
##          vh  wind humidity  temp      ibh     dpg     ibt       vis      doy
## Beta:  1 10.85    6.2642 8.856 0.09266 4.0038 5.6625 -0.66145 -1.1185
## Bandwidth: 13.797
## Kernel Regression Estimator: Local-Constant
## Residual standard error: 3.2614
## R-squared: 0.83391
##
## Continuous Kernel Type: Second-Order Gaussian
## No. Continuous Explanatory Vars.: 1
```

Al representar la función *ridge* se observa que, aparentemente, la ventana seleccionada produce
un infrasuavizado (sobreajuste; ver Figura 7.25):

```
plot(bw)
```

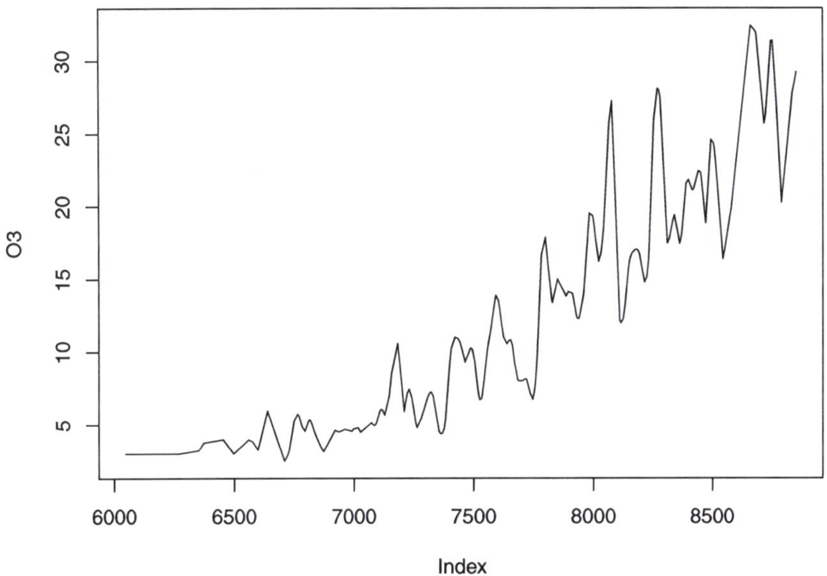

Figura 7.25: Estimación de la función *ridge* del modelo *single index* ajustado.

Si analizamos la eficiencia de las predicciones en la muestra de test, la proporción de variabilidad
explicada es mucho menor que la del modelo ajustado con la función `ppr()`:

```
pred <- predict(sindex, newdata = test)
accuracy(pred, obs)
```

```
##          me      rmse       mae       mpe      mape r.squared
##     0.35026   4.77239   3.63679  -8.82255  38.24191   0.64801
```

Ejercicio 7.9

Continuando con los ejercicios 7.6 y 7.7 anteriores, con los datos de grasa corporal `mpae::bodyfat`, ajusta un modelo de regresión por *projection pursuit* empleando el método `"ppr"` de `caret`, seleccionando el número de términos *ridge* `nterms = 1:2` y fijando el suavizado máximo `bass = 10`. Obtén los coeficientes del modelo, representa las funciones *ridge* y evalúa las predicciones en la muestra de test (gráfico y medidas de error). Comparar los resultados con los obtenidos en los ejercicios anteriores.

Capítulo 8

Redes neuronales

Las redes neuronales (McCulloch y Pitts, 1943), también conocidas como redes de neuronas artificiales (*artificial neural network*; ANN), son una metodología de aprendizaje supervisado que destaca porque da lugar a modelos con un número muy elevado de parámetros, adecuada para abordar problemas con estructuras subyacentes muy complejas, pero de muy difícil interpretación. Con la aparición de las máquinas de soporte vectorial y del *boosting*, las redes neuronales perdieron popularidad, pero en los últimos años la han recuperado, sobre todo gracias al incremento de las capacidades de computación. El diseño y el entrenamiento de una red neuronal suele requerir de más tiempo y experimentación, y también de más experiencia, que otros algoritmos de aprendizaje estadístico. Además, el gran número de hiperparámetros lo convierte en un problema de optimización complicado. En este capítulo se va a hacer una breve introducción a esta metodología; para poder emplearla con solvencia en la práctica, sería muy recomendable profundizar más en ella (por ejemplo, en Chollet y Allaire, 2018, se puede encontrar un tratamiento detallado).

En los métodos de aprendizaje supervisado se realizan una o varias transformaciones del espacio de las variables predictoras buscando una representación *óptima* de los datos, para así poder conseguir una buena predicción. Los modelos que realizan una o dos transformaciones reciben el nombre de modelos superficiales (*shallow models*). Por el contrario, cuando se realizan muchas transformaciones se habla de aprendizaje profundo (*deep learning*). No nos debemos dejar engañar por la publicidad: que un aprendizaje sea profundo no significa que sea mejor que el superficial. Aunque es verdad que ahora mismo la metodología que está de moda son las redes neuronales profundas (*deep neural networks*), hay que ser muy consciente de que dependiendo del contexto será más conveniente un tipo de modelos u otro. Esta metodología resulta adecuada para problemas muy complejos, pero no tanto para problemas con pocas observaciones o pocos predictores. Hay que tener en cuenta que no existe ninguna metodología que sea "transversalmente" la mejor (lo que se conoce como el teorema *no free lunch*; Wolpert y Macready, 1997).

Una red neuronal básica, como la representada en la Figura 8.1, va a realizar dos transformaciones de los datos, y por tanto es un modelo con tres capas: una capa de entrada (*input layer*) consistente en las variables originales $\mathbf{X} = (X_1, X_2, \dots, X_p)$, otra capa oculta (*hidden layer*) con M nodos, y la capa de salida (*output layer*) con la predicción (o predicciones) final $m(\mathbf{X})$.

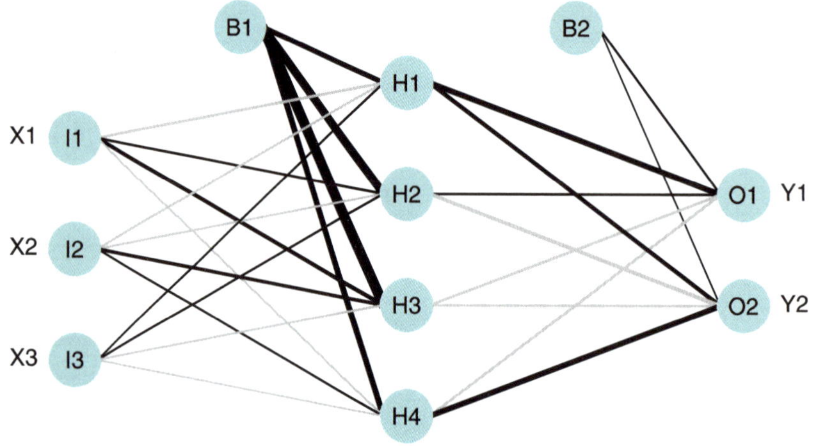

Figura 8.1: Diagrama de una red neuronal.

Para que las redes neuronales tengan un rendimiento aceptable se requiere disponer de tamaños muestrales grandes, debido a que son modelos hiperparametrizados (y por tanto de difícil interpretación). El ajuste de estos modelos puede requerir mucho tiempo de computación, incluso si están implementados de forma muy eficiente (por ejemplo, empleando computación en paralelo con GPUs), y solo desde fechas recientes es viable utilizarlos con un número elevado de capas (*deep neural networks*). Además, las redes neuronales son muy sensibles a la escala de los predictores, por lo que requieren de un preprocesado para su homogeneización; y pueden presentar problemas de colinealidad.

Una de las fortalezas de las redes neuronales es que sus modelos son muy robustos frente a predictores irrelevantes. Esto la convierte en una metodología muy interesante cuando se dispone de datos de dimensión muy alta. Otros métodos requieren un preprocesado muy costoso, pero las redes neuronales lo realizan de forma automática en las capas intermedias, que de forma sucesiva se van centrado en los aspectos relevantes de los datos. Y una de sus debilidades es que conforme aumentan las capas se hace más difícil la interpretación del modelo, hasta convertirse en una auténtica caja negra.

Hay distintas formas de construir redes neuronales. La básica recibe el nombre de *feedforward* (o también *multilayer perceptron*). Otras formas, con sus campos de aplicación principales, son:

- *Convolutional neural networks* para reconocimiento de imagen y vídeo.

- *Recurrent neural networks* para reconocimiento de voz.

- *Long short-term memory neural networks* para traducción automática.

8.1 Single-hidden-layer feedforward network

La red neuronal más simple es la *single-hidden-layer feedforward network*, también conocida como *single layer perceptron*. Se trata de una red feedforward con una única capa oculta que consta de M variables ocultas h_m (los nodos que conforman la capa, también llamados unidades ocultas). Cada variable h_m es una combinación lineal de las variables predictoras, con parámetros ω_{jm} (los parámetros ω_{0m} reciben el nombre de parámetros *sesgo*)

$$\omega_{0m} + \omega_{1m}x_1 + \omega_{2m}x_2 + ... + \omega_{pm}x_p$$

transformada por una función no lineal ϕ, denominada *función de activación*, típicamente la función logística (ver Sección 1.2.1); la idea sería que cada neurona "aprende" un resultado binario. De este modo tenemos que

$$h_m(\mathbf{x}) = \phi\left(\omega_{0m} + \omega_{1m}x_1 + \omega_{2m}x_2 + ... + \omega_{pm}x_p\right)$$

En regresión, el modelo final es una combinación lineal de las variables ocultas

$$m(\mathbf{x}) = \gamma_0 + \gamma_1 h_1 + \gamma_2 h_2 + ... + \gamma_M h_M$$

aunque también se puede considerar una función de activación en el nodo final, para adaptar la predicción a distintos tipos de respuestas, y distintas funciones de activación en los nodos intermedios[1]. Una bastante utilizada es la función bisagra definida en la Sección 7.4, denominada *ReLU* (*Rectified linear unit*) en este contexto. En la siguiente sección se describirá el caso de clasificación.

Por tanto, el modelo m es un modelo de regresión no lineal en dos etapas con $M(p + 1) + M + 1$ parámetros (también llamados *pesos*). Por ejemplo, con 200 variables predictoras y 10 variables ocultas, hay nada menos que 2021 parámetros. Como podemos comprobar, incluso con el modelo más sencillo y una cantidad moderada de variables predictoras y ocultas, el

---

[1] Para un listado de distintas funciones de activación, ver por ejemplo https://en.wikipedia.org/wiki/Activation_function.

número de parámetros a estimar es muy grande. Por eso decimos que estos modelos están hiperparametrizados.

La estimación de los parámetros (el aprendizaje) se realiza minimizando una función de pérdidas, típicamente la suma de los residuos al cuadrado (RSS). La solución exacta de este problema de optimización suele ser imposible en la práctica, al tratarse de un problema no convexo, por lo que se resuelve mediante un algoritmo heurístico de descenso de gradientes (que utiliza las derivadas de las funciones de activación), llamado en este contexto *backpropagation* (Werbos, 1974), que va a converger a un óptimo local, pero difícilmente al óptimo global. Por este motivo, el modelo resultante va a ser muy sensible a la solución inicial, que generalmente se selecciona de forma aleatoria con valores próximos a cero (si se empezase dando a los parámetros valores nulos, el algoritmo no se movería). El algoritmo va tratando los datos de entrenamiento por lotes (de 32, 64...) llamados *batch*, y recibe el nombre de *epoch* cada vez que el algoritmo completa el procesado de todos los datos; por tanto, el número de *epochs* es el número de veces que el algoritmo procesa la totalidad de los datos.

Una forma de mitigar la inestabilidad de la estimación del modelo es generando muchos modelos (que se consiguen con soluciones iniciales diferentes) y promediando las predicciones; otra alternativa es utilizar *bagging*. El algoritmo depende de un parámetro en cada iteración, que representa el ratio de aprendizaje (*learning rate*). Por razones matemáticas, se selecciona una sucesión que converja a cero.

Otro problema inherente a la heurística de tipo gradiente es que se ve afectada negativamente por la correlación entre las variables predictoras. Cuando hay correlaciones muy altas, es usual preprocesar los datos, o bien eliminando variables predictoras o bien utilizando PCA.

Naturalmente, al ser las redes neuronales unos modelos con tantos parámetros tienen una gran tendencia al sobreajuste. Una forma de mitigar este problema es implementar la misma idea que se utiliza en la regresión *ridge* de penalizar los parámetros y que en este contexto recibe el nombre de reducción de los pesos (*weight decay*)

$$\min_{\omega,\gamma} \text{RSS} + \lambda \left(\sum_{m=1}^{M} \sum_{j=0}^{p} \omega_{jm}^2 + \sum_{m=0}^{M} \gamma_m^2 \right)$$

En esta modelización del problema, hay dos hiperparámetros cuyos valores deben ser seleccionados: el parámetro regularizador λ (con frecuencia un número entre 0 y 0.1) y el número de nodos M. Es frecuente seleccionar M a mano (un valor alto, entre 5 y 100) y λ por validación cruzada, confiando en que el proceso de regularización forzará a que muchos pesos (parámetros) sean próximos a cero. Además, al depender la penalización de una suma de pesos, es imprescindible que sean comparables, es decir, hay que reescalar las variables predictoras antes de empezar a construir el modelo.

La extensión natural de este modelo es utilizar más de una capa de nodos (variables ocultas). En cada capa, los nodos están *conectados* con los nodos de la capa precedente.

Observemos que el modelo single-hidden-layer feedforward network tiene la misma forma que el modelo *projection pursuit regression* (Sección 7.5.1), sin más que considerar $\alpha_m = \omega_m/\|\omega_m\|$, con $\omega_m = (\omega_{1m}, \omega_{2m}, ..., \omega_{pm})$, y

$$g_m(\alpha_{1m}x_1 + \alpha_{2m}x_2 + ... + \alpha_{pm}x_p) = \gamma_m \phi(\omega_{0m} + \omega_{1m}x_1 + \omega_{2m}x_2 + ... + \omega_{pm}x_p)$$

Sin embargo, hay que destacar una diferencia muy importante: en una red neuronal, el analista fija la función ϕ (lo más habitual es utilizar la función logística), mientras que las funciones *ridge* g_m se consideran como funciones no paramétricas desconocidas que hay que estimar.

8.2 Clasificación con ANN

En un problema de clasificación con dos categorías, si se emplea una variable binaria para codificar la respuesta, bastará con considerar una función logística como función de activación en el nodo final (de esta forma se estará estimando la probabilidad de éxito). En el caso general, en lugar de construir un único modelo $m(\mathbf{x})$, se construyen tantos como categorías, aunque habrá que seleccionar una función de activación adecuada en los nodos finales, típicamente la función *softmax* (ver Sección 1.2.1).

Por ejemplo, en el caso de una single-hidden-layer feedforward network, para cada categoría i, se construye el modelo T_i como ya se explicó antes

$$T_i(\mathbf{x}) = \gamma_{0i} + \gamma_{1i}h_1 + \gamma_{2i}h_2 + ... + \gamma_{Mi}h_M$$

y a continuación se transforman los resultados de los k modelos para obtener estimaciones válidas de las probabilidades

$$m_i(\mathbf{x}) = \tilde{\phi}_i(T_1(\mathbf{x}), T_2(\mathbf{x}), ..., T_k(\mathbf{x}))$$

donde $\tilde{\phi}_i$ es la función softmax

$$\tilde{\phi}_i(s_1, s_2, ..., s_k) = \frac{e^{s_i}}{\sum_{j=1}^{k} e^{s_j}}$$

Como criterio de error se suele utilizar la *entropía*, aunque se podrían considerar otros. Desde este punto de vista, la regresión logística (multinomial) sería un caso particular.

8.3   Implementación en R

Hay numerosos paquetes que implementan redes neuronales, aunque por simplicidad utilizaremos el paquete **nnet** (Venables y Ripley, 2002) que implementa redes neuronales *feedfordward* con una única capa oculta y está incluido en el paquete base de R. Para el caso de redes más complejas se puede utilizar, por ejemplo, el paquete **neuralnet** (Fritsch *et al.*, 2019), pero en el caso de grandes volúmenes de datos o aprendizaje profundo la recomendación sería emplear paquetes computacionalmente más eficientes (con computación en paralelo empleando CPUs o GPUs) como **keras**, **h2o** o **sparlyr**, entre otros.

La función principal **nnet()** se suele emplear con los siguientes argumentos:

```r
nnet(formula, data, size, Wts, linout = FALSE, skip = FALSE,
    rang = 0.7, decay = 0, maxit = 100, ...)
```

- **formula** y **data** (opcional): permiten especificar la respuesta y las variables predictoras de la forma habitual (p. g.ej. **respuesta ~ .**; también implementa una interfaz con matrices **x** e **y**). Admite respuestas multidimensionales (ajustará un modelo para cada componente) y categóricas (las convierte en multivariantes si tienen más de dos categorías y emplea softmax en los nodos finales). Teniendo en cuenta que por defecto los pesos iniciales se asignan al azar (**Wts <- runif(nwts, -rang, rang)**), la recomendación sería reescalar los predictores en el intervalo $[0, 1]$, sobre todo si se emplea regularización (**decay > 0**).

- **size**: número de nodos en la capa oculta.

- **linout**: permite seleccionar la identidad como función de activación en los nodos finales; por defecto **FALSE** y empleará la función logística o softmax en el caso de factores con múltiples niveles (si se emplea la interfaz de fórmula, con matrices habrá que establecer **softmax = TRUE**).

- **skip**: permite añadir pesos adicionales entre la capa de entrada y la de salida (saltándose la capa oculta); por defecto **FALSE**.

- **decay**: parámetro λ de regularización de los pesos (*weight decay*); por defecto 0. Para emplear este parámetro los predictores deberían estar en la misma escala.

- **maxit**: número máximo de iteraciones; por defecto 100.

Como ejemplo consideraremos el conjunto de datos **earth::Ozone1** empleado en el capítulo anterior:

```r
data(ozone1, package = "earth")
df <- ozone1
set.seed(1)
nobs <- nrow(df)
```

```r
itrain <- sample(nobs, 0.8 * nobs)
train <- df[itrain, ]
test <- df[-itrain, ]
```

En este caso, emplearemos el método `"nnet"` de `caret` para preprocesar los datos y seleccionar el número de nodos en la capa oculta y el parámetro de regularización. Como `caret` emplea las opciones por defecto de `nnet()` (diseñadas para clasificación), estableceremos `linout = TRUE`[2] y aumentaremos el número de iteraciones (aunque seguramente siga siendo demasiado pequeño).

```r
library(caret)
modelLookup("nnet")
```

```
##    model parameter         label forReg forClass probModel
## 1   nnet      size #Hidden Units   TRUE     TRUE      TRUE
## 2   nnet     decay  Weight Decay   TRUE     TRUE      TRUE
```

```r
tuneGrid <- expand.grid(size = 2*1:5, decay = c(0, 0.001, 0.01))
set.seed(1)
caret.nnet <- train(O3 ~ ., data = train, method = "nnet",
                    preProc = c("range"), # Reescalado en [0,1]
                    tuneGrid = tuneGrid,
                    trControl = trainControl(method = "cv", number = 10),
                    linout = TRUE, maxit = 200, trace = FALSE)
```

En este caso se seleccionaron 4 nodos en la capa oculta y un valor de 0.01 para el parámetro de regularización (ver Figura 8.2).

```r
ggplot(caret.nnet, highlight = TRUE)
```

A continuación, analizamos el modelo resultante con el método `summary()`:

```r
summary(caret.nnet$finalModel)
```

```
## a 9-4-1 network with 45 weights
## options were - linear output units  decay=0.01
##   b->h1 i1->h1 i2->h1 i3->h1 i4->h1 i5->h1 i6->h1 i7->h1 i8->h1 i9->h1
##   -8.66   3.74  -5.50 -18.11 -12.83   6.49  14.39  -4.53  14.48  -1.96
##   b->h2 i1->h2 i2->h2 i3->h2 i4->h2 i5->h2 i6->h2 i7->h2 i8->h2 i9->h2
##   -2.98   1.78   0.00   1.58   1.96  -0.60   0.63   2.46   2.36 -19.69
##   b->h3 i1->h3 i2->h3 i3->h3 i4->h3 i5->h3 i6->h3 i7->h3 i8->h3 i9->h3
##   25.23 -50.14   9.74  -3.66  -5.61   4.21 -11.17  39.34 -20.18   0.37
##   b->h4 i1->h4 i2->h4 i3->h4 i4->h4 i5->h4 i6->h4 i7->h4 i8->h4 i9->h4
##   -3.90   4.94  -1.08   1.50   1.52  -0.54   0.14  -1.27   0.98  -1.54
##    b->o  h1->o  h2->o  h3->o  h4->o
##   -5.32   4.19 -14.03   7.50  38.75
```

---

[2] La alternativa sería transformar la respuesta a rango 1.

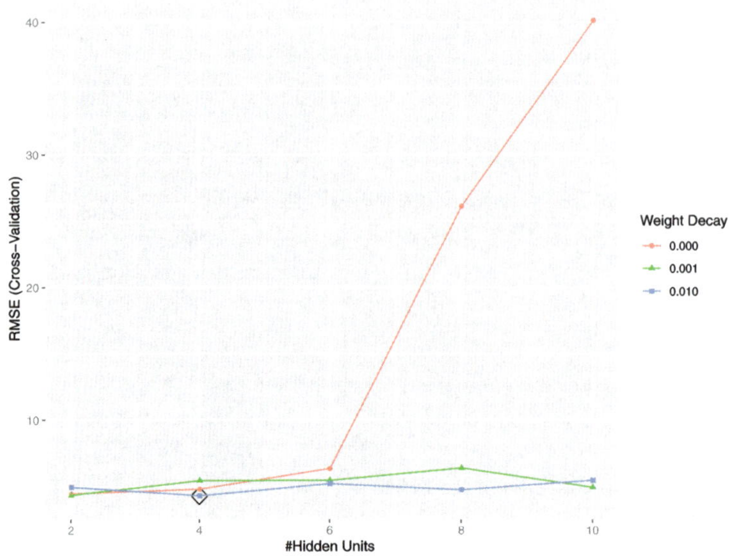

Figura 8.2: Selección de los hiperparámetros asociados a una red neuronal (el número de nodos y el parámetro de regularización) mediante un criterio de error RMSE calculado por validación cruzada.

que muestra los valores de los pesos (45 en total). Aunque suele ser preferible representarlo gráficamente, empleando el paquete `NeuralNetTools` (Beck, 2018), ver Figura 8.3:

```r
library(NeuralNetTools)
plotnet(caret.nnet$finalModel)
```

Por último, evaluamos las predicciones en la muestra de test:

```r
pred <- predict(caret.nnet, newdata = test)
obs <- test$O3
library(mpae)
accuracy(pred, obs)
```

```
##         me       rmse        mae        mpe       mape r.squared
##    0.33213    3.02422    2.44670   -7.40960   32.80001   0.85865
```

y las representamos gráficamente (ver Figura 8.4):

```r
pred.plot(pred, obs, xlab = "Predicción", ylab = "Observado")
```

Ejercicio 8.1

Continuando con el conjunto de datos `mpae::bodyfat` empleado en capítulos anteriores, particiona los datos y ajusta una red neuronal para predecir el porcentaje de grasa corporal (`bodyfat`), mediante el método `nnet` de `caret`. Fija el parámetro de penalización `decay =`

0.001 y selecciona el número de nodos en la capa oculta `size = 2:5` mediante validación cruzada con 10 grupos, considerando un máximo de 125 iteraciones en el algoritmo de aprendizaje. Representa gráficamente la red obtenida e indica el número de parámetros del modelo. Evalúa su precisión en la muestra de test y compara los resultados con los obtenidos en la Sección 2.1.4 o en ejercicios anteriores.

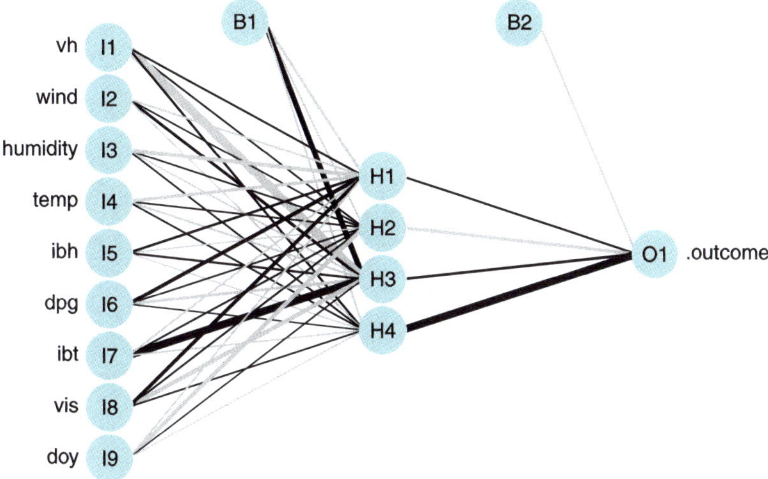

Figura 8.3: Representación de la red neuronal ajustada (generada con el paquete `NeuralNetTools`; con colores y grosores según el signo y magnitud de los pesos).

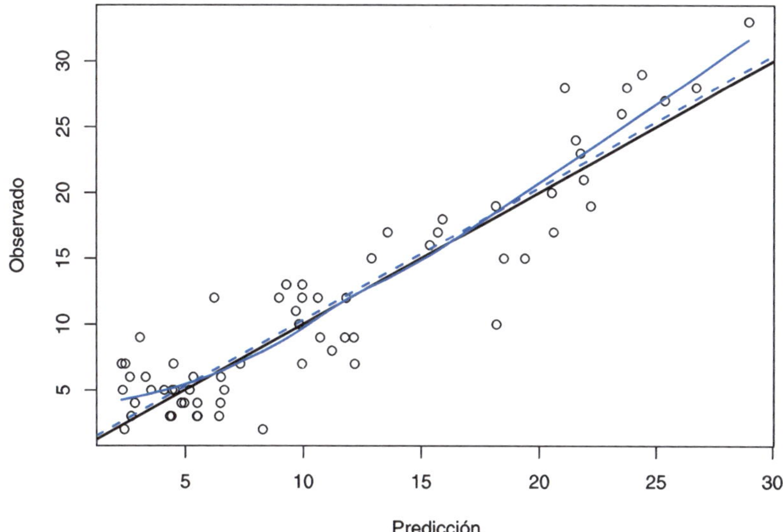

Figura 8.4: Observaciones frente a predicciones (en la muestra de test) con la red neuronal ajustada.

Ejercicio 8.2

Continuando con el Ejercicio 7.2, que empleaba el conjunto de datos `iris` como ejemplo de un problema de clasificación multiclase, utiliza el método `nnet` de `caret` para clasificar la especie de lirio (`Species`) a partir de las dimensiones de los sépalos y pétalos de sus flores. Considera el 80 % de las observaciones como muestra de aprendizaje y el 20 % restante como muestra de test. Fija el parámetro de regularización de los pesos `decay = 0.001` y selecciona el número de nodos en la capa oculta `size = seq(2, 10, by = 2)` de forma que se minimice el error de clasificación de validación cruzada con 10 grupos. Representa gráficamente la red obtenida e indica el número de parámetros del modelo. Finalmente, evalúa la precisión de las predicciones en la muestra test.

Bibliografía

Agor, J., y Özaltın, O. Y. (2019). Feature selection for classification models via bilevel optimization. *Computers and Operations Research*, 106, 156–168.

Beck, M. W. (2018). NeuralNetTools: Visualization and analysis tools for neural networks. *Journal of Statistical Software*, 85(11), 1–20.

Bellman, R. (1961). *Adaptive Control Processes: a guided tour*. Princeton University Press.

Bertrand, F., y Maumy, M. (2023). *Partial Least Squares Regression for Generalized Linear Models*. R package version 1.5.1. https://fbertran.github.io/plsRglm.

Biecek, P. (2018). DALEX: Explainers for Complex Predictive Models in R. *Journal of Machine Learning Research*, 19(84), 1–5.

Bischl, B., Sonabend, R., Kotthoff, L., y Lang, M. (2024). *Applied machine learning using mlr3 in R*. CRC Press.

Boser, B. E., Guyon, I. M., y Vapnik, V. N. (1992). A training algorithm for optimal margin classifiers. En *Proceedings of the fifth annual workshop on Computational learning theory*, pp. 144–152.

Breiman, L. (1996). Bagging predictors. *Machine Learning*, 24(2), 123–140.

Breiman, L. (2001a). Random forests. *Machine Learning*, 45(1), 5–32.

Breiman, L. (2001b). Statistical modeling: The two cultures (with comments and a rejoinder by the author). *Statistical Science*, 16(3), 199–231.

Breiman, L., Friedman, J., Stone, C. J., y Olshen, R. A. (1984). *Classification and Regression Trees*. Taylor and Francis.

Canty, A., y Ripley, B. D. (2024). *boot: Bootstrap R (S-Plus) Functions*. R package version 1.3-30.

Cao Abad, R., Vilar Fernández, J. M., Presedo Quindimil, M. A., Vilar Fernández, J. A., Francisco Fernández, M., Salvador, N., y Vázquez Brage, M. (2001). *Introducción a la estadística y sus aplicaciones*. Ediciones Pirámide.

Chen, T., y Guestrin, C. (2016). Xgboost: A scalable tree boosting system. En *Proceedings of the 22nd acm sigkdd international conference on knowledge discovery and data mining*, pp. 785–794.

Chen, T., He, T., Benesty, M., Khotilovich, V., Tang, Y., Cho, H., Chen, K., Mitchell, R., Cano, I., Zhou, T., *et al.* (2023). *xgboost: Extreme Gradient Boosting*. R package version 1.7.5.1.

Chollet, F., y Allaire, J. J. (2018). *Deep Learning with R*. Manning Publications.

Cohen, J. (1960). A coefficient of agreement for nominal scales. *Educational and Psychological Measurement*, 20(1), 37–46.

Comon, P. (1994). Independent component analysis, a new concept? *Signal Processing*, 36(3), 287–314.

Cortes, C., y Vapnik, V. (1995). Support-vector networks. *Machine Learning*, 20(3), 273–297.

Cortez, P., Cerdeira, A., Almeida, F., Matos, T., y Reis, J. (2009). Modeling wine preferences by data mining from physicochemical properties. *Decision Support Systems*, 47(4), 547–553.

Craven, P., y Wahba, G. (1978). Smoothing noisy data with spline functions. *Numerische Mathematik*, 31(4), 377–403.

Culp, M., Johnson, K., y Michailidis, G. (2006). ada: An r package for stochastic boosting. *Journal of Statistical Software*, 17(2), 1–27.

Dalpiaz, D. (2020). *R for Statistical Learning*. https://daviddalpiaz.github.io/r4sl.

Dalpiaz, D. (2022). *Applied Statistics with R*. https://book.stat420.org.

De Boor, C., y De Boor, C. (1978). *A practical guide to splines*. Springer-Verlag.

Dietterich, T. G. (2000). An experimental comparison of three methods for constructing ensembles of decision trees: Bagging, boosting, and randomization. *Machine Learning*, 40(2), 139–157.

Drucker, H., Burges, C. J., Kaufman, L., Smola, A., y Vapnik, V. (1997). Support vector regression machines. En *Advances in Neural Information Processing Systems*, pp. 155–161. MIT Press.

Dunn, P. K., y Smyth, G. K. (2018). *Generalized linear models with examples in R*. Springer.

Dunson, D. B. (2018). Statistics in the big data era: Failures of the machine. *Statistics and Probability Letters*, 136, 4–9.

Efron, B., Hastie, T., Johnstone, I., y Tibshirani, R. (2004). Least angle regression. *The Annals of Statistics*, 32(2), 407–499.

Eilers, P. H., y Marx, B. D. (1996). Flexible smoothing with b-splines and penalties. *Statistical Science*, 11(2), 89–121.

Everitt, B., y Hothorn, T. (2011). *An Introduction to Applied Multivariate Analysis with R.* Springer.

Fan, J., y Gijbels, I. (1996). *Local Polynomial Modelling and Its Applications.* Chapman and Hall.

Faraway, J. (2016). *Linear Models with R.* Chapman & Hall/CRC, 2a. edición.

Fasola, S., Muggeo, V. M., y Kuchenhoff, H. (2018). A heuristic, iterative algorithm for change-point detection in abrupt change models. *Computational Statistics*, 33(2), 997–1015.

Febrero-Bande, M., González-Manteiga, W., y Oviedo de la Fuente, M. (2019). Variable selection in functional additive regression models. *Computational Statistics*, 34, 469–487.

Febrero-Bande, M., y Oviedo de la Fuente, M. (2012). Statistical computing in functional data analysis: The R package fda.usc. *Journal of Statistical Software*, 51(4), 1–28.

Fernández-Casal, R., Cao, R., y Costa, J. (2023). *Técnicas de simulación y remuestreo.* https://rubenfcasal.github.io/simbook.

Fernándcz-Casal, R., Oviedo-de la Fuente, M., y Costa-Bouzas, J. (2024). *mpae: Metodos Predictivos de Aprendizaje Estadistico (Statistical Learning Predictive Methods).* R package version 0.1.2. https://github.com/rubenfcasal/mpae.

Fernández-Casal, R., Roca-Pardiñas, J., Costa, J., y Oviedo-de la Fuente, M. (2022). *Introducción al Análisis de Datos con R.* https://rubenfcasal.github.io/intror.

Fisher, R. A. (1936). The use of multiple measurements in taxonomic problems. *Annals of eugenics*, 7(2), 179–188.

Fox, J., Marquez, M. M., y Bouchet-Valat, M. (2024). *Rcmdr: R Commander.* R package version 2.9-2.

Fox, J., y Monette, G. (2024). *cv: Cross-Validation of Regression Models.* R package version 1.2.0. https://gmonette.github.io/cv.

Freund, Y., y Schapire, R. E. (1996). Schapire R: Experiments with a new boosting algorithm. En *Thirteenth International Conference on ML.* ICML.

Friedman, J. (1989). Regularized discriminant analysis. *Journal of the American Statistical Association*, 84(405), 165–175.

Friedman, J. (1991). Multivariate Adaptive Regression Splines. *The Annals of Statistics*, 19(1), 1–67.

Friedman, J. (2001). Greedy function approximation: a gradient boosting machine. *The Annals of Statistics*, pp. 1189–1232.

Friedman, J. (2002). Stochastic gradient boosting. *Computational Statistics & data analysis*, 38(4), 367–378.

Friedman, J., Hastie, T., y Tibshirani, R. (2000). Additive logistic regression: a statistical view of boosting (with discussion and a rejoinder by the authors). *The Annals of Statistics*, 28(2), 337–407.

Friedman, J., Hastie, T., Tibshirani, R., Narasimhan, B., Tay, K., Simon, N., Qian, J., y Yang, J. (2023). *glmnet: Lasso and Elastic-Net Regularized Generalized Linear Models*. R package version 4.1-8.

Friedman, J., y Popescu, B. E. (2008). Predictive learning via rule ensembles. *The Annals of Applied Statistics*, 2(3), 916–954.

Friedman, J., y Stuetzle, W. (1981). Projection pursuit regression. *Journal of the American Statistical Association*, 76(376), 817–823.

Friedman, J., y Tukey, J. (1974). A projection pursuit algorithm for exploratory data analysis. *IEEE Transactions on computers*, 100(9), 881–890.

Fritsch, S., Guenther, F., y Wright, M. N. (2019). *neuralnet: Training of Neural Networks*. R package version 1.44.2.

Goldstein, A., Kapelner, A., Bleich, J., y Pitkin, E. (2015). Peeking inside the black box: Visualizing statistical learning with plots of individual conditional expectation. *Journal of Computational and Graphical Statistics*, 24(1), 44–65.

Greenwell, B., Boehmke, B., Cunningham, J., y Developers, G. (2022). *gbm: Generalized Boosted Regression Models*. R package version 2.1.8.1.

Greenwell, B. M. (2017). pdp: An R Package for Constructing Partial Dependence Plots. *The R Journal*, 9(1), 421–436.

Greenwell, B. M. (2022). *pdp: Partial Dependence Plots*. R package version 0.8.1.

Greenwell, B. M., y Boehmke, B. C. (2020). Variable importance plots–an introduction to the vip package. *The R Journal*, 12(1), 343–366.

Hair, J. F., Anderson, R. E., Tatham, R. L., y Black, W. (1998). *Multivariate Data Analysis*. Prentice Hall.

Härdle, W., y Simar, L. (2013). *Applied Multivariate Statistical Analysis.* Springer.

Hastie, T., y Pregibon, D. (1991). *Generalized linear models.* Routledge.

Hastie, T., Rosset, S., Tibshirani, R., y Zhu, J. (2004). The entire regularization path for the support vector machine. *Journal of Machine Learning Research*, 5, 1391–1415.

Hastie, T., y Tibshirani, R. (1990). *Generalized Additive Models.* Monographs on Statistics and Applied Probability. Chapman and Hall.

Hastie, T., y Tibshirani, R. (1996). Discriminant analysis by gaussian mixtures. *Journal of the Royal Statistical Society. Series B (Methodological)*, 58(1), 155–176.

Hoerl, A. E., y Kennard, R. W. (1970). Ridge regression: Biased estimation for nonorthogonal problems. *Technometrics*, 12(1), 55–67.

Hornik, K., Buchta, C., y Zeileis, A. (2009). Open-source machine learning: R meets Weka. *Computational Statistics*, 24(2), 225–232.

Hothorn, T., Hornik, K., Strobl, C., y Zeileis, A. (2010). *Party: A laboratory for recursive partytioning.* R package version 0.3-14.

Hothorn, T., Hornik, K., y Zeileis, A. (2006). Unbiased recursive partitioning: A conditional inference framework. *Journal of Computational and Graphical Statistics*, 15(3), 651–674.

Husson, F., Josse, J., y Le, S. (2023). *RcmdrPlugin.FactoMineR: Graphical User Interface for FactoMineR.* R package version 1.8.

Hvitfeldt, E., Pedersen, T. L., y Benesty, M. (2022). *lime: Local Interpretable Model-Agnostic Explanations.* R package version 0.5.3. https://lime.data-imaginist.com.

Hyndman, R. J., y Athanasopoulos, G. (2021). *Forecasting: principles and practice.* OTexts. https://otexts.com/fpp3, 3a. edición.

Ichimura, H. (1993). Semiparametric least squares (sls) and weighted sls estimation of single-index models. *Journal of Econometrics*, 58(1), 71–120.

Inglis, A., Parnell, A., y Hurley, C. (2023). *vivid: Variable Importance and Variable Interaction Displays.* R package version 0.2.8.

James, G., Witten, D., Hastie, T., y Tibshirani, R. (2021). *An Introduction to Statistical Learning: With Applications in R.* Springer. https://www.statlearning.com, 2a. edición.

Karatzoglou, A., Smola, A., Hornik, K., y Zeileis, A. (2004). kernlab - an s4 package for kernel methods in r. *Journal of Statistical Software*, 11(9), 1–20.

Kass, G. V. (1980). An exploratory technique for investigating large quantities of categorical data. *Journal of the Royal Statistical Society: Series C (Applied Statistics)*, 29(2), 119–127.

Kearns, M., y Valiant, L. (1994). Cryptographic limitations on learning Boolean formulae and finite automata. *Journal of the ACM*, 41(1), 67–95.

Kruskal, J. B. (1969). Toward a practical method which helps uncover the structure of a set of multivariate observations by finding the linear transformation which optimizes a new "index of condensation". En *Statistical Computation*, pp. 427–440. Elsevier.

Kuhn, M. (2008). Building predictive models in R using the caret package. *Journal of Statistical Software*, 28(5), 1–26.

Kuhn, M. (2019). *The caret Package*. https://topepo.github.io/caret.

Kuhn, M. (2023). *caret: Classification and Regression Training*. R package version 6.0-94.

Kuhn, M., y Johnson, K. (2013). *Applied predictive modeling*. Springer. http://appliedpredict ivemodeling.com.

Kuhn, M., y Johnson, K. (2019). *Feature Engineering and Selection: A Practical Approach for Predictive Models*. Chapman & Hall/CRC. http://www.feat.engineering.

Kuhn, M., y Quinlan, J. R. (2023). *Cubist: Rule- And Instance-Based Regression Modeling*. R package version 0.4.3.

Kuhn, M., y Silge, J. (2022). *Tidy Modeling with R*. O'Reilly. https://www.tmwr.org.

Kuhn, M., Weston, S., Coulter, N., y Quinlan, J. R. (2014). *C50: C5.0 Decision Trees and Rule-Based Models*. R package version 0.1.8.

Kuhn, M., y Wickham, H. (2020). *Tidymodels: a collection of packages for modeling and machine learning using tidyverse principles*. https://www.tidymodels.org.

Kuhn, M., y Wickham, H. (2023). *tidymodels: Easily Install and Load the Tidymodels Packages*. R package version 1.1.1. https://tidymodels.tidymodels.org.

Kvålseth, T. O. (1985). Cautionary note about R2. *The American Statistician*, 39(4), 279–285.

Lang, M., Binder, M., Richter, J., Schratz, P., Pfisterer, F., Coors, S., Au, Q., Casalicchio, G., Kotthoff, L., y Bischl, B. (2019). mlr3: A modern object-oriented machine learning framework in R. *Journal of Open Source Software*, 4(44), 1903.

Lauro, C. (1996). Computational statistics or statistical computing, is that the question? *Computational Statistics & Data Analysis*, 23(1), 191–193.

Lawson, J. (2014). *Design and Analysis of Experiments with R*. Chapman & Hall/CRC Press.

LeDell, E., y Poirier, S. (2020). H2o automl: Scalable automatic machine learning. En *Proceedings of the AutoML Workshop at ICML*. ICML.

Liaw, A., y Wiener, M. (2002). Classification and regression by randomForest. *R News*, 2(3), 18–22.

Loh, W.-Y. (2002). Regression tress with unbiased variable selection and interaction detection. *Statistica Sinica*, pp. 361–386.

Marchini, J. L., Heaton, C., y Ripley, B. D. (2021). *fastICA: FastICA Algorithms to Perform ICA and Projection Pursuit*. R package version 1.2-3.

Massy, W. F. (1965). Principal components regression in exploratory statistical research. *Journal of the American Statistical Association*, 60(309), 234–256.

McCullagh, P. (2019). *Generalized linear models*. Routledge.

McCulloch, W. S., y Pitts, W. (1943). A logical calculus of the ideas immanent in nervous activity. *The bulletin of Mathematical Biophysics*, 5(4), 115–133.

Mevik, B.-H., y Wehrens, R. (2007). The pls package: Principal component and partial least squares regression in R. *Journal of Statistical Software*, 18(2), 1–23.

Meyer, D., Dimitriadou, E., Hornik, K., Weingessel, A., y Leisch, F. (2020). *e1071: Misc Functions of the Department of Statistics, Probability Theory Group (Formerly: E1071), TU Wien*. R package version 1.7-4.

Milborrow, S. (2019). *rpart.plot: Plot 'rpart' Models: An Enhanced Version of 'plot.rpart'*. R package version 3.1-2.

Milborrow, S. (2022). *plotmo: Plot a Model's Residuals, Response, and Partial Dependence Plots*. R package version 3.6.2.

Milborrow, S. (2023). *earth: Multivariate Adaptive Regression Splines*. R package version 5.3.2.

Miller, I., Freund, J., y Romero, C. (1973). *Probabilidad y estadística para ingenieros*. Reverté.

Molnar, C. (2023). *Interpretable Machine Learning: A Guide for Making Black Box Models Explainable*. Lulu.com. https://christophm.github.io/interpretable-ml-book.

Molnar, C., Bischl, B., y Casalicchio, G. (2018). iml: An R package for Interpretable Machine Learning. *Journal of Open Source Software*, 3(26), 786.

Ng, A., y Jordan, M. (2001). On discriminative vs. generative classifiers: A comparison of logistic regression and naive bayes. En Dieterich, T., Becker, S., y Ghahramani, Z., editores, *Advances in Neural Information Processing Systems*. MIT Press.

Nijs, V. (2023). *radiant: Business Analytics using R and Shiny*. R package version 1.6.1. https://radiant-rstats.github.io/docs.

Paluszynska, A., Biecek, P., y Jiang, Y. (2017). *randomForestExplainer: Explaining and visualizing random forests in terms of variable importance*. R package version 0.9.

Penrose, K. W., Nelson, A., y Fisher, A. (1985). Generalized body composition prediction equation for men using simple measurement techniques. *Medicine & Science in Sports & Exercise*, 17(2), 189.

Pinheiro, J., Bates, D., y R Core Team (2023). *nlme: Linear and Nonlinear Mixed Effects Models*. R package version 3.1-164.

Quinlan, J. R. (1986). Induction of decision trees. *Machine Learning*, 1, 81–106.

Quinlan, J. R. (1992). Learning with continuous classes. En *5th Australian joint conference on artificial intelligence*, pp. 343–348. World Scientific.

Quinlan, J. R. (1993). *C4.5: Programs for Machine Learning*. Elsevier.

R Core Team (2023). *R: A Language and Environment for Statistical Computing*. R Foundation for Statistical Computing, Vienna, Austria. https://www.R-project.org.

Racine, J. S., y Hayfield, T. (2023). *np: Nonparametric Kernel Smoothing Methods for Mixed Data Types*. R package version 0.60-17.

Ripley, B. (2023). *MASS: Support Functions and Datasets for Venables and Ripley's MASS*. R package version 7.3-60.

Robin, X., Turck, N., Hainard, A., Tiberti, N., Lisacek, F., Sanchez, J.-C., y Müller, M. (2011). pROC: an open-source package for R and S+ to analyze and compare ROC curves. *BMC Bioinformatics*, 12, 77.

Ruppert, D., Sheather, S. J., y Wand, M. P. (1995). An effective bandwidth selector for local least squares regression. *Journal of the American Statistical Association*, 90(432), 1257–1270.

Shannon, C. E. (1948). A mathematical theory of communication. *The Bell System Technical Journal*, 27(3), 379–423.

Strumbelj, E., y Kononenko, I. (2010). An efficient explanation of individual classifications using game theory. *The Journal of Machine Learning Research*, 11, 1–18.

Székely, G. J., Rizzo, M. L., y Bakirov, N. K. (2007). Measuring and testing dependence by correlation of distances. *The Annals of Statistics*, 35(6), 2769–2794.

Therneau, T., Atkinson, E., y Ripley, B. (2013). *Rpart: Recursive Partitioning and Regression Trees*. R package version 4.1-3.

Tibshirani, R. (1996). Regression shrinkage and selection via the lasso. *Journal of the Royal Statistical Society: Series B (Methodological)*, 58(1), 267–288.

Valiant, L. G. (1984). A theory of the learnable. *Communications of the ACM*, 27(11), 1134–1142.

Van Rossum, G., y Drake Jr., F. L. (1991). *Python reference manual*. Instituto Nacional de Investigación en Matemáticas e Informática (CWI), Holanda.

Vapnik, V. (1998). *Statistical Learning Theory*. Wiley.

Vapnik, V. (2000). *The Nature of Statistical Learning Theory*. Springer.

Venables, W. N., y Ripley, B. D. (2002). *Modern Applied Statistics with S*. Springer, 4a. edición.

Vinayak, R. K., y Gilad-Bachrach, R. (2015). Dart: Dropouts meet multiple additive regression trees. En *Artificial Intelligence and Statistics*, pp. 489–497. PMLR.

Wand, M. (2023). *KernSmooth: Functions for Kernel Smoothing Supporting Wand and Jones (1995)*. R package version 2.23-22.

Welch, B. L. (1939). Note on discriminant functions. *Biometrika*, 31(1/2), 218–220.

Werbos, P. (1974). New tools for prediction and analysis in the behavioral sciences. *Tesis doctoral, Harvard University*.

Williams, G. (2011). *Data mining with Rattle and R: The art of excavating data for knowledge discovery*. Springer Science & Business Media.

Williams, G. (2022). *rattle: Graphical User Interface for Data Science in R*. R package version 5.5.1.

Wold, S., Martens, H., y Wold, H. (1983). The multivariate calibration problem in chemistry solved by the PLS method. En *Matrix pencils*, pp. 286–293. Springer.

Wolpert, D., y Macready, W. (1997). No free lunch theorems for optimization. *IEEE Transactions on Evolutionary Computation*, 1(1), 67–82.

Wood, S. N. (2017). *Generalized Additive Models: An Introduction with R*. Chapman & Hall/CRC, 2a. edición.

Zou, H., y Hastie, T. (2005). Regularization and variable selection via the elastic net. *Journal of the Royal Statistical Society, Series B (Statistical Methodology)*, 67(2), 301–320.